Führen mit Hirn

Sebastian Purps-Pardigol verantwortete den Aufbau digitaler Geschäftsfelder des Unterhaltungskonzerns SonyMusic (Berlin), war Principal Advisor für die Swisscom (Bern) und leitete einen globalen Bereich des Telekomzulieferers Ericsson (Stockholm). Dabei beobachtete er: Einer der wichtigsten Faktoren unternehmerischen Erfolgs oder Misserfolgs ist die zwischenmenschliche Dynamik innerhalb eines Unternehmens.

Im Jahr 2008 machte sich Sebastian Purps-Pardigol als zertifizierter Management- und Organisationsberater selbstständig. Er publizierte mehrfach zu den Themen Hirnforschung, Führung und Kulturwandel (*Süddeutsche Zeitung, HR Today Schweiz*). Inspiriert durch die Freundschaft mit dem Neurobiologen Prof. Dr. Gerald Hüther hat Sebastian Purps-Pardigol die Erkenntnisse der modernen Hirnforschung mit den Methoden des Managementtrainings und der Organisationsentwicklung verbunden. Hüther und Purps-Pardigol gründeten im Jahr 2010 die Non-Profit-Initiative »Kulturwandel in Unternehmen und Organisationen«.

www.sebastian-purps-pardigol.de

Sebastian Purps-Pardigol

Führen mit Hirn

Mitarbeiter begeistern und Unternehmenserfolg steigern

Mit einem Vorwort von Gerald Hüther

Campus Verlag
Frankfurt/New York

ISBN 978-3-593-50339-4   (Print)
ISBN 978-3-593-43201-4   Ebook (PDF)
ISBN 978-3-593-43219-9   Ebook (EPUB)

Für Paul & Harry

Inhalt

Vorwort von Gerald Hüther 11

Eine Symbiose von Wissenschaft und Wirtschaft 17

Kapitel 1
Urknall – Sie sind der Mensch, bei dem der Wandel beginnt 21

Wovon wollen wir unseren Enkeln erzählen? 23
Wir können uns ein Leben lang verändern 30
Warum gelingt uns das jedoch nicht immer? 33
Beginnen Sie mit den inneren Bildern 34
Warum ist diese Vorbildfunktion so wichtig? 35
Der Saftladen muss auch laufen! 39

Kapitel 2
Zugehörigkeit – Menschen möchten sich verbunden fühlen 45

Phoenix Contact | Die Krisenjahre 46
Warum jeder seinen Affen braucht 49
Phoenix Contact | Der Phönix aus der Asche 51
Verlust von Zugehörigkeit | Schlimmer als eine Haftstrafe 55
Gardeur | Zurück zum Erfolg 58
Gardeur | Die Marke wiederfinden 61
Den Geist entfesseln 66
Ein schneller Weg zu mehr Verbundenheit 69

Kapitel 3
Entfaltung und Gestaltung – Menschen möchten sich einbringen 73

Eckes-Granini Deutschland I Die C.I.A.-Strategie 75
Eckes-Granini Deutschland I Vom C.I.A. zum OMD 77
Warum wir Ikea lieben 79
Polizeidirektion Braunschweig I Der Impuls aus
der Mitarbeiterschaft 82
Gestaltung und Entfaltung I Drei Wege zu mehr Stressresistenz . 85
Eckes-Granini Deutschland I Das Unternehmen im Unternehmen 88
Gestaltung und Entfaltung I Der Chef schont sein Hirn 91

Kapitel 4
Vertrauen – Menschen brauchen jemanden, der an sie glaubt 95

Naturtalente by Weleda 96
Der Potenzialkreis I Wie Menschen über sich hinauswachsen . . 101
Starke innere Bilder entfalten messbar unser Potenzial 104
Johammer I Überschüttet mit Vertrauen 108
Die Haltung des Chefs zählt 114
Glaube und die Amygdala 116

Kapitel 5
Erfahrungen – Menschen wachsen, wenn sie gefordert sind 123

dm I Lernen in der Arbeit 124
dm I Abenteuer Kultur 129
Der Potenzialkreis I Erfahrungen prägen unsere inneren Bilder . 131
Erfahrungen formen das junge Gehirn 135
Upstalsboom I Wachstum in Kaskaden 139
Neuroplastizität im erwachsenen Gehirn 145
Warum nicht jede Erfahrung zu neuroplastischen
Veränderungen führt 150
Menschen brauchen kontrollierbare Stresserfahrungen 152

Kapitel 6
Sinnhaftigkeit – Menschen erhalten Zugriff auf ihre Ressourcen 157

Märkisches Landbrot I Backen mit Brüderlichkeit 161

»Wer nichts für andere tut, tut nichts für sich« 169

In fünf Minuten zu mehr Sinnhaftigkeit – und mehr Leistung . . 171

Dornseif | Ein gemeinsamer Traum 173

Gestaltbarkeit und Sinnhaftigkeit 180

Sinnhaftigkeit ganz pragmatisch 180

Kapitel 7
Achtsamkeit – Menschen finden zu sich zurück 187

Ein Geist auf Wanderschaft 192

Die Neurowissenschaft der Achtsamkeit 195

Klosterfrau in Achtsamkeit 204

Schnelle Einsicht – langsames Denken 206

Upstalsboom | Jahre der Achtsamkeit 209

Upstalsboom | Wenn der Direktor achtsam wird 215

Ein Nachwort in Stichpunkten – Was Sie nun tun könnten 221

Dank 223

Kommentierte Quellenangaben 227

Vorwort von Gerald Hüther

Es hat sich inzwischen herumgesprochen: Jeder Mensch hat sich im Lauf seines Lebens bestimmte Fähigkeiten angeeignet, bestimmte Erfahrungen gesammelt und bestimmtes Wissen auf einzelnen Gebieten erworben. All das macht ihn zu dem, was er ist. Aber zu jedem Zeitpunkt seines Lebens hat die oder der Betreffende auch die Möglichkeit, immer noch etwas hinzuzulernen, sich neues Wissen und neues Können anzueignen, neue Erfahrungen zu machen. Es ist also ein Leben lang möglich, sich weiterzuentwickeln, über sich hinauszuwachsen. Dieses Potenzial ist in der inneren Organisation unseres Gehirns von Anfang an angelegt. Niemand kann sein Potenzial in vollem Umfang entfalten, aber jeder hat – egal wie alt er oder sie bereits ist – die Möglichkeit, es zum Erwerb neuen Wissens und zur Aneignung neuer Fähigkeiten zu nutzen. Zwingen kann ihn dazu allerdings niemand, nur einladen, ermutigen und inspirieren.

Aber genau damit haben viele Führungskräfte ein Problem. Nicht nur in der Schule, während der Ausbildung oder an der Universität, auch in Unternehmen und Organisationen. Deshalb bleibt so vieles, was Schüler, Lehrlinge oder Mitarbeiter wissen und können – und deshalb zu leisten imstande sind – weit unter den Möglichkeiten.

Die Lehrkräfte in den Schulen, die Ausbilder in den Betrieben, die Professoren an den Universitäten können damit offenbar recht gut leben. Der Fortbestand ihrer Einrichtungen wird dadurch nicht gefährdet. Aber Betriebe und Unternehmen funktionieren anders. Die können am Markt nicht bestehen und gehen pleite, wenn ihre Mitarbeiter keine Lust haben, sich weiterzuentwickeln. Es reicht inzwischen auch nicht mehr aus, wenn sich hin und wieder jemand findet, der bereit ist, zuzupacken, mitzudenken und Verantwortung zu übernehmen. Moderne Unternehmen, zumal in unserem Kulturkreis, brauchen Mitarbeiter, die Lust darauf haben, sich einzubringen und denen es Freude macht, auszuprobieren, was noch alles geht, was noch besser gehen könnte.

Im Prinzip funktionieren Unternehmen und Organisationen nicht viel anders als ein Gehirn. Auch sie verfügen über ein Potenzial, das erheblich größer ist als es in ihren Bilanzen zum Ausdruck kommt. Auch hier geht prinzipiell noch deutlich mehr – allerdings nicht durch noch mehr Leistungsdruck oder noch besseres Controlling. Damit lassen sich bestenfalls kurzfristige Erfolge und Gewinne erreichen. Langfristig untergräbt diese Strategie das Engagement und die Bereitschaft der Mitarbeiter, die in ihnen angelegten Potenziale zu entfalten. Sie tun dann nur, was sie müssen und wofür sie bezahlt werden. Und das ist für den langfristigen Erfolg eines Unternehmens zu wenig.

Die Frage ist also, ob und wie es besser gehen könnte. Genau dieser Frage bin ich seit einigen Jahren zusammen mit Sebastian Purps-Pardigol nachgegangen. Nicht theoretisch, sondern sehr praktisch. Wir haben gezielt nach Unternehmen gesucht, die es irgendwie geschafft haben. In denen es den Führungskräften gelungen ist, ihre Mitarbeiter einzuladen, zu ermutigen und zu inspirieren, die in ihnen angelegten Potenziale deutlich besser als bisher zu entfalten. In denen dann auch die Mitarbeiter ihre Lust am eigenen Denken und ihre Freude am gemeinsamen Gestalten wiedergefunden haben, in denen sie wieder Freude daran haben, sich ganz anders als bisher einzubringen, zu wachsen, ja: über sich hinauszuwachsen.

Wir hatten beide zur Genüge erlebt, wie schwer es ist, in Vorträgen und Workshops zu beschreiben, worauf es bei der Umsetzung neuer Erkenntnisse ankommt. Hinreichend Überzeugungskraft gewinnen all diese theoretischen Überlegungen erst dann, wenn sie anhand praktischer Beispiele belegbar, erfahrbar und nachvollziehbar gemacht werden können. Deshalb haben wir seit einigen Jahren nach solchen Praxisbeispielen für gelungene Kulturwandelprozesse in Organisationen und Unternehmen gesucht. Die von uns selbst begleiteten Organisationen wollten wir bewusst nicht als Praxisbeispiele nutzen, um eine subjektive Färbung und Verzerrung zu vermeiden. So blieb uns nur, aufmerksam zu sein und Unternehmen, die uns als passend erschienen, genauer zu untersuchen. Sebastian Purps-Pardigol hat viel Zeit mit den betreffenden Firmen verbracht, um mit Unternehmenslenkern, Führungskräften und Mitarbeitern zu sprechen.

Auf der Homepage www.kulturwandel.org haben wir eine Auswahl dieser Praxisbeispiele vorgestellt und ich bin froh und dankbar, dass Sebastian die dabei gewonnenen Erkenntnisse und Einsichten der letzten Jahre nun in diesem Buch zusammengeführt und für Sie, liebe Leserinnen und Leser, verfügbar gemacht hat. Er beschreibt darin das Geheimnis, wie ein solcher Wandel der bisherigen Führungs- und Beziehungskultur in Unternehmen und Organisationen gelingen kann.

So unterschiedlich die jeweils eingeschlagenen Wege und Strategien dabei in den einzelnen Unternehmen auch sein mögen – überall wird deutlich, dass es vor allem auf eines ankommt: dass die Mitarbeiter das Gefühl haben, nicht länger als Objekte der Bewertungen, der Anordnungen, der Maßnahmen oder der Interessen ihrer Führungskräfte benutzt zu werden. Sie wollen als Subjekte gesehen werden, denen etwas zugetraut und manchmal auch zugemutet wird. Es sind keine speziellen Methoden oder Techniken, die in diesen Unternehmen von den Führungskräften eingesetzt werden. Es ist eine andere, eine besondere Haltung, die es diesen Führungskräften auf unterschiedlichste Weise ermöglicht, ihre Mitarbeiter zur Entfaltung der in ihnen angelegten Potenziale einzuladen, zu ermutigen und zu inspirieren.

Wahrscheinlich liegt genau darin das Geheimnis des Gelingens: dass man es nicht machen kann, dass man immer erst selbst durch Versuch und Irrtum ausprobieren muss, wie es geht, wie es besser geht als bisher. Und dass es dabei primär auf die Verbesserung der Beziehungen zwischen allen Beteiligten ankommt. Überall dort, wo eine von Wertschätzung und Achtsamkeit im Umgang miteinander bestimmte Beziehungskultur entstanden ist, wo alle Mitarbeiter eines Unternehmens an einem Strang ziehen und ein gemeinsames Ziel verfolgen, stellt sich auch der wirtschaftliche Erfolg als Resultat dieses gemeinsamen Bestrebens über kurz oder lang ein. »Selbstoptimierung lebender Systeme« nennen das die Systemtheoretiker. Sie sind gegenwärtig dabei, das diesem Phänomen zugrunde liegende allgemeine Prinzip zu verstehen: In jedem lebenden System organisieren die daran beteiligten Teilsysteme (in einem Unternehmen sind das die Mitarbeiter) ihre Beziehungen untereinander immer so, dass der zum Erhalt des betreffenden Systems erforderliche Energieaufwand möglichst gering bleibt. In vielen Unternehmen wird dieses Prinzip gegenwärtig jedoch eher in seiner negativen Ausprägung deutlich: Weil die Beziehungen zwischen Führungskräften und ihren Mitarbeitern und oft sogar innerhalb der gesamten Belegschaft so problematisch sind, wird in diesen Unternehmen sehr viel Energie verbraucht, um die aus diesen gestörten Beziehungen erwachsenen Reibungsverluste einigermaßen zu kompensieren. Eine Zeit lang mag das so noch funktionieren – zukunftsfähig ist eine derartige Beziehungskultur aber nicht.

Aus diesem Grund suchen auch die Wirtschaftswissenschaftler seit einigen Jahren nach neuen Strategien, die wieder Schwung in die ökonomische Entwicklung bringen. Ihre Suche richtet sich auf die Identifikation der nächsten Basisinnovation, die den angestrebten Aufschwung tragen soll. Darunter verstehen sie bahnbrechende Erfindungen, die die Hauptrichtung der wirtschaftlichen Entwicklung über Jahrzehnte hinweg bestimmen. Der russische Wirtschaftswissenschaftler Nikolai Kondratjew hat die langen Wellen entdeckt, die solche Innovationen auf die globale Wirtschaft haben. Seit dem späten achtzehnten Jahrhundert konnte er fünf solche von einer Basisinnovation getragenen langen Zyklen, sogenannte Kondratjew-Zyklen, nachweisen. Der erste Zyklus begann mit dem Bau der Dampfmaschine, der zweite mit der Stahlproduktion und der Erfindung der Eisenbahn. Die Entwicklung von Elektrotechnik und Chemie leitete den dritten ein, der vierte wurde von der Erfindung des Automobils und der Petrochemie getragen. In den 50er Jahren des vergangenen Jahrhunderts kam die Antriebskraft für den fünften Zyklus aus der Informationstechnik. Seitdem war das Wirtschaftswachstum bestimmt von der Zunahme des Informationssektors. Beendet wurde dieser Zyklus mit der weltweiten Rezession zu Beginn dieses Jahrtausends.

Seitdem halten die Wirtschaftsstrategen nach der nächsten Basisinnovation Ausschau. Inzwischen haben sie den Gesundheitssektor ausgemacht. Der sechste Kondratjew-Zyklus soll nun von einer verbesserten Produktivität im Umgang mit Gesundheit und Krankheit getragen werden. In diesem Bereich wird jetzt auch kräftig investiert, in Medizintechnik, Molekularbiologie, Wellness und alles, was die betreffenden Investoren sonst noch für gesundheitsrelevant halten.

Vielleicht sind mehr Gesundheit, mehr Wohlbefinden und mehr Produktivität aber auch gar nicht durch mehr Diagnostik, Medizintechnik, Fitnessgeräte und Gesundheitskliniken erreichbar. Vielleicht kommt es, damit Menschen gesund bleiben, sich wohlfühlen, lebenslang lernen und produktiv bleiben, auf etwas an, was sich mit solchen Strategien und Verfahren gar nicht erreichen lässt. Zum Beispiel darauf, dass Mitarbeiter in Unternehmen ihre Freude am eigenen Denken und am gemeinsamen Gestalten nicht verlieren. In diesem Fall würde es nicht ausreichen, neue Technologien einzuführen. Stattdessen müsste das Zusammenleben der Menschen so gestaltet werden, dass jeder Einzelne sich eingeladen, ermutigt und inspiriert fühlt, seine Talente und Begabungen, also seine Potenziale zu entfalten.

Dann freilich wäre die entscheidende Basisinnovation, die unser Leben und unsere wirtschaftliche Entwicklung in den kommenden Jahrzehnten bestimmt, nicht eine neue Entdeckung oder Erfindung, sondern eine andere innere Einstellung, ein anderes Selbstverständnis und eine andere Art und Weise des Umgangs miteinander und mit unserer Natur.

Dann würde Wachstum durch die Vermeidung all der vielen Reibungsverluste ermöglicht. Dann könnten wir unendlich weiter wachsen, ohne immer größer zu werden und immer mehr zu verbrauchen. So wie es uns unser eigenes Gehirn vormacht: durch die Verbesserung und den Ausbau der Beziehungen zwischen allen Beteiligten.

Ich wünsche Ihnen, liebe Leserinnen und Leser, dass es Sebastian Purps-Pardigol mit diesem Buch gelingt, auch Sie einzuladen, zu ermutigen und zu inspirieren, Ihren eigenen Wandel ein Stück weit bewusster zu gestalten. Die Erkenntnisse dazu haben wir bereits, wir müssen Sie nur noch umsetzen.

Göttingen, im September 2015
Gerald Hüther

Eine Symbiose von Wissenschaft und Wirtschaft

»Die Zeit lautet: 3 Minuten und …« – der donnernde Applaus von über 3 000 Zuschauern übertönte die restlichen Worte des Stadionsprechers. Es war der 6. Mai 1954, ein regnerischer Tag in Oxford. Für den Engländer Roger Bannister war er der bedeutsamste seines Lebens, denn er war gerade als erster Mensch der Welt die Meile in einer Zeit von unter vier Minuten gelaufen. Jahrzehntelang hatten Athleten auf der ganzen Welt vergeblich versucht, diese magische Grenze zu überwinden. Sie waren alle gescheitert.

Doch in den folgenden Jahren geschah etwas Bemerkenswertes: Dutzende weiterer Läufer unterschritten die Vier-Minuten-Marke ebenfalls. Man könnte denken, sie hätten sich Bannisters Trainingsmethoden angeeignet. Das war aber nicht der Fall, denn eine besondere Methode hatte Bannister überhaupt nicht. Er war nicht einmal ein professioneller Sportler, sondern ein angehender Neurologe. Die anderen Athleten schienen Bannisters Erfolg vielmehr als ein »Es-ist-möglich!«-Vorbild zu brauchen. So konnten sie in der Folge über sich hinauswachsen und die vier Minuten ebenfalls unterschreiten.

»Es muss doch noch weitere Unternehmen geben, denen es bereits gelungen ist!« Ob ein solcher Vorbildeffekt auch in der Welt der Wirtschaft möglich ist, diskutierten der Neurobiologe Prof. Dr. Gerald Hüther und ich im Jahr 2011 bei einer gemeinsamen Wanderung mit Blick auf die Werraschleife, nahe seiner Göttinger Heimat. Wir hatten das Wissen der modernen Hirnforschung – jeder von uns auf seine eigene Art – bereits vielen Unternehmen vermittelt. Und wenn ich als Berater Organisationen langfristig in einem Veränderungsprozess begleitete, gelang die Umsetzung wunderbar. Jetzt suchten Gerald Hüther und ich nach einem Weg, wie wir den Kulturwandel durch einen wirksamen Impuls auch bei vielen anderen Firmen in Gang setzen konnten.

Unternehmer und Entscheider vieler Branchen waren bereits mit dem dringenden Wunsch nach Veränderung und Weiterentwicklung an uns herangetreten. Oft erlebten wir bei unseren Gesprächen mit ihnen, dass viele dieser Protagonisten noch etwas mehr benötigten als Inspiration und Wissen. Und das obwohl sie uns offensichtlich sehr gut verstanden, wenn wir ihnen erklärten, dass Zugehörigkeit ein tief verwurzeltes neurobiologisches Grundbedürfnis ist, dass jeder Mensch den Wunsch nach Mitgestaltung in sich trägt, oder dass sich menschliches Handeln durch den Einfluss innerer Bilder erklären lässt. Ein entscheidender Puzzlestein fehlte bisher noch: Wir brauchten »Roger-Bannister«-Unternehmen, an denen sich andere Firmen und Führungskräfte orientieren konnten, um den letzten »Es-ist-möglich!«-Impuls zu erhalten. Wir brauchten Unternehmen, die bereits eine Kultur erschaffen hatten, die auf einer den Menschen zugewandten Führung basiert. Unternehmen, deren Belegschaft gerne und begeistert zur Arbeit kommt und dadurch ein stabiles wirtschaftliches Wachstum ermöglicht. Mit solchen Vorbildern – so wussten Gerald Hüther und ich damals – könnten wir vielen Firmen und Führungskräften einfacher näherbringen, wonach sie sich ohnehin sehnten: eine solche Kultur auch im eigenen Unternehmen zu verwirklichen.

Die Notwendigkeit, in vielen Unternehmen etwas zu ändern, ist evident, und nicht nur der wirtschaftliche Druck hat enorm zugenommen. Die Kurve psychisch bedingter Ausfälle von Mitarbeitern steigt seit Jahren steil an. Burnout und Überlastungssymptome sind inzwischen die Hauptursache krankheitsbedingter Frühverrentungen. Der Hamburger Konzern Unilever beispielsweise errechnete im Jahr 2011, dass allein in der Konzernzentrale mit 1 100 Beschäftigten die durch psychisch erkrankte Mitarbeiter entstandenen Gesamtkosten bei 7 Millionen Euro liegen.

Zur selben Zeit berichteten die 1 500 befragten Geschäftsführer der IBM Global CEO Study, dass sich ihre Unternehmen in einer wirtschaftlich derart komplexen Phase befänden, dass sie selbst oft keine Strategien für die vor ihnen liegenden Herausforderungen hätten. Jedoch glaubten sie – so antworteten die CEOs unisono – diese schwierigen Zeiten besser meistern zu können, wenn sie das kreative Potenzial ihrer Mitarbeiter nutzen könnten. Aber wie soll das gelingen, wenn diese immer häufiger ausfallen?

Die von uns selbst begleiteten Unternehmen wollten wir nicht als »Roger-Bannister«-Vorbilder verwenden. »Die eigenen Kinder sind immer die schönsten«, dachten wir uns. »Wir wären nicht objektiv.« Daher machten wir uns auf die Suche nach weiteren Unternehmen mit Leuchtturmcharakter, die messbar zufriedenere, gesündere und loyalere Mitarbeiter beschäftigen und dadurch erfolgreicher sind als ihre Mitbewerber. Es war eine lange Suche, doch letztlich fanden wir zahlreiche Beispiele. Ich verbrachte in den vergangenen vier Jahren viel Zeit damit, das Erfolgsrezept dieser Unternehmen genauer zu untersuchen.

In meiner Rolle als Organisationsberater, als Executive Coach und Autor traf ich Eigentümer von Firmen mit 40 Mitarbeitern ebenso wie Geschäftsführer von Konzernen mit einer 50 000-Mann-Belegschaft: Fruchtsafthersteller, Hotels, Polizeibehörden, Modeunternehmen, Handelsketten, Kosmetikunternehmen, Sondermaschinenbauer, Winterdienstleister und viele mehr. Bei den langen Gesprächen mit Chefs und Mitarbeitern interessierten mich vor allem diese Fragen: Welche Rahmenbedingungen hatten die Entscheider dieser Unternehmen für ihre Mitarbeiter geschaffen? Mit welcher inneren Haltung hatten sie das getan? Welches verändert Verhalten zeigten sie, damit die Menschen in ihren Unternehmen über sich hinauswachsen konnten?

Ich erlebte Mitarbeiter, die weinten, wenn der Geschäftsführer ihr Unternehmen verließ; Menschen, die Arbeitskreise gründeten, um »den guten Geist« des Unternehmens langfristig zu bewahren; eine Studentin, die vom Chef einer Hotelgruppe plötzlich eine Hotelleitung übertragen bekam und historisch gute Ergebnisse einfuhr; eine Belegschaft, die gemeinsam eine Firmenstrategie erarbeitete, die zu einem Umsatzwachstum von 70 Prozent führte; ein Unternehmen, das seinen Umsatz von 1 Milliarde auf 1,5 Milliarden steigerte, nachdem es die Mitarbeiter in den Fokus des eigenen Handelns gerückt hatte.

Im Laufe der Jahre konnte ich bei diesen Unternehmen wiederkehrende Muster erkennen. Das, was ich sah, war die Manifestation der neurowissenschaftlichen Erkenntnisse, die ich von Gerald Hüther und anderen Forschern kannte, deren humanistische Haltung mich nachhaltig geprägt hat. Die Wissenschaft, stellte ich fest, liefert treffende Erklärungen für den wirtschaftlichen Erfolg. Diese Muster des Gelingens habe ich in diesem Buch für Sie herausgearbeitet – lassen Sie sich inspirieren!

Kapitel 1

Urknall – Sie sind der Mensch, bei dem der Wandel beginnt

> »Wenn jemand in einem Unternehmen etwas verändern möchte, ist er gut beraten, zuerst bei sich zu beginnen.«
>
> *Bodo Janssen, Geschäftsführer Upstalsboom*

»Moin moin! Mein Name ist Bodo Janssen und ich habe die Vision von glücklichen Menschen.« Der friesische Mann mit den Händen in der Hosentasche fällt durch zwei Dinge auf. Erstens trägt er keinen dunklen, gestreiften Anzug wie die meisten anderen Referenten dieser Wirtschaftskonferenz in Berlin. Zweitens beginnt er seinen Vortrag ohne einstudierte Eröffnungsfloskeln, ohne Powerpoint-Präsentation und ohne feinst geschliffene Rhetorik. Bodo Janssen spricht aus, was ihm am Herzen liegt – und das auf eine Art, dass kaum ein Zuhörer sich seinem Bann entziehen kann. Er erzählt von glücklichen Mitarbeitern, gemeinsamen Klosteraufenthalten und Persönlichkeitstrainings, die er mit seiner Mannschaft macht. Spätestens als Janssen nahezu nebenbei erwähnt, dass sich der Umsatz seiner Hotelkette Upstalsboom in gut drei Jahren verdoppelt und die Weiterempfehlungsrate der Gäste sich auf 98 Prozent erhöht hat, ist es so still im Raum, dass man eine Stecknadel fallen hören könnte.

Es ist Frühjahr 2013 und Bodo Janssen ist mein Vorredner. Uns bleibt im Anschluss an unsere Vorträge gerade noch Zeit, Visitenkarten zu tauschen. Wenige Wochen später treffen wir uns im Restaurant seines Berliner Hauses. Ich will verstehen, wie es ihm gelungen ist, seine Hotelkette zu dem zu machen, was sie heute ist: einer der begehrtesten und profitabelsten Arbeitgeber der Branche.

Wie in vielen anderen Gesprächen zuvor, die ich mit Führungskräften aus Unternehmen mit erfolgreichen Unternehmenskulturen geführt habe, zeigt sich schnell: Auch bei Janssen begann der Wandel im Unternehmen mit seinem persönlichen Veränderungsprozess. Überraschend offen erzählt er von niederschmetternden Umfrageergebnissen unter seinen Mitarbeitern, von Jahren voller schlafloser Nächte, als sein erstes Unternehmen in der Gründungsphase stark schlingerte, und von lebensbedrohlichen Tagen, in denen seine Familie erpresst wurde. All das veränderte ihn überraschend auf eine heilsame Art und Weise.

Auch andere Führungskräfte unternehmen den Versuch, ihre Mitarbeiter in eine neue Richtung zu lenken – wenn auch meist mit deutlich größerer persönlicher Distanz. Ein besonders einprägsames Beispiel erlebte ich einige Jahre zuvor ebenfalls in Berlin. Nachdem Gerald Hüther und ich unsere gemeinsame Arbeit aufgenommen hatten, sprach sich in Wirtschaftskreisen schnell herum: Wir wollen die Erfolgsgeheimnisse gelungener Unternehmenskulturen aufdecken. Auch Institutionen außerhalb der Wirtschaft wurden auf uns aufmerksam. Ich lebte in Zürich, als mich eines Morgens ein Anruf aus einem deutschen Bundesministerium erreichte. Bei der jährlichen Abteilungsleiterklausur wünschte man zu hören, was wir in den Jahren zuvor an beachtenswerten Unternehmenskulturen gefunden hatten. Mein Besuch im Ministerium sollte mich sehr prägen – wenn auch anders als erwartet.

Zwei Monate später präsentierte ich in Berlin einige unserer Erfahrungen. Im Anschluss schauten mich die Abteilungsleiter fragend an. Mit gespitzten Bleistiften und frischem Papier wollten sie wissen: »Wie können wir hier auch so eine Kultur erreichen, die Sie gerade beschrieben haben? Was genau sollten wir in unserem Ministerium anders machen?« Irgendetwas irritierte mich an diesen Fragen. Ich kam mir vor wie Jamie Oliver, den man nach einem Spaghetti-Rezept fragt. Ich verglich die Szene mit meinen inneren Bildern von all den Führungskräften, die Gerald Hüther und ich gesprochen oder beraten hatten: Menschen, denen es gelungen war, messbar und spürbar in ihren Unternehmen etwas zu verändern. Und plötzlich wurde mir der Unterschied bewusst. Es war die innere Beteiligung, es war die Begeisterung: Sie fehlte an diesem Morgen in den Gesichtern meiner Zuhörer. »Verändern Sie in Ihrem Ministerium für den Moment erst einmal nichts«, war meine intuitive Antwort. »Der erste sinnvolle Schritt wäre, bei sich selbst etwas zu verändern. Solange Sie als Individuen und als Team nicht wissen, wo Sie hinwollen und warum Ihnen das wichtig ist, sollten Sie gar nicht erst beginnen.«

Die Resonanz auf meinen Rat an diesem Vormittag in Berlin war eher verhalten. Eine Staatssekretärin, die Monate später an einem meiner offenen Trainings teilnahm, amüsierte sich, als ich ihr davon berichtete. »In diesen Organisationen ist man es eher gewohnt, konkrete Handlungsvorschläge zu erhalten, anstelle einer Empfehlung zur Selbstreflexion«, erzählte sie. »Der berufliche Alltag zeigt, dass dort weitgehend reaktives Handeln vorherrscht und die Zeit für langfristige Überlegungen nicht reicht.«

Die Beobachtung eines solchen Nicht-beteiligt-sein-Wollens von Führungskräften war für mich ein wichtiger Hinweis. Er verdeutlichte mir, was ich zuvor bei Unternehmen mit gelungenen Unternehmenskulturen oft gesehen und bisher als selbstverständlich betrachtet hatte: Alle Führungskräfte, die erfolgreich eine menschenzugewandte und wirtschaftlich blühende Kultur erschaffen hatten, begannen diesen Prozess damit, an sich selbst zu arbeiten. Es schien so, als gäbe es ein unausgesprochenes gemeinsames Verständnis dieser Menschen. Mahatma Gandhi drückte es vor langer Zeit so aus: »Sei du selbst die Veränderung, die du gerne in dieser Welt sehen möchtest.«

Wovon wollen wir unseren Enkeln erzählen?

Bodo Janssens Anfangsjahre bei Upstalsboom waren schwierig. Er hatte sich zunächst mit dem Aufbau einer eigenen Firma vom väterlichen Betrieb freigeschwommen. Er wollte aus dem »großen Schatten« heraustreten. Im Jahr 2005 kehrte er in den Schoß der Familie zurück, und übernahm später die alleinige Führung der friesischen Hotelkette. Die Finanzen waren gut, die Kunden zufrieden, die Mitarbeiter ebenso. Das zumindest glaubte Bodo Janssen. Doch als er im Jahr 2009 einen neuen Personalleiter, Bernd Gaukler, einstellte, eröffnete ihm dieser nach wenigen Monaten: »Herr Janssen, ich habe das Gefühl, hier für zwei Firmen zu arbeiten. Die eine Firma ist die, die Sie mir beschreiben. Die andere Firma ist die, die unsere Mitarbeiter mir beschreiben. Und diese beiden Beschreibungen haben wenig miteinander zu tun.« Gaukler schlug eine Mitarbeiterumfrage vor: »Denn vielleicht liege ich ja falsch.«

Einige Monate später lag das niederschmetternde Ergebnis vor. »Wenn wir damals von unseren Mitarbeitern eine Schulnote bekommen hätten, wäre es wohl eine Vier bis Fünf gewesen«, sagt Janssen. »Die Aussagen waren eindeutig: Die Unzufriedenheit hatte viel mit der Führung und den Führungskräften zu tun«, berichtet Gaukler. Der bislang erfolgsverwöhnte Unternehmenschef Janssen war wie vor den Kopf gestoßen. Er zog sich für einige Tage in die Abgeschiedenheit eines Klosters zurück, um die Rückmeldungen seiner Mitarbeiter zu verarbeiten.

Bodo Janssen hat früh in seinem Leben gelernt, loszulassen. Als Kind wohlhabender Eltern wurde er 1998 Opfer eines schweren Verbrechens. Im Alter von 24 Jahren wurde er entführt. Seine Geiselnehmer verlangten ein Lösegeld in Millionenhöhe. Immer wieder inszenierten sie Scheinhinrichtungen. Sie zogen dem damaligen Studenten einen Sack über den Kopf, setzten ihm eine Pistole ins Genick und drückten ab. Ob sie dabei russisches Roulette spielten, oder ob die Waffe nie geladen war, weiß Janssen bis heute nicht. »Ich habe sukzessive begonnen, von den unwichtigen Dingen in meinem Leben Abschied zu nehmen«, erzählt Janssen. »Anfangs hatte ich noch solche Gedanken wie ›Jetzt kann ich gar nicht mehr zu meinem Vortrag in die Uni‹ oder ›Ich hab doch gerade so ein schönes Auto gekauft‹. Jedes Mal, wenn es wieder eine dieser Scheinhinrichtungen gab, veränderten sich diese Gedanken und erreichten eine größere Tiefe.« In dieser für ihn, wie er sagt, »sehr wichtigen und prägenden Zeit«, lernte er, Wesentliches von Unwesentlichem zu unterscheiden. Und es fällt ihm seitdem leicht, sich von Letzterem zu trennen.

Im Kloster, viele Jahre später, half ihm diese Erfahrung bei der Neuausrichtung seines Unternehmens. »Was ist wesentlich?« war seine Leitfrage während der Tage, die er nach den niederschmetternden Rückmeldungen seiner Mitarbeiter in den heiligen Mauern verbrachte. Janssen begann in der Klosterzeit ein persönliches Leitbild zu entwickeln und fragte sich auch immer wieder, welche Erfahrungen in seinem Leben ihn bisher am meisten berührt hatten. Letztlich stellte er fest, dass es die Momente waren, in denen er Menschen sah, die tief glücklich und bewegt waren. »Wenn ich eines Tages als Großvater mit meinen beiden Enkeln auf dem Schoß vor dem Kamin sitze, dann will ich ihnen doch nicht von großartigen Betriebsergebnissen und Umsatzrenditen berichten!«, erzählt Janssen. »Wesentlich wäre doch eher, von etwas erzählen zu können, das sie berührt. Etwas, woran man sich noch lange erinnern mag. Ich würde lieber davon berichten, wie viele glückliche Menschen es in unserem Familienunternehmen gibt – denn im Moment ist das leider gar nicht so.« Bodo Janssen entschied sich daher im Kloster, den Fokus seiner Hotelkette darauf auszurichten, dass sie glückliche Menschen hervorbringt!

Mit diesem Gedanken kehrte Janssen zurück in sein Unternehmen. Er entwickelte daraus eine Firmenvision: Das Glück seiner Mitarbeiter wurde zur Unternehmensstrategie.

»Ich habe ihm zu Beginn nicht geglaubt«, erinnert sich Bettina Cramer. Die Leiterin der Verwaltung für Ferienwohnungen bei Upstalsboom, die schon seit über einem Jahrzehnt im Unternehmen arbeitet, wurde durch schwierige frühere Erfahrungen geprägt: »Bei meinem Arbeitgeber, bevor ich zu Upstalsboom kam, hatte ich einen katastrophalen, cholerischen Chef – nicht schön! Auch bei Upstalsboom liefen in der Vergangenheit einige Dinge nicht so gut. Das zeigte ja die Mitarbeiterumfrage. Damals dachte ich zuerst: Nur weil Bodo Janssen als neuer Chef alles anders machen will, lasse ich mich doch nicht sofort darauf ein!«

Dass Bodo Janssen nach der schlechten Mitarbeiterumfrage ins Kloster ging, führte bei nicht wenigen in der Belegschaft zum Staunen. »Ich dachte anfangs: ›Was ist das denn für ein Unsinn?‹«, schmunzelt Bettina Cramer. »Doch nachdem er zurückgekommen war, hatte sich bei ihm tatsächlich etwas verändert. Es war das erste Mal, dass ich dachte: ›Er redet nicht nur, er meint das auch so!‹. Er begann zu verstehen, was in der Vergangenheit schiefgelaufen war. Durch seinen persönlichen Wandel hat er erkannt, wo er ansetzen muss.«

»Ich dachte am Anfang, Herr Janssen würde nur kurz versuchen, Aufmerksamkeit zu erregen«, erinnert sich Bankettleiterin Anne Stickdorn aus einem der Hotels in Varel, bei Oldenburg: »Ich hätte nicht damit gerechnet, dass er wirklich ernsthaft diesen Weg einschlägt. Er setzt nun schon seit vielen Jahren um, wovon er spricht. Das fällt jedem von uns auf. Deshalb vertrauen wir ihm auch so.«

Bodo Janssen konzentrierte sich zuerst einmal auf sich. »Ich habe mir zu Beginn immer wieder kleine Verhaltensziele gesetzt und mich daran gemessen, ob es mir gelang, diese zu erreichen. Ich arbeitete jeden Tag an mir«, erinnert er sich an die Anfangszeit. »Ich habe viel Zeit mit der Reflexion meiner Gedanken, meiner Gefühle und meines Verhaltens verbracht – zu Beginn war es mein Wunsch, in meinen Entscheidungen ruhiger und besonnener zu werden.«

Janssens persönliche Veränderung war erst der Anfang. Er wollte dieses Erlebnis auch seinen Mitarbeitern ermöglichen. »Meine Zeit im Kloster war für mich damals so prägend, dass es mir wichtig war, diese Erfahrung zu teilen«, berichtet mir Janssen bei einem unserer Treffen in seinem Berliner Hotel. Er trinkt grünen Tee. Durch die Art, wie er sich bei der Servicekraft bedankt, spüre ich, wie wichtig ihm Beziehungen sind. »Zuerst habe ich alle 70 Führungskräfte eingeladen, einige Tage im Kloster zu verbringen«, sagt er. »68 von ihnen sind dieser Einladung tatsächlich gefolgt.« In Gruppen von 15 Teilnehmern brachen die Führungskräfte aus dem Norden Deutschlands in Benediktiner-Klöster im Süden der Republik auf, zunächst für zwei Blöcke à drei Tage. Später durften auch Mitarbeiter in nichtleitenden Funktionen diese Erfahrung machen. »Ich habe mich riesig gefreut, als ich auch eingeladen wurde«, erzählt die quirlige Sales-Managerin Anna Neuhaus. »Alle redeten so positiv über die Zeit im Kloster.«

»Ich war anfangs skeptisch«, gibt Bettina Cramer zu. »Ich gehöre keiner Religionsgemeinschaft an und habe daher keinen Bezug zu einem Kloster. Aber nachdem ich gesehen habe, was sich bei unserem Chef alles verändert hat, habe ich mir gesagt: ›Vielleicht gibt es bei mir auch etwas zu tun.‹ Inzwischen war ich schon drei Mal dort.«

Inspiriert durch seine eigene Zeit im Kloster begann Bodo Janssen, innerhalb des Unternehmens von ihm selbst geleitete Curricula anzubieten. Ein Curriculum umfasst drei Termine, an denen er sich mit einer Gruppe von bis zu 18 seiner Mitarbeiter zurückzieht und gemeinsam Themen wie Kommunikation, persönliche Werte oder Selbstführung erarbeitet. Bis zu fünf solcher Gruppen leitet er pro Jahr – die Tage erinnern sehr an Persönlichkeitstrainings und erhöhen ganz nebenbei die Verbundenheit der Teilnehmer untereinander, die jeweils aus verschiedensten Häusern der Hotelgruppe zusammengesetzt sind. »Ich habe mich von Beginn an in der Gruppe mit den anderen Teilnehmern sehr wohlgefühlt«, erzählt Ina Rogahn, Supervisor Reservierung, aus dem Berliner Haus. »Bodo Janssen schaffte es, mich so abzuholen, dass ich mich selbst einbringen und persönlich entwickeln wollte.« Ihre Kollegin Ursel Ortu aus dem Parkhotel in Emden ergänzt: »Das Curriculum hat mich positiv in dem bestärkt, was ich tue, und mir noch mehr geholfen, meine persönlichen Ziele zu erreichen.«

Bodo Janssen hat durch sein Handeln nicht nur das Vertrauen seiner Mitarbeiter gewonnen, ihm auf dem Weg der »glücklichen Menschen« zu folgen. Er tut auch einiges dafür, damit das Ziel Realität wird. Dass das empfundene Glück steigt, wenn Menschen sich einbringen können, hat er schnell verstanden. Anstatt von oben herab zu delegieren, bindet Janssen Mitarbeiter oft in Entscheidungsprozesse ein und gibt ihnen Gelegenheit, sich zu beteiligen. »Früher wurde uns die Strategie von der Zentrale vorgegeben. Heute werden wir alle aktiv in die Strategie- und Leitbildausarbeitung einbezogen. Dadurch können wir uns mehr mit dem, was wir tun, identifizieren«, erzählt Hoteldirektorin Jeanette Dedow aus dem Berliner Haus.

»Ich erlebe oft sehr viel Wertschätzung von Bodo Janssen«, berichtet Bankettleiterin Stickdorn. »Auch wenn es komisch klingt: Wir sehen ihn als einen von uns an!«

»Er fragt regelmäßig nach unserer Meinung zu irgendwelchen Themen. Man merkt, dass er sich selbst und seine eigene Einschätzung der Vision von glücklichen Menschen unterordnet«, erzählt Sales-Managerin Anna Neuhaus. »Er lässt mir bei vielen Dingen freie Hand.«

»Wer loslässt, hat wieder zwei Hände frei« ist einer von Janssens Lieblingsaphorismen. Er wiederholt ihn bei vielen unserer gemeinsamen Treffen und er handelt danach. Upstalsboom wird inzwischen fast vollständig von den Mitarbeitern und nicht vom Firmenchef geführt. »Die können das ohnehin viel besser als ich«, schmunzelt Janssen. Er selbst findet mehr Erfüllung darin, den Upstalsboom-Mitarbeitern neue Wege aufzuzeigen, wie sie weiter über sich hinauswachsen können. Dass längst noch nicht jeder dort ist, wo er sein könnte, darüber ist Janssen sich im Klaren. »Ich glaube sogar, dass 25 Prozent unserer Mitarbeiter noch nicht einmal wissen, was wir hier tun: Wir schaffen Rahmenbedingungen, in denen sich jeder Einzelne optimal entfalten kann.«

In diesen Genuss kam auch eine junge Frau, die nicht einmal fest im Unternehmen arbeitete. Yvonne Klein hatte sich eigentlich nur um einen Praktikumsplatz beworben. Die Studentin hatte ihre Bachelor-Arbeit über Upstalsboom geschrieben und wollte das Unternehmen nun von innen kennenlernen. Doch Janssen, der kurz zuvor ein Hotel geschlossen hatte, machte ihr ein ungewöhnliches Angebot: »Was halten Sie davon, wenn Sie unser Hotel als Ferienjob wiedereröffnen und führen?« Nach einer Woche Bedenkzeit nahm die Studentin den Vorschlag an.

»Sie haben ein Hotel, das Sie kurz zuvor geschlossen hatten, komplett wiedereröffnet? Und Sie haben es von einer Studentin führen lassen, die noch nie für Sie gearbeitet hat?«, frage ich ihn.

»Ja, genau«, sprudelt es aus Janssen mit ungespielter Begeisterung heraus. »Und der Clou ist, dass dieses Hotel noch im selben Jahr die besten Zahlen seines 30-jährigen Bestehens geschrieben hat.«

»Wo hatten Sie denn das Personal her?«, will ich wissen.

»Das hat Frau Klein sich selbst gesucht: fünf Leute – und das für ein 40-Zimmer-Hotel. Vorher war es ein Ganztagshotel mit allem Drum und Dran. Sie aber hat den Gastronomieteil herausgenommen und ein Übernachtungs- und Frühstückshaus daraus gemacht. So lässt es sich mit fünf Mitarbeitern und einigen externen Dienstleistern führen.«

Yvonne Klein hatte während ihres Tourismusstudiums mehrfach Erfahrungen im Empfangsbereich von Hotels gesammelt, bevor sie bei Upstalsboom ein ganzes Hotel auf einer Insel übernehmen durfte. »So ein Angebot bekommt man nicht so oft«, erzählt sie mir an einem nebligen Morgen auf Borkum. Es ist Frühjahr 2014: Ihr Saisonhotel hat nach der Winterpause gerade wiedereröffnet. »In den vergangenen Wochen habe ich in der Zentrale und im Parkhotel in Emden Erfahrungen gesammelt.« Bodo Janssen hat für Klein ein Patensystem entwickelt. Jetzt sind das Emdener Haus und dessen Hoteldirektor die Anlaufstelle für die junge Chefin, wenn sie in ihrem eigenen Hotel Aufgaben meistern muss, für die sie selbst noch keine Lösungen gefunden hat. »Ich wurde in Emden eine Woche lang in alle Abläufe eingeführt. Inzwischen telefonieren der Direktor, Herr Schweikard, und ich regelmäßig. Die größte Herausforderung sind jedoch die Stammgäste, die mich gerne wissen lassen, dass ich nicht alles so mache, wie es in den vergangenen 30 Jahren war«, erzählt Yvonne Klein lachend.

»Jemandem mit Ihrem familiären Hintergrund scheint es leichter zu fallen als vielen anderen Menschen, nach dem Besten zu streben«, halte ich Bodo Janssen bei einem unserer letzten Gespräche entgegen. »Schließlich sind Sie in gesicherten finanziellen Verhältnissen aufgewachsen und mussten sich nie um existenzielle Fragen kümmern.«

Er nickt kurz und holt tief Luft. »Ich flüchte im Grunde vor dem Geld. Als meine Familie viel davon hatte, wurde ich entführt. Mein Leben war bedroht. Meine Entführer haben mir während dieser Tage immer wieder gesagt, ich solle mir einen Körperteil aussuchen. Den würden sie mir zuerst abschneiden. Jahre später habe ich all meine Ersparnisse in ein marodes Unternehmen investiert – in dem Glauben, den finanziellen Halt meiner Familie im Hintergrund zu haben. Kurz darauf geriet ein Teil der Unternehmensgruppe meiner Eltern in finanzielle Schwierigkeiten. Meine Mutter musste die letzten persönlichen Rücklagen an den Insolvenzverwalter zahlen, um handlungsfähig zu bleiben. Mein eigenes Unternehmen war während dieser Zeit für mich so belastend, dass ich drei Jahre lang nicht wusste, wovon ich die Rechnungen zahlen soll. Ich habe kaum eine Nacht durchgeschlafen.« Bodo Janssen hält einen Moment inne. »Ich habe also auf sehr bedrohliche Art und Weise gelernt, dass Zufriedenheit und Glück nicht im Geld zu finden sind. Glück ist eine Frage der inneren Haltung. Die allerdings habe ich erst erlangt, nachdem mir die Mitarbeiterumfrage um die Ohren geflogen war und ich begonnen hatte, mich mehr mit mir selbst auseinanderzusetzen.«

Bodo Janssen teilt seine persönlichen Erfahrungen und seine alltäglichen Erlebnisse mit seinen Mitarbeitern. Er spricht über schwierige Phasen mit der gleichen Offenheit wie über Erfolge. »Herr Janssen ist mit seiner Haltung und seinem Verhalten für manche von uns zu einem Vorbild geworden«, erzählt Anna Neuhaus. »Er ist der Vorreiter unserer Unternehmenswerte. Wenn es mal schwierig wird, dann stellen sich manche von uns die Frage: ›Was würde Bodo jetzt wohl machen?‹«

»Ich erinnere mich noch an einen früheren Arbeitgeber aus einer anderen Hotelkette«, sagt Bankettleiterin Stickdorn. »Wenn das Auto von einem der Geschäftsführer vorfuhr, hatten wir alle Angstschweiß auf der Stirn. Wenn Bodo Janssen vorbeikommt, sind wir nicht nur frei von Angst. Wir freuen uns ihn zu sehen! Ich weiß, dass er das Beste für mich und meine Kollegen will.« Bettina Cramer ergänzt: »In den 13 Jahren im Unternehmen fühle ich mich das erste Mal vom Chef gesehen und anerkannt.«

Doch Bodo Janssens Führungsstil ist kein Kuschelkurs. Wenn es sein muss, greift er hart durch. Nachdem es ihm über Jahre nicht gelungen war, bei zwei besonders autoritären Führungskräften eine Verhaltensänderung zu erreichen, entließ Janssen sie kurzerhand. »Das Wohl des Ganzen steht über dem Wohl der einzelnen Führungskraft. Und wenn ich lange zusehen muss, wie Einzelne ihre Giftpfeile abschießen und die ihnen anvertrauten Mitarbeiter teilweise tief verletzend behandeln, dann muss ich das beenden«, sagt er mit bebender Stimme. »Fachlich habe ich vor diesen Menschen jedoch nach wie vor Hochachtung.«

Die besondere Stimmung im Unternehmen spüren nicht nur die Gäste, sondern auch potenzielle neue Mitarbeiter. Anlässlich einer Hoteleröffnung im Sommer 2011 bewarben sich 3000 Interessenten auf 100 ausgeschriebene Stellen. Das sind 30 Bewerbungen auf eine Stelle – der Branchendurchschnitt liegt bei 0,8!

»Überraschend ist auch, dass die Zahl der Krankheitstage rapide gesunken ist, seit das Betriebswirtschaftliche nach hinten und das Menschliche nach vorn gerückt ist«, berichtet Personaler Gaukler. Und Bodo Janssen ergänzt mit einem Strahlen im Gesicht: »In der Hotelbranche arbeitet ein Mitarbeiter im Schnitt zwischen eineinhalb und zwei Jahren in einem Unternehmen. Unsere Mitarbeiter dagegen bleiben durchschnittlich sechs Jahre.« Je besser es seinen Mitarbeitern geht, desto glücklicher scheint Janssen selbst zu sein. Und die Zahlen zeigen: Die Investition in das Glück der Menschen lohnt sich auch für das Unternehmen. Der Umsatz der Hotelkette Upstalsboom hat sich zwischen 2009 und 2013 verdoppelt.

> **1** Hier können Sie einen mehrfach prämierten Film der Upstalsboom-Unternehmenskultur sehen: fuehren-mit-hirn.de/upstalsboom

Wir können uns ein Leben lang verändern

Stellen Sie sich vor, ich würde Ihnen einen Kopfhörer aufsetzen und Sie eine merkwürdige Abfolge von Tönen hören lassen. Jeder Ton ist nur für den Bruchteil einer Sekunde zu hören, und zudem klingen die meisten dieser Töne gleich. Einige jedoch haben einem anderen Klang. Stellen Sie sich vor, ich würde beginnen, ganz leicht mit einem Stift auf Ihren

Handrücken zu klopfen. Ab und an ändere ich dabei den Rhythmus des Klopfens. Sie erhalten nun zwei Reize: die Töne aus dem Kopfhörer und die regelmäßigen Berührungen des Stifts.

Abschließend stellen Sie sich bitte vor, dass auch ein guter Freund oder eine gute Freundin im Raum wäre. Er oder sie würde einen ähnlichen Kopfhörer tragen und diese merkwürdigen Töne ebenfalls hören, während ein weiterer Versuchsleiter ihm oder ihr leicht auf die Hand klopft.

Der Unterschied zwischen Ihnen und Ihrem Freund: Ich bitte Sie, dass Sie sich ausschließlich auf die Töne aus dem Kopfhörer konzentrieren und mir ein Zeichen geben, wenn sie eine Veränderung der Tonhöhe feststellen. Ihr Freund hingegen bekommt die Anweisung, dass er ein Zeichen geben soll, wenn sich das Klopfmuster auf seiner Hand verändert.

Ein ähnliches Experiment wurde vor einigen Jahren mit erwachsenen Nachtaffen durchgeführt, die man darauf trainiert hatte, entweder bei der Veränderung eines Tons oder der Veränderung einer Berührung der Hand ein Signal zu geben. Die Ergebnisse führten zu einer bahnbrechenden Erkenntnis in einem noch jungen Gebiet der Hirnforschung: der Erforschung der sogenannten Neuroplastizität. Neuroplastizität beschreibt die Fähigkeit des Gehirns, sich zu verändern. Bestehende neuronale Netzwerke können sich verstärken, neue Verbindungen zwischen Nervenzellen können entstehen, und bestehende Verbindungen können sich wieder lösen, wenn sie nicht genutzt werden. »Use it or lose it« sagen amerikanische Hirnforscher zu diesem Phänomen. Neurowissenschaftler glaubten viele Jahrzehnte, dass diese Neuvernetzung des Gehirns nur bei Kindern möglich sei. Inzwischen wissen die Forscher, dass sie damit falsch lagen. Neueste Forschungsergebnisse zeigen: Das menschliche Gehirn ist in der Lage, sich ein Leben lang zu verändern!

Unter Hirnforschern war das eine bedeutende Erkenntnis, die einen alten Glaubenssatz auf den Kopf stellte. Im Jahr 1913 hatte der bekannte spanische Nobelpreisträger und Neuroanatom Santiago Ramón y Cajal verkündet, dass das ausgewachsene Gehirn »starr und unveränderbar« sei. Zwar gab es Forscher, deren Untersuchungen in eine andere Richtung wiesen, doch solche Erkenntnisse wurden in der neurowissenschaftlichen Welt lange nicht akzeptiert und nur selten veröffentlicht. In weiser Voraussicht hatte Ramón y Cajal jedoch seinen damaligen Worten hinzugefügt:

»Möglicherweise wird die Wissenschaft der Zukunft zeigen, dass diese Behauptung falsch ist.«

Im Jahr 1999 war es dann so weit. Der Neurologe Daniel Lowenstein brach in der renommierten Zeitschrift *Nature* mit dem alten Glauben: »Fast ein Jahrhundert lang hatte die Behauptung von Santiago Ramón y Cajal Bestand. Es ist an der Zeit, dieses Dogma zur Seite zu legen.« In seinem Artikel beschrieb Lowenstein zahlreiche Studien, die nahelegten, dass das erwachsene Gehirn sich nicht nur neu vernetzen, sondern sogar neue Nervenzellen produzieren kann.

An vielen Universitäten begannen Neurowissenschaftler, das Phänomen der Neuroplastizität intensiver zu untersuchen. Ihre Forschungsergebnisse liefern eine Menge ermutigende Beweise: Bei Londoner Taxifahrern fand man einen überdurchschnittlich großen Hippocampus – der Teil des Gehirns, den sie zur Orientierung in den 25 000 Straßen Londons benötigen. Durchschnittlich gestressten Managern schaute man an der Harvard Medical School in den Kopf und konnte zeigen: Wenn die Manager nur wenige Minuten pro Tag meditierten, veränderten sich ihre Gehirne nach nur acht Wochen signifikant. Beispielsweise erhöhten sich die Vernetzungen in Bereichen des Gehirns, die für Lernen, Gedächtnis und Selbstwahrnehmung verantwortlich sind. Und auch in den Köpfen professioneller Musiker können Wissenschaftler mit modernster Technik feststellen: Es haben sich andere neuronale Strukturen entwickelt als bei nicht musizierenden Menschen.

> **Die Erkenntnis:** Die alte Volksweisheit »Was Hänschen nicht lernt, lernt Hans nimmermehr« ist von der modernen Hirnforschung widerlegt.

Anders als lange geglaubt sind die Nervenzellen in unseren Köpfen selbst in hohem Alter in der Lage, neue Verbindungen einzugehen, bestehende Netzwerke zu verfestigen oder auch Bindungen zu lösen, die nicht mehr genutzt werden. Wir sind biologisch betrachtet jederzeit in der Lage, uns zu verändern, neues Wissen und neue Fähigkeiten zu erlernen, neue Verhaltensweisen zu entwickeln und alte Verhaltensweisen hinter uns zu lassen. Wir können auch die Art und Weise unseres Denkens jederzeit anpassen.

Warum gelingt uns das jedoch nicht immer?

Eine Antwort darauf konnte man im Jahr 2004 erhalten. Damals hatte der Dalai Lama einige der weltweit führenden Forscher der Neuroplastizität in sein Exil im indischen Dharamsala eingeladen. Seit einigen Jahren schon traf sich das geistliche Oberhaupt der Tibeter regelmäßig mit Gelehrten aus aller Welt, um die Erkenntnisse der modernen Wissenschaft mit dem Glauben des tibetischen Buddhismus abzugleichen. Bei dem Treffen im Jahr 2004 tauschten sich die Forscher mit Seiner Heiligkeit über die nun durch die Neuroplastizität bewiesene Fähigkeit des Menschen aus, sich verändern zu können. Dem Dalai Lama gefiel dies, denn nun gab es den wissenschaftlichen Beweis für etwas, woran die Buddhisten schon lange glauben: Der menschliche Geist trägt ein ungeheures Potenzial zur Transformation in sich.

Die anwesende Neurowissenschaftlerin Helen Neville berichtete von dem Experiment mit den Nachtaffen, die sowohl den Tönen als auch den Berührungen ausgesetzt waren – so wie Sie es sich vor einigen Minuten noch vorgestellt haben. Neville gab mit dem Bericht über das Experiment eine wichtige Antwort auf die Frage, wie wir Zugriff auf unser Transformationspotenzial erlangen, wie unser Gehirn neuroplastisch wird, und wie wir es dadurch schaffen, uns zu verändern.

Obwohl in dem Nachtaffenexperiment alle Affen den gleichen Reizen ausgesetzt waren, wurden einige darauf trainiert, ihre Aufmerksamkeit den Geräuschen zu schenken. Die anderen Affen waren darauf trainiert, sich auf die Berührung der Hände zu konzentrieren.

Nachdem die Forscher das Experiment mehrere Wochen täglich für eineinhalb Stunden durchgeführt hatten, kamen sie bei der Untersuchung der Gehirne zu der bahnbrechenden Erkenntnis: Diejenigen Affen, die auf die Berührungen geachtet hatten, zeigten eine deutliche Vergrößerung eines Teils der Großhirnrinde, der für die Verarbeitung der Berührung der Hände verantwortlich ist. Der Bereich ihres Gehirns, der die Hörsignale verarbeitet, blieb hingegen unverändert. »All die auditiven Stimulationen machten keinen Unterschied, da die Affen keine Aufmerksamkeit darauf gerichtet hatten«, berichtete Neville dem Dalai Lama. »Es ist ein wunderbares Experiment, denn es zeigt die Auswirkung von Aufmerksamkeit auf die Veränderung.«

Die Forscher untersuchten die Affen der zweiten Versuchsgruppe, und stellten fest, dass sich die beiden Hirnteile genau entgegengesetzt entwickelt hatten. Der Teil der Großhirnrinde, der die Berührung der Hände verarbeitet, hatte sich nicht verändert. Der Teil der Großhirnrinde hingegen, der die Töne verarbeitet, hatte sich neu strukturiert: Die Affen waren während des Experiments mit ihrer Aufmerksamkeit ausschließlich bei den Tönen!

> **Die Erkenntnis:** Die Aufmerksamkeit entscheidet darüber, ob jemand das in ihm liegende Potenzial zur Transformation entfaltet, oder ob er der Mensch bleibt, der er immer schon war.

Aufmerksamkeit ist ein Schlüssel, der die Schatztruhe der Neuroplastizität öffnet. Sie entscheidet darüber, ob etwas einfach nur an uns vorbeizieht oder ob es Spuren in unserem Gehirn hinterlässt. Das gilt nicht nur für Reize wie Töne und Berührungen, sondern wirkt auch bei komplexen kognitiven Aktivitäten wie dem Erlernen neuer Fertigkeiten und somit der persönlichen Veränderung.

Beginnen Sie mit den inneren Bildern

Bodo Janssen hätte nach seiner Klosterzeit in den Alltag zurückkehren und die Veränderung seines Unternehmens an seine Mitarbeiter delegieren können.

Vielleicht kennen Sie das aus Ihrem eigenen Berufsleben: Die Vorstandsetage gibt eine neue Richtung vor, und erwartet von ihren Mitarbeitern, dass sie begeistert mitziehen. Ich selbst habe genau das öfter während meiner Zeit in international agierenden Unternehmen erlebt. In einem Unterhaltungskonzern beispielsweise erhielten viele von uns eines Tages ein neues Motivationsbuch. Der Präsident unseres Unternehmens hatte in seinem Urlaub darin gelesen und es danach kistenweise bestellt. Allerdings hatte er eine sehr eigenwillige Interpretation des Inhalts. Er tauschte einige Abteilungsleiter aus und legte Bereiche erfolglos zusammen. Unsere Erkenntnisse, die wir aus dem Buch gewonnen hatten, interessierten ihn damals nicht.

Auch in anderen Konzernen erlebte ich alle 12 bis 18 Monate regelmäßige Reorganisationen. Wenn wir Glück hatten, änderte sich nur der Name der Abteilung; wenn es weniger gut lief, konnten wir die Arbeit der vergangenen Monate oder Jahre über Bord werfen.

Wenn Unternehmenschefs mich heutzutage bitten, sie bei einem Kulturwandel zu begleiten, bitte ich zunächst darum, mit ihren Mitarbeitern reden zu dürfen. Denn nur so kann ich verstehen, wie das Unternehmen tatsächlich tickt. Oft höre ich dann Sätze wie »Hier gab es viel Veränderung in den letzten Jahren. Wir sind müde davon.« Dann ist es an der Zeit, dass Veränderungen endlich anders angegangen werden!

Was Bodo Janssen und anderen Führungskräften gelang, die erfolgreich die Kultur im eigenen Unternehmen, der eigenen Abteilung oder dem eigenen Team zu verändern hatten: Sie schafften es, eine wohlwollende Aufmerksamkeit und ein echtes Interesse ihrer Mitarbeiter zu gewinnen! Nicht dadurch, dass diese Chefs ihren Mitarbeitern drohten – denn das hätte die Möglichkeit zur Neuroplastizität durch eine ungünstige Veränderung der Botenstoffe im Gehirn eher reduziert. Wenn man die Kultur in einem Unternehmen nachhaltig ändern will, braucht man jedoch Menschen, die sich verändern wollen und können.

> **①** Hier können Sie sich einen sehr unterhaltsamen Film der Studie als Video ansehen: fuehren-mit-hirn.de/carnegie

Diese Chefs trumpften auch nicht mit starken finanziellen Anreizen auf, denn hohe finanzielle Anreize reduzieren die kognitiven Fähigkeiten, wie Forscher der Carnegie-Mellon-Universität vor einigen Jahren bewiesen. Diese Führungskräfte erreichten Ihre Mitarbeiter durch etwas anderes: Sie wurden zu Vorbildern, die glaubwürdig und entgegen vieler Widerstände vorlebten, wovon sie sprachen.

Warum ist diese Vorbildfunktion so wichtig?

Ein kurzes Gedankenexperiment weist Ihnen den Weg zur Antwort: Stellen Sie sich bitte vor, Sie würden Ihre Unterschrift auf ein Blatt Papier schreiben. Lassen Sie sich dabei Zeit. Achten Sie darauf, wie sich in Ihren Gedanken der Stift anfühlt, wie die Farbe der Tinte aussieht und welches

Geräusch auf dem Papier während des Schreibens entsteht. Schreiben Sie in Gedanken zwei oder drei Mal Ihren Namen. Nachdem Sie das getan haben, stellen Sie sich nun vor, Sie würden mit dem gleichen Stift wieder unterschreiben – allerdings mit der anderen Hand. Achten Sie wieder darauf, wie es sich in Gedanken anfühlt, was Sie sehen und welches Geräusch der Stift macht. Was ist dieses Mal anders?

Den meisten Menschen fällt es schwerer, sich die Unterschrift mit der anderen Hand vorzustellen. Falls Sie beidhändig schreiben können, dann stellen Sie sich einfach vor, Sie würden sich mit der anderen Hand Ihre Zähne putzen, Tennis oder Golf spielen. Der Grund, weshalb das vergleichsweise schwer ist: Es fehlen die dazugehörigen stabilen neuronalen Netzwerke. Da wir gewisse Bewegungsabläufe nur selten oder gar nicht abrufen, mussten sich die dafür notwendigen synaptischen Verbindungen in unserem Kopf nicht so stark ausbilden.

Es gibt nur zwei Wege, diese und weitere neuronale Netzwerke für neues Verhalten entstehen zu lassen. Erstens: Menschen tun etwas Neues. Zweitens: Sie stellen es sich vor.

Als der Dalai Lama das erste Mal die Laboratorien amerikanischer Neurowissenschaftler besuchte, wollten diese ihm mit einem einfachen Experiment imponieren. Wie bei vielen Besuchern zuvor, hatten sie einen Studenten in einem ihrer Hirnscanner positioniert, der einen Finger bewegte. Auf dem angeschlossenen Monitor konnte der Dalai Lama die Aktivität der Nervenzellen des motorischen Cortex beobachten, die für die Fingerbewegung verantwortlich sind. Die meisten Besucher waren von dieser kleinen Show bereits sehr beeindruckt. Der Dalai Lama aber fragte den Studenten, ob er sich die Bewegung seines Fingers nur vorstellen könnte, während sein physischer Finger entspannt blieb. Der Student entsprach der Bitte Seiner Heiligkeit und bewegte seinen Finger ausschließlich in Gedanken. Wie zuvor konnte der Dalai Lama am Monitor eine Aktivität im motorischen Cortex des Studenten erkennen. Sie war zwar etwas schwächer, doch der Hirnscanner zeigte: Bereits die Vorstellung einer Bewegung reicht aus, um die motorischen neuronalen Netzwerke aktiv werden zu lassen.

Inzwischen gibt es zahlreiche Untersuchungen, die durch leicht verständliche Ergebnisse beweisen, dass die Arbeit mit inneren Bildern unsere synaptischen Verbindungen und unser Verhalten verändern kann. Durch mentales Training können zusätzliche Netzwerke im Gehirn entstehen. Menschen entwickeln dadurch neue Verhaltensweisen oder verbessern vorhandene Fähigkeiten: Wenn man Musikern unbekannte Noten vorlegt und diese die Noten eine Stunde lang in Gedanken üben, sind sie danach in der Lage, das Stück meist mit weniger Fehlern zu spielen, als ihre Kollegen, die sich im gleichen Zeitraum mit den neuen Noten am Instrument vorbereitet haben. Lässt man ein Basketballteam im Anschluss an das physische Training auch noch mental arbeiten, erhöht sich die Trefferquote signifikant.

Der bewusste aktive Prozess der Imagination ist ein Weg, um innere Bilder und neuronale Netzwerke zu verändern. Viele Hochleistungssportler, Musiker und Schauspieler nutzen diesen Weg längst. Und wenn Sie selbst schon mal einen Vortrag vor einer größeren Gruppe gehalten haben, sind auch Sie Ihre Worte wahrscheinlich vorher mehrfach in Gedanken durchgegangen.

Auch für Menschen in einem Unternehmen ist dieser Prozess geeignet, sofern sie sich bereits für eine Veränderung entschieden haben und diese bewusst vorantreiben wollen. Führungskräfte, die erfolgreich eine menschenzugewandte und wirtschaftlich blühende Kultur erschaffen haben, hatten zuvor starke innere Bilder über den künftigen Zustand in ihrem Unternehmen entwickelt – zuerst für sich selbst, und dann gemeinsam mit ihren Kollegen und engsten Mitarbeitern. Meist waren das klare Vorstellungen von einer offenen Beziehungskultur, einem Umfeld der Mitgestaltung, mehr Verbundenheit oder der Arbeit als Team anstatt einer Kultur von Einzelkämpfern. Der Weg dorthin entsteht durch eine Reflexion und das Hinterfragen, »Wie hätte ich es hier gerne?«, und die gemeinsame Diskussion mit den wichtigsten Protagonisten.

Je stärker und klarer diese Bilder werden, desto einfacher gelingt es, das eigene Verhalten anzupassen und diese Vision mit dem Rest der Belegschaft zu teilen. Es entfaltet sich eine Kraft, die sich mit dem Begriff »Inkohärenz« beschreiben lässt: Innen und außen passen nicht zusammen. Es ist die Inkohärenz zwischen dem Status quo der Außenwelt und der Vision der Innenwelt. Da das Gehirn jedoch einen kohärenten Zustand bevorzugt, wird es Sie immer wieder dazu aktivieren, Ihre Außenwelt so weit zu verändern, dass sie zu Ihren inneren Bildern passt.

Der Literaturnobelpreisträger George Bernard Shaw beschrieb diesen Weg – unwissenschaftlich, und doch treffend – mit folgenden Worten: »Der vernünftige Mensch passt sich seinem Umfeld an. Der unvernünftige Mensch passt sein Umfeld an sich an. Jeglicher Fortschritt entsteht durch die unvernünftigen Menschen.«

Ein weiterer Weg, innere Bilder zu verändern, sind die äußeren Bilder, denen Menschen ausgesetzt sind. Die Dinge, die sie sehen. Die Erfahrungen, die sie machen. Dieser Weg ist wichtig, um in Ihrer Belegschaft all die Menschen zu erreichen, die noch unentschlossen, vorsichtig oder im Widerstand sind.

In jedem Unternehmen gibt es Mitarbeiter, die in ihrem Leben bereits ungünstige Erfahrungen gemacht haben. Sie haben bereits eine oder mehrere Reorganisationen mitgemacht, durch die sie etwas verloren haben. Sie hatten Vorgesetzte, die ihr Vertrauen missbraucht haben.

Bettina Cramer, die Leiterin der Verwaltung für Ferienwohnungen bei Upstalsboom, hatte früher einen cholerischen Chef. Vor dem Hintergrund dieser Vergangenheit kam sie zu der Entscheidung: »Ich glaube meinem neuen Chef nicht.« Wohlwollende Beteuerungen von Bodo Janssen, jetzt einiges anders machen zu wollen, perlten an ihr ab. Sie brauchte günstige äußere Bilder, um ihre ungünstigen inneren Bilder zu verändern. Diese günstigen äußeren Bilder entstanden, als Bodo Janssen das vorzuleben begann, wovon er sprach. Sein konsequentes, langfristiges Handeln führte dazu, dass seine Mitarbeiter Vertrauen entwickelten. Bankettleiterin Stickdorn brachte es auf den Punkt: »Jedem fällt auf, dass er tut, wovon er spricht.«

Eine kurze Reflexion – seien Sie ehrlich mit sich selbst: Nur einmal angenommen, Sie würden ein neues Unternehmen kaufen wollen. Sie haben zwei Mitarbeiter, die sich gut mit Mergers and Acquisitions auskennen. Einer von beiden hat eine Menge Fachliteratur darüber gelesen, der andere hat bereits drei Unternehmensübernahmen begleitet. Wessen Rat vertrauen Sie mehr?

Ein anderes Szenario: Sie brauchen eine dringende Operation. Würden Sie lieber von einem Oberarzt behandelt werden, oder von dem Facharzt, der diese Art von Operation schon mehrere Dutzend Mal durchgeführt hat?

Die meisten Personen würden dem Menschen mit mehr Erfahrungskompetenz vertrauen. Genauso ergeht es Mitarbeitern in Unternehmen.

Nur weil Sie Führungskraft sind, erhalten Sie noch lange nicht automatisch das uneingeschränkte Vertrauen Ihrer Belegschaft, die Kultur in Ihrem Unternehmen verändern zu können. Im Gegenteil: Für manche Mitarbeiter spricht vielleicht sogar einiges dagegen, dass Sie dafür der Richtige sind.

Wenn Sie jedoch beginnen, sich selbst zu verändern, bauen Sie – für alle sichtbar – Erfahrungskompetenz auf. Wenn Sie klare innere Bilder für sich entwickelt und Ihr Ego dem anstehenden Veränderungsprozess untergeordnet haben, wird Ihr Handeln auch nach außen authentisch wirken. Sie erhalten dann etwas, was essenziell für den Weg des Kulturwandels ist: die wohlwollende Aufmerksamkeit und das echte Interesse Ihrer Belegschaft.

Der Saftladen muss auch laufen!

Während einer Veranstaltung des Saftherstellers Eckes-Granini Deutschland im Februar 2012 erlebte ich etwas Ungewöhnliches. Geschäftsführer Heribert Gathof hielt gerade seine Ansprache. Plötzlich stiegen zwei Frauen auf die Bühne und nahmen ihm das Mikrofon aus der Hand. Noch etwas außer Atem, sprachen sie im Namen der Belegschaft zu ihrem Chef. »Wir möchten uns für all das bedanken, was hier von der Führungsetage geleistet wird. Denn das ist alles andere als normal.« Der Rest ihrer 180 Kollegen stimmte mit langem tosendem Beifall zu. Heribert Gathof stand verlegen auf der Bühne und rang um Dankesworte. Ich war an dem Tag als Vortragsredner geladen und beobachtete die Szene. Neugierig geworden, traf ich Gathof danach wiederholt. Schnell entpuppte sich Eckes-Granini Deutschland für mich als ein Unternehmen mit besonderer Unternehmenskultur. Eine niedrige Fluktuation, glückliche und begeisterte Mitarbeiter sowie eine beachtliche wirtschaftliche Wachstumskurve (eine Verdopplung des Ertrags innerhalb von zehn Jahren) zeichnen den Safthersteller aus Nieder-Olm aus. Noch Jahre später erinnert Gathof sich im Gespräch an die damalige Situation in seinem »Saftladen«, wie er und seine Mitarbeiter das Unternehmen liebevoll nennen. »Die Firmenveranstaltung im Februar 2012 war einer der bewegendsten Momente für mich«, sagt er. »Dass meine Mitarbeiter mir dort auf der Bühne dankten, hatte ich – vor allem in dieser Form – nicht erwartet.«

Wie viele andere Führungskräfte, denen ich bei meinen Reisen durch außergewöhnliche Unternehmen begegnete, wird Gathof von seinen Mitarbeitern als raumgebender Chef beschrieben, der sie oft ermutigt und inspiriert, den eigenen Fähigkeiten zu vertrauen. In Kapitel 3 erfahren Sie, wie er die Firmenstrategie durch die Belegschaft erarbeiten ließ und ein Umsatzwachstum von 70 Prozent erreichte. »Nach all dem, was man an Freiheit und an Vertrauen bekommt, will man Heribert einfach nicht enttäuschen«, erzählt der Finanzchef des Unternehmens. Diese Aussage teilen viele Mitarbeiter in weiteren Gesprächen mit mir. Gathof hat eine Haltung entwickelt, durch die sich die Belegschaft offensichtlich auf sonderbare Weise berührt fühlt. Als Gathof im Januar 2014 ankündigte, das Unternehmen binnen Jahresfrist verlassen zu wollen, da er sich »immer vorgenommen hatte, dass mit 60 Jahren etwas Neues kommen soll«, fließen bei den Mitarbeitern Tränen.

Heribert Gathofs Weg, ein Chef zu sein, dem die Mitarbeiter nachtrauern, hatte viele Jahrzehnte zuvor in den Schweizer Bergen begonnen. Bei ihm war es keine niederschmetternde Mitarbeiterumfrage wie bei Bodo Janssen, sondern ein langsamer, bewusster Prozess, den er im Kreise einiger Kollegen begann. »Es war irgendwann in den 80er Jahren«, erinnert sich Gathof. Er arbeitete damals in der Marketingabteilung von Procter & Gamble, und war für das kurz zuvor akquirierte Produkt Wick Hustenbonbons verantwortlich. Gathof war mit anderen Führungskräften auf einem Training in den Bergen. Eine Übung während der gemeinsamen Tage hatte es in sich: Die Teilnehmer wurden gebeten, ihre eigene Grabrede zu schreiben. Sie sollten sich vorstellen, welche Menschen wohl zur eigenen Beerdigung erscheinen würden – irgendwann in ferner Zukunft. Worüber würden die Anwesenden wohl nachdenken? Wer von ihnen würde sprechen und was würde er sagen? Welche der eigenen Wesensarten würden sie hervorheben? Gäbe es Dinge, die die Redner besser nicht erwähnen sollten?

Die Grabrede-Übung ist eine wirkungsvolle Methode, durch die Menschen sich ihrer eigenen Werte und Lebensziele bewusster werden. »Manche meiner Kollegen – besonders diejenigen, die aus einer anderen Kultur kamen oder in einer anderen Lebensphase steckten – belächelten diese Übung und konnten wenig damit anfangen. Andere hingegen ließen sich sehr darauf ein. Ich selbst fühlte eine besondere Betroffenheit«, erinnert sich Gathof. »Fragen zu meiner Grabrede hatte ich mir zuvor noch nie gestellt. Mich faszinierte, was durch diese Übung nicht nur mit mir, sondern auch mit manchen meiner Kollegen geschah. Es war so, als hätte man ein neues Ziel in sein Navigationssystem eingegeben – oder das erste Mal festgestellt, dass man überhaupt ein Ziel eingeben kann.« Was für Bodo Janssen die Vorstellung eines Gesprächs mit seinen noch ungeborenen Enkeln war, wurde für Heribert Gathof die Vorstellung seiner eigenen Grabrede. Die Strategie aber ist dieselbe: Der weite Blick in die Zukunft und die Erschaffung neuer innerer Bilder können helfen, das eigene Leben neu auszurichten und das Verhalten an die neuen Ziele anzupassen.

In Gathof hatte ein innerer Prozess begonnen, der ihm half, viele Dinge aus der eigenen Biografie zu reflektieren und zu verstehen. »Mich hat die Grabrede-Übung damals geschockt und durcheinander geschüttelt. Sie hat mir ermöglicht, mich danach intensiver mit mir selbst auseinanderzusetzen«, erzählt er. Sein Leben war von ambivalenten Erfahrungen geprägt. »Unser Vater musste in der schweren Nachkriegszeit für uns sorgen. Er war in der Familie nicht der Umgänglichste. Er konnte sehr zornig sein, auch wenn ein herzensguter Mensch in ihm steckte. Leider verstarb er auch viel zu früh. Meine Mutter hat immer das Gute in ihm gesehen. Durch sie habe ich eine Haltung entwickelt, auch bei schwierigen Menschen stets nach dem guten Kern zu suchen.«

Womöglich waren diese frühen Erfahrungen der Grund für Gathofs »kreative Unruhe«, die er Zeit seines Lebens immer wieder in sich spürte. »Bisher habe ich nie darüber in der Öffentlichkeit gesprochen. Doch die Erlebnisse in der Kindheit in einer spannungsgeladenen Großfamilie und die Auseinandersetzung damit waren für mich oft eine wichtige Triebfeder«, resümiert Heribert Gathof nachdenklich. Noch Jahre nach der Erfahrung in den Schweizer Bergen war Gathof von der Möglichkeit zur eigenen Veränderung beeindruckt. Sich selbst besser zu verstehen ermöglichte ihm den Zugriff auf seine eigenen Potenziale. Viele seiner späteren beruflichen Erfolge hatten dort wohl ihre Wurzeln. Die eigenen Erfahrungen wollte Gathof weitergeben. »In den 90er

Jahren begann ich, meinen Mitarbeitern anzubieten, sich mit ähnlichen Dingen zu beschäftigen«, sagt er. In seiner damaligen Funktion als Marketingleiter in einem Konzern richtete er freitags ein freiwilliges Meeting zum Thema »Marketing zwischen Theorie und Praxis« ein. In diesen Meetings stellte er Fragen in den Raum, wie: »Wenn ich alles Geld der Welt hätte und nicht mehr arbeiten müsste, was würde ich mit meiner Zeit tun?« Oder: »Welche Menschen bewundere ich?« Oft teilte Gathof mit seinen Mitarbeitern auch seine eigenen Antworten und Gedanken.

»Viele meiner Mitarbeiter begannen dadurch, mich besser zu verstehen – ich wurde greifbarer. Und manche der üblichen Unterstellungen, die Mitarbeiter gegenüber ihren Vorgesetzten pflegen, begannen zu wackeln.« Heribert Gathof veränderte sein Führungsverhalten sukzessive, bezog Mitarbeiter stärker ein und ließ ihnen deutlich mehr Freiheit zur eigenen Entfaltung. Nachdem er Geschäftsführer von Eckes-Granini Deutschland geworden war, gab er sogar ganze Strategieentwicklungen in die Belegschaft ab. »Es gibt ja diese berühmten ›Kompetenzfelder‹, mit denen man Menschen gerne quält. Ich glaube eher, dass man seinen Mitarbeitern den richtigen Rahmen geben muss. Man muss sie da unterstützen, wo sie bereits gut sind.«

Diese Herangehensweise hat sich oft ausgezahlt. Beispielsweise bemerkten externe Berater bei einem SAP-Projekt, dass sie selten ein Team von Fachexperten erlebt hätten, das mit so viel Euphorie und Leidenschaft bei der Sache sei. »Ich bin stolz auf das, was bei Eckes-Granini Deutschland gelebt wird«, sagt Gathof. »Ich hatte wiederholt Geschäftspartner zu Besuch, die mir erzählten, dass sie auf die bloße Frage nach dem Weg über das Betriebsgelände von einem Mitarbeiter gleich eine ganze Abhandlung des Unternehmens erzählt bekommen hatten.«

Im Herbst 2014 übergab Heribert Gathof das Zepter bei Eckes-Granini Deutschland an seinen Nachfolger. Zu Beginn seines neuen Lebensabschnitts fragte ich ihn, welche Rahmenbedingungen er retrospektiv für eine Führungskraft relevant hält, um so eine außergewöhnliche Kultur entstehen zu lassen. Seine Antwort deckt sich mit der vieler weiterer Chefs, die ich sprach. Zwei Kernpunkte waren für ihn wesentlich.

Erstens: »Wenn ich auf meine vielen Jahre als Führungskraft zurückschaue, dann bemerke ich: Je mehr Aufmerksamkeit ich meinem eigenen

Inneren gewidmet habe, und je besser ich mit mir selbst auskam, umso leichter gelang es mir, die Menschen um mich herum zu erreichen.«

Zweitens: »Ich habe regelmäßig Ergebnisse geliefert. Sonst hätten mich meine Chefs nicht tun lassen, was ich für sinnvoll hielt.« Dass er sein Geschäft versteht, hat Gathof in seinem Berufsleben mehrfach unter Beweis gestellt – zuerst durch zweistellige Wachstumsraten der Wick Hustenbonbons in seiner Zeit bei Procter & Gamble und später durch noch steilere Umsatzkurven bei Eckes-Granini. »Als ich als Marketingchef zu Eckes-Granini kam, hatte dort noch niemand von ›Line-Extensions‹ gehört. Ich habe damals eine Dachmarkenkonstruktion mit der Marke hohes C umgesetzt. Danach ist die Verwendung der Marke durch die Decke gegangen und wir haben dadurch die Basis geschaffen, langfristig den Absatz von 90 auf 250 Millionen Liter zu erhöhen«, grinst Gathof. »Während der Markt für fruchthaltige Getränke in Deutschland nach der Jahrtausendwende rückläufig war, haben wir den Gegentrend geschafft. Wir sind dem Markt um 50 Index-Punkte vorausgeeilt. Wir haben unseren Ertrag einfach mal verdoppelt!« Gathof hat sich in seiner Zeit bei Eckes-Granini vom Marketingchef eines Unternehmensbereichs zum Geschäftsführer von Eckes-Granini Deutschland weiterentwickelt. Die unter ihm gewachsene Geschäftseinheit wurde zur erfolgreichsten aller 14 Landesgesellschaften. Bis heute ist sie in Deutschland der unangefochtene Marktführer.

Seit Gerald Hüther und ich unsere gemeinsame Arbeit aufgenommen haben, haben uns viele Menschen aus der Wirtschaft angesprochen, die uns davon überzeugen wollten, dass auch ihr Handeln berichtenswert sei. Anfangs haben wir viel Zeit in das Lesen von E-Mails und Dokumenten oder in lange Gespräche investiert. Im Laufe der Jahre aber hat sich ein einfacher erster Filter herauskristallisiert: Nur wenn eine Führungskraft die Fähigkeit in sich trägt, regelmäßig erfolgreiche wirtschaftliche Kennzahlen zu erreichen, ist sie in der Lage, auch langfristig eine beachtenswerte Kultur im eigenen Team, in der eigenen Abteilung oder im ganzen Unternehmen entstehen zu lassen. Heribert Gathof drückte es so aus: »Unser Alltag war niemals ›Ringelpietz mit Anfassen‹, sondern geprägt vom gemeinsamen Willen zur Entwicklung unserer Geschäftspotenziale.«

Essenz für Eilige
Urknall – Sie selbst sind der Mensch, bei dem der Wandel beginnt

- Erfolgreiche Führungskräfte leben es vor: Veränderung im eigenen Verantwortungsbereich gelingt dann besonders erfolgreich, wenn Sie beginnen, sich selbst zu verändern.
- Die Hotelkette Upstalsboom verdoppelte in drei Jahren Umsatz und Mitarbeiterzufriedenheit, nachdem Geschäftsführer Bodo Janssen sich in ein Kloster zurückgezogen hatte. Er reflektierte dort sein eigenes Handeln, richtete sich neu aus und gab die eigenen Erkenntnisse an seine Mitarbeiter weiter.
- Die moderne Hirnforschung beweist, dass Menschen sich selbst in hohem Alter noch verändern können. Die Möglichkeit, neue Netzwerke im Gehirn und damit neue Fähigkeiten zu entwickeln, nennt man Neuroplastizität.
- Eine Schlüsselkompetenz, durch die Neuroplastizität möglich wird, ist Aufmerksamkeit. Persönliche Veränderung bei Führungskräften sollte deshalb ein aufmerksamer und bewusster Prozess sein.
- Die Aufmerksamkeit der Mitarbeiter – damit auch bei diesen eine neuroplastische Veränderung möglich wird – kann man nicht erzwingen, sondern nur gewinnen. Zwang und Angst verhindern Neuroplastizität.
- Die Aufmerksamkeit Ihrer Mitarbeiter gewinnen Sie, indem Sie Vorbild sind. Heribert Gathof, ehemaliger Geschäftsführer von Eckes-Granini Deutschland, erinnert sich: »Je mehr ich mich meinem Inneren gewidmet habe, desto leichter konnte ich die Menschen um mich herum erreichen.«
- Behalten Sie die wirtschaftlichen Kennzahlen im Blick! Kulturveränderung im Arbeitsumfeld darf keine Flucht vor geschäftlichen Herausforderungen sein. Eckes-Granini Deutschland hat eine der herausragendsten Unternehmenskulturen entwickelt und war während dieser Entwicklung gleichzeitig die erfolgreichste Landesgesellschaft der Unternehmensgruppe.

Kapitel 2

Zugehörigkeit – Menschen möchten sich verbunden fühlen

»Wir fühlten uns trotz der offensichtlichen Gefahr alle sehr geborgen.«

Olaf Glatzer, Leiter der Abteilung Ausbildung und Qualifizierung, Phoenix Contact

»Das Jahr 2009 war das schlimmste in unserer über 90-jährigen Firmengeschichte. Die Weltwirtschaftskrise hatte uns voll erwischt. Massive Umsatzeinbrüche, viele Mitarbeiter gingen in Kurzarbeit. Wir mussten zig Millionen Euro an Kosten einsparen. Ich hatte einige schlaflose Nächte«, erzählt Professor Dr. Gunther Olesch, Geschäftsführer für Personal, Informatik & Recht des Familienunternehmens Phoenix Contact.

Im Jahr 2009 erlebte die Bundesrepublik Deutschland ihren bisher schwersten wirtschaftlichen Crash. Initiiert durch die Finanzkrise 2007 und begleitet durch dramatische Ereignisse wie der Pleite von Lehman Brothers, brach die Wirtschaftsleistung in Deutschland um ganze 5 Prozent ein. Zum Vergleich: Selbst in den Ölkrisen der 70er Jahre hatte der Rückgang des Bruttosozialprodukts nie die Ein-Prozent-Grenze überschritten. Die Finanzkrise zog besonders die Automobilwirtschaft in Mitleidenschaft. »Die Automobilmärkte haben eine Talfahrt genommen, die in dieser Geschwindigkeit und Ausprägung noch nie vorher stattgefunden hat«, warnte der Verband der Automobilbauer bereits Ende 2008. Aus dieser Branche kamen die wichtigsten Kunden von Phoenix Contact – das Unternehmen ist auf Verbindungs- und Automatisierungstechnik spezialisiert.

Es ist ein sonniger Spätsommernachmittag im Jahr 2014. Gunther Olesch spricht schnell. Nicht gehetzt, sondern so, als würde er am liebsten zehn weitere Dinge im gleichen Augenblick sagen wollen. Hin und wieder springt er voller Energie auf, weil er irgendetwas holen, irgendetwas zeigen will. Einmal nimmt er den großen Bilderrahmen mit den Unternehmenswerten von der Wand seines Eckbüros und trägt ihn zum Besprechungstisch. Man hat den Eindruck, dass er für das, wovon er redet vor Leidenschaft sprüht. Bei ihm gibt es kein Taktieren, keine zurückgehaltenen Botschaften.

Das Unternehmen, für das er arbeitet, erwirtschaftet inzwischen einen Umsatz von 1,6 Milliarden Euro – 600 Millionen mehr als im Jahr 2009 – und beschäftigt weltweit 14 000 Mitarbeiter. Firmensitz: Blomberg. »Ja, wir sind nicht BMW in München: keine große Stadt, keine bekannten Produkte. Trotzdem bekommen wir viele Bewerbungen – 800 pro Monat. Wir können so gut wie alle offenen Stellen besetzen«, erzählt Gunther Olesch voller Stolz.

Phoenix Contact | Die Krisenjahre

Februar 2009. Der Umsatz liegt 14 Prozent hinter den Erwartungen. »Was damals geschah, war für mich neu«, erzählt Controllerin Claudia Briese. »Wir hatten in der Vergangenheit zwar schon einmal eine wirtschaftlich schwere Zeit. Aber das wurde in meiner Wahrnehmung alleine in der Chefetage geregelt.« Dieses Mal stellt sich die Geschäftsführung vor die versammelte Mannschaft: Betriebsversammlung in allen Werken in Deutschland, Videoübertragung für die Mitarbeiter im Ausland.

»Ich habe den Leuten gesagt: Wir hatten 8 Prozent Wachstum geplant und liegen nun mit 6 Prozent im Minus«, erinnert sich Gunther Olesch. »Das ist gar nicht gut. Wir müssen 10 Millionen Euro sparen. Stellt euch vor, ihr wollt 4 Wochen in den Urlaub und die Waschmaschine geht kaputt. Dann könnt ihr vielleicht auch nur 3 Wochen wegfahren, weil etwas Geld fehlt. Bitte denkt mit dem gleichen gesunden Menschenverstand nach, wo wir im Unternehmen Kosten einsparen können.« Die Geschäftsleitung gab die Summe vor – die Mannschaft suchte nach Einsparmöglichkeiten. Die Schwierigkeiten sollten gemeinsam gelöst werden.

»Für uns war das ein gutes Zeichen«, erinnert sich Olaf Glatzer, Leiter der Abteilung Ausbildung und Qualifizierung. »Wir hatten ohnehin längst gespürt, dass etwas nicht rund läuft. Es war beruhigend, dass das so offen

kommuniziert worden ist und die Probleme nicht schöngeredet wurden.«
Die Talsohle war für das Unternehmen jedoch noch lange nicht erreicht.
Im April 2009 hatte sich das Minus von 6 Prozent bereits auf 15 Prozent
und im Juni auf bedrohliche 25 Prozent vergrößert. Jetzt musste Phoenix
Contact schon 50 Millionen Euro einsparen.

Unternehmen: Phoenix Contact GmbH & Co. KG
Branche: Automatisierungstechnik
Sitz: Blomberg, Ostwestfalen
Gegründet: 1923
Mitarbeiter: 14 000
Webseite: www.phoenixcontact.com
Bemerkenswert: Durch den Fokus auf die Mitarbeiter hat das Unternehmen innerhalb von fünf Jahren den Umsatz von 1 Milliarde auf 1,6 Milliarden Euro erhöht.

In Phasen großer Unsicherheit geschieht etwas, das Jeanie Duck, eine
Pionierin des Change-Managements, so beschreibt:»Menschen verbinden
(die wenigen) Informationen auf höchst pathologische Art und Weise.
Chefs müssen dann sehr offen und direkt sein. Sie müssen besonders
häufig kommunizieren.«
Genau das tat die Geschäftsführung von Phoenix Contact. Alle zwei
Monate gab es nun Betriebsversammlungen. Die Chefs fuhren durch die
Werke und versicherten den Mitarbeitern:»Wir tun alles, was wir können,
um alle Arbeitsplätze zu erhalten.« Gunther Olesch erinnert sich:»Die
Sicherung des Unternehmens und die Sicherung der Arbeitsplätze war
für uns damals gleichgewichtig.«
Die Führungsmannschaft traf eine Entscheidung: Sie schickte fast alle
tariflichen Mitarbeiter in Kurzarbeit. Das bedeutete weniger Gehalt:
Auf 7,1 Prozent mussten viele Menschen aus den Werken verzichten.
Die außertariflichen Mitarbeiter wurden um gleiche Kürzungen gebeten. »Die Treppe muss von oben gefegt werden«, sagt Gunther Olesch.
»Wir selbst haben damals in der Geschäftsleitung und in den weiteren
Führungsetagen auf nachweislich die gleichen 7,1 Prozent unserer Gehälter verzichtet.« In der Belegschaft verfehlte das seine Wirkung nicht.

»Wir werden hier alle gleich behandelt«, erzählen mir die Mitarbeiter, mit denen ich danach spreche. Controllerin Briese berichtet mir: »Ich kann mich an niemanden erinnern, der gemault hat. Die Kurzarbeit zu akzeptieren, fiel uns allen leichter, weil wir gesehen haben, dass wir im gleichen Boot sitzen.«

Und doch ging es im August weiter abwärts. »Ich kam mir wie ein Pilot vor, der bemerkt, dass das Flugzeug abschmiert. Man zieht das Steuer zurück und nichts passiert – denn bis so ein Airbus abdreht, vergehen erstmal ein paar Kilometer«, erzählt Gunther Olesch. Inzwischen hatte das Minus bedrohliche 29 Prozent erreicht und Phoenix Contact musste 100 Millionen Euro sparen. »Manche Dinge vergisst man nie. Die Gesichter unserer Mitarbeiter werden mir für immer im Gedächtnis bleiben. Sie klatschten zwar auf den Betriebsversammlungen, wenn wir berichteten, was wir alles tun, um die Kehrtwende zu schaffen. Aber es waren ängstliche und traurige Gesichter.«

Oleschs Kollegen begannen nun doch, Kündigungen in Erwägung zu ziehen. Denn wenn die Talfahrt im gleichen Tempo weiterginge, läge das Unternehmen bald 40 oder gar 50 Prozent hinter dem Vorjahresumsatz. Maximal 34 Prozent seien möglich, errechneten die Chefs damals, alles darüber hinaus würde das Unternehmen existenziell bedrohen.

»Wie ist es Ihnen damals gelungen, den Glauben daran zu behalten, dass es auch ohne Entlassungen geht?«, frage ich Gunther Olesch.

»Ich hatte und habe die Überzeugung, dass dieses Unternehmen ganz besondere Menschen beschäftigt, und dass wir nur zusammen den Trend umkehren können. Natürlich hatte ich auch immer wieder Momente des Zweifels, ob ich mit meiner Überzeugung richtig liege. Und ich habe mich an frühere sehr schwierige Phasen erinnert: berufliche Situationen, in denen ich zweifelte. So richtig tiefe Situationen, in denen man denkt: ›Das war's, es geht nicht mehr!‹ Und es ging doch. Meine Lebenserfahrung half mir, im Sommer 2009 den Glauben an das Unternehmen und seine Menschen aufrecht zu erhalten.« Gunther Olesch behielt Recht. Ende 2009 reduzierte sich das Minus auf 19 Prozent. Weder im Jahr 2009 noch im Jahr 2010 oder 2011 wurden Mitarbeiter entlassen. Der Cashflow war zudem der beste seit langer Zeit: Anstelle der vorgegebenen 100 Millionen hatte die Belegschaft 120 Millionen Euro gespart!

Durch die häufige Präsenz, durch die gemeinsam reduzierten Gehälter und durch das authentische »Wir stehen das gemeinsam durch!« gelang es Phoenix Contact, stabilisierende Rahmenbedingungen für die Mitarbeiter zu schaffen. »Wir Älteren konnten die Jüngeren beruhigen«, erinnert sich Olaf Glatzer. »Wenn die Geschäftsleitung sagt, die kümmert sich, dann tut sie das auch. Das habe ich meinen jungen Mitarbeitern gesagt. Denn ich kenne die Chefs seit über 25 Jahren: Die stehen zu ihrem Wort!«

»In dieser Zeit stand die zweijährige, externe Top-Job-Mitarbeiterumfrage an«, erzählt Gunther Olesch. »Wir zweifelten natürlich, ob das ein guter Zeitpunkt dafür war. Letztlich entschieden wir uns dann dafür, rechneten aber mit eher unangenehmen Ergebnissen. Das Resultat war überraschend: Wir wurden im schlimmsten Jahr unserer Firmengeschichte zum besten Arbeitgeber Deutschlands gewählt.«

Das Krisenjahr 2009 wurde zu einem der kreativsten Jahre des Unternehmens. Viele Mitarbeiter entfalteten in dieser schwierigen Zeit ihr kreatives Potenzial. Zahlreiche neue Produkte wurden entwickelt. Die Führungsmannschaft hatte durch ihre Entscheidungen und ihr Verhalten Sicherheit vermittelt. 2010 erhielt Phoenix Contact den begehrten Innovationspreis »Hermes Award«. »Bereits im Januar 2010 war der Schalter wie umgelegt«, erzählt Gunther Olesch. »Die Kunden kauften viele unserer neuen Produkte. Wir hatten plötzlich ein Umsatzwachstum von 40 Prozent und wechselten von der Drei-Tage-Woche in die Sieben-Tage-Woche. Mit den neuen Erfindungen sind wir damals allen Wettbewerbern davongelaufen.«

Warum jeder seinen Affen braucht

Was Phoenix Contact im Krisenjahr 2009 erfolgreich demonstrierte, ist die Erfüllung eines wichtigen Grundbedürfnisses – eines der wichtigsten, das wir Menschen in uns tragen: das Bedürfnis nach Zugehörigkeit und Verbundenheit. Bleibt dieses Bedürfnis unerfüllt, geht es uns schlecht. Wird das Bedürfnis hingegen erfüllt, kann Verbundenheit uns selbst in den schwierigsten Situationen stabilisieren, denn wir behalten dann den Zugriff auf die in uns liegenden Fähigkeiten und Potenziale. Die hohe

Innovationsfähigkeit von Phoenix Contact im Jahr 2009 zeigt das auf eindrucksvolle Art und Weise.

Das Bedürfnis nach Zugehörigkeit und Verbundenheit entsteht sehr früh in uns. Bereits im Bauch unserer Mütter. Denn in diesen wichtigen neun Monaten waren wir rund um die Uhr verbunden: Wenn wir unsere Arme und Beine ausstreckten, berührten wir jemanden. Wir spürten Herzschlag und Stimme der Mutter, und waren stets durch die Nabelschnur mit ihr verbunden. Nach der Geburt erlebten wir dann eine Mutter, deren Gehirn mit dem Bindungshormon Oxytocin durchflutet war. Dieses Bindungshormon sorgt dafür, dass eine Mutter ihr Kind gut behütet. Und immer, wenn dieses Gefühl des Behütetwerdens fehlte, taten wir das, was Babys tun: Wir weinten – so lange bis jemand kam und unser Bedürfnis nach Verbundenheit wieder erfüllte.

Eher zufällig entdeckten Pharmaforscher in einem Experiment die mächtige Wirkung von Verbundenheit in bedrohlichen Situationen. Sie setzten einen jungen Affen in einen Käfig, um den ein knurrender Hund herumlief. Die Forscher konnten die Angst des Affen an der Atmung, dem Herzschlag und den Stresshormonen im Blut nachweisen. Sie holten einen zweiten Affen hinzu und verabreichten ihm ihr Test-Präparat: ein Mittel, das Angst und Stress verringern soll. Der zweite Affe wurde zu dem ersten Affen in den Käfig gesetzt. Wie erwartet, reagierte der zweite Affe sehr entspannt auf den knurrenden Hund. Er zeigte keinerlei Stressreaktionen. Die Forscher waren zufrieden: Das Mittel wirkte.

Doch dann machten sie eine überraschende Beobachtung. Denn auch der erste Affe zeigte plötzlich keinerlei Stressreaktion mehr. Seine Angst setzte unmittelbar wieder ein, sobald sie den zweiten Affen aus dem Käfig entfernten.

Die Forscher wiederholten das Experiment am folgenden Tag ohne Medikamente. Beide Affen wurden gemeinsam in den Käfig gesetzt. Während draußen der bedrohlich knurrende Hund sein Bestes gab, blieben die Affen im Käfig angstfrei. Ihre Verbundenheit schien den Unterschied zu machen, folgerten die Forscher. Sie wurden neugierig und experimentierten weiter. Doch der Beruhigungseffekt trat nur ein, wenn die Affen aus derselben Kolonie stammten, wenn sie einander kannten und sich einander zugehörig fühlten. Bei Affen aus verschiedenen Kolonien blieb das angstbefreiende Phänomen aus.

Im Jahr 2005 gelang es einem deutsch-amerikanischen Forscherteam zu erklären, weshalb sich der Stress der beiden Affen sichtbar verringerte: Neurobiologisch betrachtet geschieht etwas Faszinierendes: Wenn sich ein Affe (und auch ein Mensch!) mit einem anderen verbunden fühlt, schüttet sein Hypothalamus, ein nur vier Gramm schwerer Teil des Gehirns, einen wichtigen Botenstoff aus – denselben, mit dem auch das Gehirn einer Mutter kurz nach der Geburt durchflutet wird: das Bindungshormon Oxytocin. Dieses wirkt beruhigend auf die Amygdala, einen zentralen Teil des Angstsystems im Gehirn.

> **Die Erkenntnis:** Verbundenheit ist ein gutes Beruhigungsmittel in Momenten großer Verunsicherung und Angst.

Phoenix Contact | Der Phönix aus der Asche

»Wir haben 84 Jahre benötigt, um einen Jahresumsatz von 1 Milliarde Euro zu erreichen. Nachdem wir aber den Fokus mehr auf die Menschen in unserem Unternehmen gerichtet haben, gelang es uns innerhalb von fünf Jahren, unseren Umsatz auf 1,6 Milliarden zu erhöhen«, erzählt Gunther Olesch. »In der schweren Krisenzeit haben wir noch klarer als zuvor verstanden, wie wichtig die Menschen bei Phoenix Contact für den wirtschaftlichen Erfolg sind.«

»Ich glaube, es war für die Geschäftsleitung wichtig zu erkennen, dass wir Mitarbeiter auch mit offenen Botschaften gut umgehen konnten – auch wenn sie negativ waren«, erinnert sich Controllerin Claudia Briese. »Es war wie eine Initialzündung für das, was sich in der Folgezeit zwischen uns entwickelte: noch mehr Verbundenheit.«

Nachdem die Krise überwunden war, wünschten sich die Mitarbeiter, dass der regelmäßige Kontakt zu den obersten Chefs bestehen bleibt. »Uns war klar, dass 14 000 Mitarbeiter die Geschäftsleitung nicht ständig physisch sehen können – gerade bei den vielen Standorten«, erinnert sich Claudia Briese. »Mir kam damals die Idee: Wenn es physisch nicht möglich ist, dann geht es ja vielleicht virtuell?« Briese schlug der Geschäftsleitung vor, sich für die Belegschaft vor laufender Kamera regelmäßig zu tagesaktuellen oder strategischen Themen interviewen zu lassen. Im Anschluss sollten diese kurzen Filme als Video-Podcast den Mitarbeitern im Intranet zur Verfügung gestellt werden.

Eigentümer Klaus Eisert und seinem Führungsteam gefiel der Vorschlag der Belegschaft. Nach wenigen Wochen war die Idee umgesetzt und das erste Gespräch im Kasten. »Uns Mitarbeitern war es wichtig, jeden der fünf Geschäftsführer gleichgewichtet sehen zu können. Einige waren bis dahin eher im Hintergrund geblieben. Durch die Video-Podcasts wurden sie für uns präsenter«, erinnert sich Briese. »Meine Kollegen aus der Produktion erzählten schon bald nach dem Start des Projekts, wie sehr es ihnen gefalle, nun alle zwei Monate einen neuen Video-Podcast zu sehen. Denn zum einen erleben sie die Geschäftsführung sonst nur ein bis zwei Mal pro Jahr, zum anderen können sie jetzt auch selbst bestimmen, wann sie die Chefs sehen wollen. Schließlich sind die Video-Podcasts jederzeit abrufbar.«

Zu Beginn führte Ideengeberin Briese noch die Gespräche. Inzwischen sind mehrere Mitarbeiter aus dem Unternehmen benannt, denen die Chefs regelmäßig vor der Kamera Rede und Antwort stehen. Die Themen reichen vom Quartalsrückblick über die aktuelle Mitarbeiterumfrage bis hin zu einem Ausblick auf die Entwicklung verschiedener Märkte. »Wir zeigen die neuesten Filme in den wöchentlichen Briefings unserer Produktionsmitarbeiter«, erzählt Produktionsabteilungsleiter Burkhard Wenzel. »Dadurch können wir sichergehen, dass jeder Mitarbeiter sie tatsächlich sehen kann. Im Anschluss gibt es dann die Möglichkeit, das Gesehene zu diskutieren.«

Für die Mitarbeiter wurden die Video-Podcasts zu einem wichtigen Instrument, um unmittelbar zu hören und zu sehen, womit die Geschäftsleitung sich beschäftigt – wenn schon nicht im echten Kontakt, dann zumindest auf digitalem Weg. Doch umgekehrt? Welche Möglichkeiten gibt es, dass die Führungsebene des 14 000-Mitarbeiter-Unternehmens besser mitbekommt, was ihre Belegschaft gerade bewegt?

In vielen Unternehmen ist der Kontakt zum Vorstand nur über die dazwischen liegenden Führungsebenen möglich. Denn naturgemäß stellt jeder Vorgesetzte einen Filter dar. Bewusst oder unbewusst: Manche Informationen werden nach oben gegeben – andere nicht. Phoenix Contact umgeht diese natürlichen Filtermechanismen. Das Unternehmen hat für

30 Mitarbeiter Sonderrollen geschaffen: die »Trust-Prozessbegleiter«. Es wurden Mitarbeiter gewählt, die bei der Belegschaft ohnehin bereits eine hohe Akzeptanz genossen. Die Blomberger haben sich vorgenommen, in der Öffentlichkeit bis zum Jahr 2020 als vertrauenswürdigstes Unternehmen der Branche wahrgenommen zu werden – und dadurch langfristig unabhängig zu bleiben. »Wenn wir nicht irgendwann von einem der großen Konzerne vereinnahmt werden wollen, dann müssen wir wachsen. Und wir müssen einiges besser machen als unsere Mitbewerber«, erklärt Personalentwicklungsleiter Martin Grosser.

»Um als besonders vertrauensvoll gegenüber den Kunden wahrgenommen zu werden, brauchen wir zuerst einmal ein hohes Maß an Vertrauen in die eigene Mannschaft.« So lautete die Schlussfolgerung des Mittelständlers. Und hier kommen die Trust-Prozessbegleiter ins Spiel, für die aus jeder Abteilung langjährige, gut vernetzte Mitarbeiter ausgewählt wurden. »Die meisten von uns sind Urgesteine«, sagt Olaf Glatzer. »Ich selbst zum Beispiel bin seit 40 Jahren im Unternehmen.« Die Trust-Prozessbegleiter bildeten zunächst ein abteilungsübergreifendes Netzwerk, das sich in regelmäßigen Abständen traf und sich über Entwicklungen bei Phoenix Contact austauschte. Sie sind Ansprechpartner für Kollegen, Berater der Unit-Leiter, Mittelsmänner zur Personalabteilung und – natürlich – zur Geschäftsleitung. Dadurch gelang es Phoenix Contact, einen Rückkanal von den Mitarbeitern zur Geschäftsleitung zu etablieren.

»Die Trust-Kollegen beobachten sehr genau, wie das, was von oben kommt, weiter unten aufgenommen wird. Sie gehören nicht zur Personalabteilung, dadurch sind so etwas wie neutrale Seismografen«, erzählt Personalreferentin Yamilet Popp. »Durch sie erkennen wir Personaler und die Geschäftsführung noch besser, wann und wo wir etwas tun müssen.«

»Gibt es neben den vermittelnden Trust-Prozessbegleitern auch einen direkten Kontakt zwischen der Geschäftsleitung und den Mitarbeitern?«, will ich von meinen Gesprächspartnern wissen.

»Ich kenne viele Unternehmen mit 400 Mitarbeitern, bei denen die Azubis niemals einen Geschäftsführer zu Gesicht bekommen«, erzählt der Leiter der Abteilung Ausbildung und Qualifizierung, Olaf Glatzer. »Wir sind 14 000 Mann – aber wann immer neue Auszubildende bei uns beginnen, steht am ersten Tag ein Repräsentant der Geschäftsleitung im Raum und erzählt etwas über Phoenix Contact. Schneller geht's nicht.«

Gunther Olesch ergänzt: »Im Rahmen des Traineeprogramms steht auch immer der Dialog mit der Geschäftsführung auf der Agenda.«

Anlässlich einer grundlegenden strategischen Zehn-Jahres-Ausrichtung im Jahr 2012/2013 bereisten Inhaber Klaus Eisert und seine Kollegen neun Monate lang alle Standorte des Unternehmens und trafen sich mit insgesamt 1 200 Mitarbeitern. »Wir hatten den Grobentwurf einer Strategie entwickelt, und holten uns von Führungskräften und Mitarbeitern Feedback dazu ein«, erzählt Olesch. Pro Woche traf jeder der fünf Geschäftsführer mindestens eine 20-köpfige Gruppe, präsentierte und diskutierte von 9 Uhr morgens bis 5 Uhr nachmittags die aktuelle Strategie. Mitarbeiter der Personalentwicklung moderierten die Workshops.

»Für uns als Teilnehmer war es spannend zu erfahren, welche Sorgen und Gedanken die Geschäftsführer haben«, erzählt Produktionsabteilungsleiter Wenzel. »Das hat mir nachhaltig ein sicheres Gefühl im Unternehmen gegeben.«

Jeden Montag von 13 Uhr bis in den Abend hinein trafen sich die fünf Geschäftsführer, diskutierten die Rückmeldungen der Vorwoche und schärften ihr Konzept. »Insgesamt führten wir 89 dieser Workshops durch, in denen wir mit den Mitarbeitern gemeinsam die Strategie diskutiert und weiterentwickelt haben«, erzählt Gunther Olesch. »Ich habe früher bei einer Unternehmensberatung für große Kapitalgesellschaften und in einem großen Stahlkonzern gearbeitet. Ich erinnere mich, wie es dort oft lief: Die Geschäftsleitung denkt sich alle paar Jahre eine neue Grobstrategie aus. Dann werden teure Unternehmensberater ins Haus geholt, die das Konzept verfeinern. Zum Schluss überreichen die Berater dem Vorstand dann das fertige Strategiepapier. Ich kenne mehr als ein Unternehmen, bei dem das danebenging.«

»Wir sind dadurch erfolgreich, dass wir als großes Team gemeinsam an einem Strang ziehen – und das nicht nur wirtschaftlich«, sagt Gunther Olesch. »Die Menschen sind hier messbar gesünder und loyaler. Wir haben einen Gesundheitsstand von 97 Prozent – als produzierendes Gewerbe mit Drei-Schicht-System. Der Bundesdurchschnitt liegt bei 93 Prozent. Unsere Fluktuationsrate liegt bei einem Zehntel des Bundesdurchschnitts. Und dabei haben wir nicht einmal sexy Produkte. Es muss wohl an etwas anderem liegen.«

Die Psychiater Thomas Holmes und Richard Rahe stellten im Jahr 1967 eine Liste mit 43 Ereignissen auf, die das Leben eines Menschen entscheidend beeinflussen können. Die Liste enthielt Punkte wie den Wechsel des Arbeitsumfelds, eine Schwangerschaft oder die Aufnahme eines Privatkredits. Holmes und Rahe baten rund 5 000 Menschen, jedem Ereignis durch die Vergabe von Punkten zwischen 1 und 100 einen Stresswert zuzuordnen.

Die Befragung wurde unter dem Namen »Social Readjustment Rating Scale« veröffentlicht. Top 3 der Stressereignisse: 1. Der Tod des Ehepartners, 2. Die Scheidung vom Ehepartner, 3. Die Trennung vom Ehepartner. Diese drei Ereignisse rangierten vor dem Verlust des Arbeitsplatzes oder einem Gefängnisaufenthalt.

Seitdem die Social Readjustment Rating Scale 1967 veröffentlicht wurde, hat sich die westliche Gesellschaft in vielen Bereichen gewandelt. Die wirtschaftlichen Abhängigkeiten in einer Beziehung oder Ehe haben an Bedeutung verloren. Gerade Frauen können heutzutage finanziell selbstbestimmter leben. Doch der Verlust von Verbundenheit und soziale Ausgrenzung bleiben weiterhin unter den größten Stressfaktoren, die Menschen fürchten. Im Jahr 2002 führte Roy Baumeister, Professor für Sozialpsychologie an der Florida State University, dazu mehrere Experimente durch. Er bewies, dass Menschen bereits bei der Vorstellung von Verbundenheitsverlust signifikante Anteile ihrer kognitiven Fähigkeiten verlieren.

Baumeister unterteilte die Teilnehmer seiner Experimente in drei Gruppen. Jede Versuchsperson wurde zunächst einem umfangreichen Persönlichkeitstest unterzogen. Im Anschluss an die Tests erhielten die Probanden eine von Baumeisters Team vorgetragene Auswertung. Der erste Teil der Auswertung war individuell und entsprach den tatsächlichen Ergebnissen. Damit sollten die Glaubwürdigkeit und die Akzeptanz bei den Teilnehmern erhöht werden. Der zweite Teil war jedoch frei erfunden. So erhielt jeder Teilnehmer der ersten Gruppe die Rückmeldung, er habe eine Persönlichkeitsstruktur, die darauf schließen lasse, dass er für den Rest seines Lebens starke soziale Bindungen aufbauen und lange Freundschaften pflegen werde. Den Teilnehmern der zweiten Gruppe wurde gesagt, dass sie eine Persönlichkeitsstruktur hätten, bei der sie im Laufe ihres Lebens immer wieder mit körperlichen Verletzungen und Krankenhausaufenthalten rechnen müssten. Die Teilnehmer der dritten Gruppe bildeten die eigentliche Testgruppe: In ihnen wurde die Angst fehlender Zugehörigkeit geschürt. Die Forscher sagten ihnen, dass sie immer wieder Freundschaften verlieren, Liebesbeziehungen abbrechen und nur wenige oder gar keine neuen Freunde finden würden.

Im Anschluss an die konstruierten Auswertungen nahmen die Probanden aller Gruppen an einem Intelligenztest teil. Die Anzahl der richtig gelösten Aufgaben der Gruppen 1 und 2 waren nahezu identisch – unabhängig davon, ob den Testpersonen eine Zukunft mit guten sozialen Kontakten oder eine Zukunft mit wiederkehrenden gesundheitlichen Schwierigkeiten vorausgesagt wurde. Nicht einmal die Aussicht auf eine düstere Zukunft mit regelmäßigen Krankenhausaufenthalten hatte also einen messbaren Einfluss auf die Ergebnisse des Intelligenztests. Anders verhielt es sich jedoch bei der dritten Gruppe, denen Baumeister soziale Einsamkeit und den wiederholten Verlust von Verbundenheit voraussagte. Hier verringerten sich die kognitiven Fähigkeiten der Probanden während des Tests signifikant. Der Quotient der richtigen Ergebnisse lag hier um 27 Prozent niedriger.

Nur ein Jahr später entdeckte ein anderes Team von Wissenschaftlern, was in diesen Momenten in unseren Gehirnen geschieht. Naomi Eisenberger und Matthew Lieberman von der University of California, Experten für soziale Neurowissenschaften, beschrieben gemeinsam mit dem Sozialpsychologen Kip Williams von der Purdue University, welche Aktivitäten sie im Gehirn von Menschen entdeckten, die sich ausgeschlossen fühlen. Erkenntnisse wie diese helfen uns zu begreifen, warum mentale Kapazitäten so stark sinken und was mit Menschen in Unternehmen passiert, denen es an Zugehörigkeit und Verbundenheit mangelt.

Williams hatte ein virtuelles Ballspiel entwickelt: das sogenannte Cyberball. Einer der Spieler macht dabei die Erfahrung, von den Mitspielern ausgeschlossen zu werden. Die Teilnehmer befanden sich während des Spiels in funktionellen Magnetresonanztomografen (fMRT). Über diese hochkomplexen Scanner konnten die Wissenschaftler die Hirnaktivität der einzelnen Spieler während des Spiels beobachten.

Stellen Sie sich vor, Sie wären einer dieser Teilnehmer. Während des Experiments liegen Sie in einem riesigen Hirnscanner. In dem Gerät befindet sich ein kleiner Monitor, auf dem Sie sich selbst als kleines Männchen zusammen mit zwei weiteren Männchen sehen können. Sie haben einen Joystick in der Hand. Der Versuchsleiter erklärt Ihnen, dass die beiden Männchen zwei andere Versuchspersonen darstellen, die sich in ähnlichen Versuchsaufbauten befinden, und mit Ihnen Ball spielen.

Das Experiment beginnt. Sie werfen einander fröhlich den Ball zu, während die Forscher die Aktivitäten in Ihrem Gehirn beobachten. Nachdem Sie sieben Mal den Ball auf dem Bildschirm hin und her geworfen haben, ändert sich das Spiel plötzlich: Die beiden anderen Männchen werfen sich ausschließlich gegenseitig den Ball zu. Während der folgenden 45 Würfe können Sie nur zusehen, wie die anderen miteinander spielen, aber Sie selbst können nicht mitmachen. Dann endet der Versuch.

Tatsächlich handelte es sich bei den anderen Männchen um Computersimulationen. Da Sie davon nichts wussten, konnten die Wissenschaftler während der letzten 45 Würfe beobachten, wie ein Teil Ihres Gehirns überaus aktiv wurde. In dem Moment, in dem Sie realisierten, dass Sie ausgeschlossen wurden, reagierte ihr dorsaler anteriorer cingulärer Cortex (dACC). Dieser Teil Ihres Gehirns wird bei Ihnen übrigens auch dann aktiv, wenn Sie körperlichen Schmerz spüren.

Die Erkenntnis: Ihr Gehirn verwendet dieselben neuronalen Netzwerke, um den Verlust von Verbundenheit und körperlichen Schmerz zu verarbeiten.

Die moderne Hirnforschung beweist damit, was wir Menschen intuitiv längst zu wissen scheinen. In unserer Sprache verwenden wir dieselben Wörter für emotionale Ausgrenzung und körperlichen Schmerz: gebrochener Knochen – gebrochenes Herz. Schulterschmerz – Herzschmerz. Verletzter Daumen – verletzte Gefühle.

Wieso nutzt das menschliche Gehirn für die Verarbeitung so unterschiedlicher Erfahrungen von körperlichem Schmerz und dem Erlebnis des Nicht-verbunden-Seins identische Netzwerke?

Zahlreiche Versuche und Jahre später beschreibt Naomi Eisenberger ihre Erkenntnisse so: »Menschen werden ohne die Fähigkeit sich selbst zu ernähren oder sich selbst zu verteidigen geboren. Wir sind nahezu vollkommen abhängig von den Menschen, die sich um uns kümmern. Unser soziales Zugehörigkeitssystem wird von unserem neuronalen Schmerzsystem huckepack genommen. Es entleiht sich das Schmerzsignal, wenn eine soziale Beziehung gefährdet ist.« Anders ausgedrückt: Wenn ein kleines Baby sich verlassen fühlt, beginnt es zu weinen – das Gehirn gibt ihm die gleichen Signale wie bei körperlichem Schmerz. Das hilft in diesen frühen Jahren, die Aufmerksamkeit und Zuwendung seines Umfelds zu erhalten, die es braucht, um körperlich und emotional gesund heranwachsen zu können. Diese Prägung aus der frühen Kindheit begleitet uns für den Rest unseres Lebens. Selbst ein Trauernder in hohem Alter kann den Tod des Ehepartners noch wie einen körperlichen Schmerz wahrnehmen.

Die Cyberball-Studien von Eisenberger, Lieberman und Williams zeigten in einem anderen Versuchsaufbau eine weitere interessante Erkenntnis. Zwar entstand die größte Aktivität des dorsalen ACC, wenn die Versuchsperson aktiv von den anderen ausgeschlossen wurde – es gab jedoch noch einen weiteren Versuchsablauf, bei dem dieser Hirnteil aktiv wurde. Versetzen Sie sich ein weiteres Mal in die Situation: Sie liegen in einem fMRT, schauen auf den Monitor und halten den Joystick erwartungsvoll in der Hand. Die beiden Männchen spielen miteinander, Sie selbst aber können nicht mitmachen. Der Versuchsleiter hat das alles inszeniert, damit Sie das Gefühl haben, nicht dabei sein zu können. Er wendet sich an Sie und sagt: »Wir haben hier ein paar technische Schwierigkeiten, aber wir lösen das gleich.« Wenn man Sie jetzt fragen würde, ob Sie sich ausgeschlossen fühlen, dann würden Sie vielleicht sagen: »Nein, es ist alles okay.« So reagierten zumindest die meisten anderen Teilnehmer. Ihr Gehirn verrät jedoch längst etwas anderes: Der funktionelle Magnetresonanztomograf hat bereits eine erhöhte Aktivität Ihres dACC erkannt! Ihr Gehirn nimmt Schmerz nicht nur wahr, wenn Sie Verbundenheit verlieren – die neuronalen Schmerzzentren werden bereits aktiv, wenn Sie von Anfang an nicht dazu gehören dürfen.

Gardeur | Zurück zum Erfolg

Es ist Dezember 2014 und in Mönchengladbach herrschen bereits Minusgrade. Trotzdem drängt Ellen Delbos mit mir nach draußen vor die Tür.

Sie will unbedingt die neue Fassade mit den bunten Hosen präsentieren. »Früher hätten wir auch eine Maschinenfabrik sein können – unser Haus sah ganz grau aus. Heutzutage sieht man, wofür wir stehen«, sprudelt es aus ihr heraus. Dabei begann unser Gespräch eine Stunde zuvor noch ganz anders. Ich fragte nach der jüngeren Vergangenheit des Unternehmens und erlebte Ellen Delbos für ihre Verhältnisse ungewöhnlich ruhig. »Die Jahre 2007 bis 2010 waren für mich wirklich eine harte Zeit«, erzählt sie mit echter Betroffenheit.

Die heutige Assistentin der Geschäftsführung ist mit ihren 26 Jahren Betriebszugehörigkeit keine Seltenheit beim Traditionsunternehmen Gardeur. 1920 gegründet und 1969 die »erste Hosenmarke Deutschlands«, war die Kollektion Gardeur für viele Jahre kaum aus einem gut sortierten Kleiderschrank wegzudenken. In den ersten Jahren des neuen Jahrtausends versank das Unternehmen einige Jahre im Mittelfeld. Der damalige Eigentümer und Geschäftsführer, Dr. Günther Roesner, hatte im Jahr 2004 einen Unfall. Da er danach aus gesundheitlichen Gründen das Unternehmen nur noch eingeschränkt führen konnte und seine Kinder beruflich andere Wege eingeschlagen hatten, entschied er sich gemeinsam mit seiner Frau für den Verkauf. Im Jahr 2008 wurde er sich mit einem Finanzinvestor einig, der die Traditionsmarke übernahm und einen CEO mit Konzernerfahrung platzierte.

Unternehmen: Gardeur GmbH
Branche: Mode, Hosenspezialist
Sitz: Mönchengladbach
Gegründet: 1920
Mitarbeiter: 2 000
Webseite: www.atelier-gardeur.de
Bemerkenswert: Durch einen Markenkernprozess wurden sowohl die Unternehmenskultur als auch das Zusammengehörigkeitsgefühl der Mitarbeiter in den Fokus gerückt und verbessert. Das Unternehmen vervierfachte seinen Jahresüberschuss.

»Schauen Sie sich mal die schöne Kunst an den Wänden an«, erzählt Ellen Delbos. Sie ist in ihrem Element – ihr Redefluss ist so schnell wie ihre Schritte, während sie mich durch das Unternehmen führt. »Sämtliche Bilder wurden damals abgenommen und in ein Auktionshaus gebracht. Das fühlte sich nicht gut an.« Auch wenn es finanziell nicht notwendig war, wollte der neue Chef Zeichen setzen. Es bestand bei allen die Hoffnung, dass mit der neuen Geschäftsführung die Marke und das Unternehmen wieder zum Erfolg geführt werden würden. »Die Hoffnung war berechtigt, was aber fehlte, war die Zuversicht, dass es wahr wird«, sagt Ellen Delbos. Vielleicht fehlte die Zuversicht auch deshalb, weil im Unternehmen über die weitere strategische Ausrichtung unterschiedliche Auffassungen bestanden. Ein neuer Unternehmenslenker wurde gesucht.

Gerhard Kränzle war der Mann, der im Jahr 2010 das Ruder übernahm und einige Jahre später zum Hauptgesellschafter wurde. Mit seiner langjährigen Berufserfahrung – er hatte sich vom Hosenverkäufer zum Einkaufsvorstand großer Handelshäuser hochgearbeitet – stemmte er eine eigene Finanzierungsstrategie. Er übernahm im Jahr 2013 die Mehrheitsanteile von Gardeur. Der Belegschaft gab er das Gefühl zurück, in einem Familienunternehmen zu arbeiten. Eine mutige Entscheidung: Schließlich hatte Gardeur mehrere Jahre sinkender Umsätze hinter sich, die Textilindustrie befand sich in einer Krise, Unternehmen wie Schiesser oder Sinn Leffers rutschten in die Insolvenz und der Arabische Frühling erschwerte den Arbeitsalltag am Hauptproduktionsort Tunesien. Da Kränzle nicht auf unbegrenzte finanzielle Ressourcen zurückgreifen konnte, fokussierte er sich auf die bestmögliche Entfaltung der Potenziale, die er in seinem Unternehmen vorfand.

»Ich hatte ein gutes Produkt und schlaue Menschen«, erinnert er sich. »Auf beides habe ich damals gesetzt.« Er initiierte einen Markenkernprozess, durch den sich nicht nur das Gefühl der Mitarbeiter, sondern in der Folge auch die Finanzen sichtbar verbesserten.

»Unsere Verbundenheit untereinander hat sich massiv verändert«, erzählt Christina Esser, Leiterin Qualitätssicherung Fertigware. »Vorher lebten wir Mitarbeiter wie auf Inseln. Jetzt arbeiten wir alle viel besser miteinander zusammen.« Zugleich erreichte Gardeur erstmals nach vielen Jahren wieder einen höheren Umsatz: Der Jahresüberschuss vervierfachte sich.

»Schauen Sie sich die Bilder der Werbekampagnen aus den Nullerjahren an«, bittet mich Kommunikationschefin Ulrike Mellenthin und zeigt mir einige der Anzeigen. »Männer mit nackten Oberkörpern auf einem Schiff, eine Frau mit Pferd in einem Stall und ein Pärchen im Schnee – es fehlte der gemeinsame Nenner! Die Aussage unserer Marke war unklar.« Gerhard Kränzle erging es in den ersten Monaten in seinem neuen Unternehmen ähnlich. »Er sprach mit vielen von uns und stellte jede Menge Fragen«, erinnert sich Christina Esser. Kränzle kam zu dem Ergebnis: Nicht nur in der Außenkommunikation war die Marke diffus. Auch innerhalb des Unternehmens gab es unterschiedlichste Vorstellungen darüber, wofür Gardeur steht.

Um erfolgreicher zu werden und aus dem Mittelfeld wieder in die erste Liga aufzusteigen, brauchten die Mitarbeiter wieder ein gemeinsames inneres Bild vom Unternehmen und seinen Produkten: »Wofür steht die Marke Gardeur und wofür soll sie stehen?« Gerhard Kränzle war gut 100 Tage im Amt, als die Rückbesinnung des Unternehmens auf seine Wurzeln begann. 63 Mitarbeiter aller Abteilungen und Hierarchiestufen trafen sich zu einem gemeinsamen Workshop. Das Thema des ersten Tages war der Blick in die Vergangenheit. Kränzle hatte den inzwischen wieder genesenen Vor-Vorgänger Dr. Roesner überzeugen können, dabei zu sein. »Eigentlich wollte Dr. Roesner nur für zwei Stunden kommen, doch er und seine Frau blieben den ganzen Tag«, erzählt Ulrike Mellenthin. Für viele der Anwesenden wurden längst verschüttete Erinnerungen wieder präsent. »Mein Vater erlaubte mir damals, mich hier zu bewerben, da er eine Gardeur-Hose im Schrank hatte«, erinnert sich eine Mitarbeiterin, die Ende der 80er Jahre im Unternehmen anfing.

Das wohlig-warme Gefühl, das bei vielen der 63 Teilnehmer entstanden war, verschwand schnell, als sie sich ein weiteres Mal trafen: Der Blick in die Gegenwart war das Leitthema. Eine Markenagentur hatte Gardeur in den vergangenen Monaten begleitet und mit Mitarbeitern sowie Händlern gesprochen. Die Ergebnisse waren für die Workshop-Teilnehmer schwer zu verdauen. »Wir haben erschreckende Fotos von Fachhändlern gesehen, die Gardeur-Logos aus verschiedensten Epochen verwendeten. Oder Kollektionen, die nicht mehr zusammenpassten«, erinnert sich eine

Teilnehmerin. »Das war das Außenbild von Gardeur für die Endkunden. Das fühlte sich nicht gut an.«

Die Geschäftsleitung fragte die Anwesenden: »Ist es in Ordnung, wenn wir jetzt alle beginnen, daran etwas zu ändern?« Mit der überragenden Zustimmung aus der Mannschaft begann der gemeinsame Wandel.

Die Mitarbeiter gründeten sieben Arbeitsgruppen, die sich fortan mit dem Markenkern von Gardeur auseinandersetzten. Sie sollten dem Unternehmen helfen, den alten Glanz wiederzuerlangen.

»Wir haben zuallererst die Kunstbilder aus dem Auktionshaus zurück zu uns geholt«, freut sich Ellen Delbos. Sie ist Teil einer Arbeitsgruppe mit dem Namen »Verankerung der Marke nach innen«. Die Arbeitsgruppe initiierte unter anderem den »Tag der offenen Abteilung«. Ein Jahr lang präsentierte sich jeden Monat eine Abteilung dem Rest des Unternehmens, und das den ganzen Tag lang. Wer neugierig war, schrieb sich einfach in eine Liste ein und wurde einer von vielen Besuchergruppen zugeteilt. Immer wieder präsentierte die Abteilung dem kaum abreißenden Strom der Kollegen, welchen Beitrag sie zum Erfolg von Gardeur beiträgt. Eine Führungskraft erzählte mir, dass das Besondere daran gewesen sei, dass meist nicht die Abteilungsleiter redeten. Stattdessen hatten im Laufe des Jahres viele Mitarbeiter die Möglichkeit, sich und ihre Abteilung vorzustellen. Dadurch wurden viele Menschen im Unternehmen sichtbar, die bisher nicht so stark in Erscheinung getreten waren.

Christina Esser, die die Projektgruppe »Verankerung der Marke nach innen« leitet, ergänzt: »Die emotionale Verbundenheit untereinander hat sich durch die ›Tage der offenen Abteilung‹ spürbar verbessert.« Eva Michely, Junior Produktmanagerin Menswear bemerkt: »Alle Mitarbeiter durften an dem Markenkernprozess mitarbeiten. Nicht nur der Zusammenhalt zwischen uns hat sich dadurch gestärkt, wir haben auch mehr Vertrauen zueinander gewonnen und letztlich hat sich das Arbeitsklima positiv verändert.«

Eine weitere Arbeitsgruppe des Markenkernprozesses kümmerte sich um die Führungskultur im Unternehmen. »Gardeur war in den 80er und 90er Jahren erfolgsverwöhnt. Das führte dazu, dass sich im Unternehmen viele kleine Königreiche gebildet hatten«, erzählt Anja Kiehne. Sie verantwortet den Personalbereich und ist Co-Leiterin der Arbeitsgruppe Führungskultur. »Wir wollten durch unsere Arbeitsgruppe die

Voraussetzungen schaffen, dass wir alle noch mehr als großes Team zusammenarbeiten.« Was so einfach klingt, brauchte seine Zeit. Im ersten Jahr analysierte die Arbeitsgruppe den Status quo im Unternehmen. Sie führte eine Mini-Mitarbeiterbefragung und persönliche Interviews mit ausgewählten Mitarbeitern durch. »Wie erleben Sie heute Führung, und was wünschen Sie sich anders?« oder »Was erwarten Sie von Ihrem Vorgesetzten?« waren einige der Fragen, auf die die Interviewten antworten konnten.

»Wir hatten damals eine sehr heterogene Gruppe von Führungskräften«, erinnert sich Kiehne. »Das waren Menschen unterschiedlichster Historie und Erfahrungen. Wir kamen nach unserer Analyse zu der Erkenntnis, dass wir zum einen ein Bewusstsein für Führungskultur schaffen und zum anderen unsere Führungskräfte trainieren sollten.« Obwohl Umsatz und Ergebnis von Gardeur weiterhin rückläufig waren – als Kränzle übernahm, hatte das Unternehmen ein Betriebsergebnis (EBITDA) von minus 11,9 Millionen Euro –, begann das Unternehmen stark in die eigene Mannschaft zu investieren. Der externe Anwalt für Arbeitsrecht, mit dem ich mir einmal zufällig das Taxi teilte, erzählte mir während der Fahrt: »Viele andere Unternehmen hätten in so einer Krise richtig die Axt schwingen lassen, aber Gardeur ist damals anders mit der Situation umgegangen.« Kränzle entließ zwar einige Führungskräfte, den meisten anderen Mitarbeitern bewahrte er jedoch den Arbeitsplatz. Mehr noch: Er investierte in Fortbildungen. »Ich will meine Mitarbeiter ein Leben lang arbeitsfähig halten«, erklärt er. »Ich alleine könnte vielleicht noch 5 bis 8 Millionen Euro an zusätzlichem Umsatz erwirken. Doch wenn wir 100 oder 150 Millionen Euro erreichen wollen, dann gelingt das nur mit guten Mitarbeitern und Führungskräften. Und dafür, dass diese sich gut entwickeln können, nehme ich gerne Geld in die Hand.«

Sowohl aus den Führungskräftetrainings als auch aus der Arbeitsgruppe Führungskräftekultur heraus entstand ein weiterer langfristiger Ansatz: eine firmenweite Feedback-Kultur. Bei nahezu allen Schulungen, Trainings und Workshops führte Gardeur konsequent Feedback-Strukturen ein. So steht regelmäßig auf der Agenda, dass die sieben Markenkernarbeitsgruppen sich bei jedem Treffen sowohl innerhalb der Gruppe als auch zwischen den Gruppen ausführlich Rückmeldung geben. Auf jede

Präsentation folgt das Feedback der anderen: »Was uns gefallen hat« und »Was wir uns anders wünschen«. Bei den regelmäßigen Treffen der drei Geschäftsführer mit den vierzehn Mitgliedern der ersten Führungsebene geht es noch mehr zur Sache: Jeder einzelne Teilnehmer erhält vor allen anderen ein öffentliches Feedback. »Zu Beginn konnten diese Feedbacks durchaus unangenehm sein – gerade in dieser großen Runde«, berichtet eine Führungskraft. »Doch im Laufe der Zeit, insbesondere in den dann folgenden Einzel-Feedbacks konnte ich den Veränderungsimpuls immer besser annehmen.«

Da Feedback nicht nur konstruktiv-kritisch, sondern auch lobend-bestätigend sein soll, überlegte sich die Arbeitsgruppe etwas Besonderes für die gesamte Belegschaft: die Lobkärtchen. Auf diesen verschiedenfarbigen, visitenkartengroßen Kärtchen prangen Sätze wie »PASS(T) GENAU« oder »DAS ROCK(T)«. Auf der Rückseite des Kärtchens wartet ein freies Feld mit der Überschrift »Folgendes Verhalten wird gelobt«. Der Absender füllt es mit persönlichen Worten und übergibt das Kärtchen dann persönlich.

Jeder Mitarbeiter bekam 3 dieser Lobkärtchen für seine Kollegen, jeder leitende Angestellte erhielt 50. »Achten Sie auf gute Leistung«, war die Empfehlung an Führungskräfte und Mitarbeiter. »Manche von ihnen fragten sich zu Beginn ›Ich sage meinen Kollegen doch bereits, wenn sie in etwas gut sind. Wozu noch die Kärtchen?‹«, erinnert sich Anja Kiehne. »Doch als die gleichen Menschen dann plötzlich ein Lobkärtchen erhielten, freuten sie sich wie die Schneekönige. Man hat mit den Kärtchen ja etwas, das man sich auf den Tisch legen oder an die Wand hängen kann. Dadurch wird man immer wieder daran erinnert.«

»Ich fühle mich wahrgenommen und mit meiner Arbeit ernstgenommen, wenn ich Feedback erhalte«, erzählt Junior Produktmanagerin Eva Michely. »Wenn es konstruktiv ist, kann ich mich weiterentwickeln. Mindestens genauso wichtig sind mir aber das Lob und die damit verbundene Wertschätzung. Das ist mit den Lobkärtchen für uns alle viel einfacher geworden.«

Die ersten 1 750 Lobkärtchen waren nach einigen Monaten verbraucht. Mittlerweile können sich die Mitarbeiter jederzeit neue Kärtchen an der Rezeption abholen. Mehr als 1 600 zusätzliche Karten wurden innerhalb eines Jahres verteilt. Es kommt vor, dass die Lobkärtchen nicht nur im

Unternehmen, sondern auch außerhalb verwendet werden. Ein Mitarbeiter verteilte sie an die Pflegekräfte des Altenheims, in dem seine Mutter inzwischen wohnt. Die Idee der Kärtchen hat sich darüber hinaus als eine sehr einfache und wirkungsvolle Methode entpuppt, das Thema Feedback bei Gardeur salonfähig zu machen. Selbst eine sehr junge Mitarbeiterin wagte daraufhin eines Tages, den Firmenchef zu fragen: »Herr Kränzle, würden Sie mir Feedback geben, wie ich auf Sie wirke?«

»Wie ist es denn anders herum?«, will ich in meinem letzten Gespräch mit Gerhard Kränzle wissen. »Erhalten auch Sie Feedback von Ihren Mitarbeitern?«

»Ja, glücklicherweise. Ich höre oft, dass ich dominant wirke und zu wenige Fragen stelle. Das mit der Dominanz war mir gar nicht so bewusst. Es gibt offensichtlich einige Menschen, die sich nicht an mich herantrauen. Daran arbeite ich jetzt: Ich möchte ernsthaft zugänglicher werden. Die Mitarbeiter mit weniger Hemmungen sagen mir jedoch ganz direkt, was ich anders machen müsste und was so eine Mitarbeiterseele braucht«, erzählt er verschmitzt mit schwäbischem Akzent.

»Und was hat es mit dem ›Fragen stellen‹ auf sich?«, will ich wissen.

»Ich sage oft, wie die Dinge gemacht werden können, anstatt die Mitarbeiter es durch Nachfragen selbst herausfinden zu lassen. Ich muss noch lernen, besser loszulassen, anstatt mich ständig einzumischen. Doch das fällt mir im Moment noch sauschwer, denn mit meiner Erfahrung weiß ich nun mal oft, wie es geht. Ich bin mir bewusst, dass richtig großes Wachstum im Unternehmen nur gelingt, wenn ich die Mitarbeiter immer selbstständiger arbeiten lasse. Durch unsere gemeinsamen Feedback-Regeln machen mich meine Mitarbeiter aber darauf aufmerksam, wenn ich mal wieder zu direktiv bin.«

»Was hat sich denn durch das Feedback bei Gardeur noch verändert?«, hake ich nach.

»Die beiden Abteilungen, die ich leite, sind durch die Lobkärtchen enger zusammengewachsen«, erzählt Qualitätssicherungschefin Christine Esser. »Die Wertschätzung untereinander ist gestiegen.« Personalchefin Anja Kiehne reflektiert: »Wir sind unserem Wunsch nach ›mehr Team‹ einen großen Schritt nähergekommen. Die Führungskräftetreffen sind deutlich effizienter. Früher waren das oft langwierige, furchtbare Rechtfertigungsszenarien. Das ist Gott sei Dank vorbei.«

Den Geist entfesseln

Wenn das Bedürfnis nach Verbundenheit und Zugehörigkeit so tief in uns verwurzelt ist, dass unser Gehirn einen Mangel daran wie körperlichen Schmerz interpretiert und sich unsere kognitiven Fähigkeiten stark verringern – ist das Muster dann auch umkehrbar? Durch die »Zwei-Affen-in-einem-Käfig«-Experimente wissen wir, dass Verbundenheit Angst reduzieren kann. Die Neurowissenschaft hat nachgewiesen, dass im Zustand von Verbundenheit das Bindungshormon Oxytocin an die Amygdala andockt und diesen zentralen Teil des Angstsystems beruhigt. Sobald sich die Angst reduziert, erhält das Gehirn besseren Zugriff auf die neuronalen Netzwerke, in denen die höheren kognitiven Prozesse ablaufen.

Doch wie verhält es sich mit Menschen in einem normalen, entspannten Zustand? Würde Verbundenheit auch dann helfen, die geistigen Fähigkeiten zu steigern? Priyanka Carr und Gregory Walton von der Stanford-Universität gingen dieser Frage im Jahr 2012 nach. In umfangreichen Experimenten untersuchten sie, was mit Menschen geschieht, die in einem Team zu arbeiten glauben. Zu einer echten Zusammenarbeit zwischen den Teilnehmern kam es jedoch niemals, vielmehr ging es nur um das Gefühl von Verbundenheit. Die Probanden mussten in den Versuchen jeweils alleine eine Aufgabe lösen. Manche von ihnen gewannen durch geschickte Manipulation der Versuchsleiter jedoch den Eindruck, mit anderen zusammenzuarbeiten. Während der mehrstufigen Experimente wurden Motivation, verbleibende mentale Kraft, Leistungsfähigkeit und Begeisterung der Versuchspersonen gemessen. In allen Kategorien erreichten die Probanden, die das Gefühl hatten, Teil eines Teams zu sein, überraschend gute Ergebnisse.

In einem ersten Experiment unterteilten Carr und Walton die Teilnehmer in zwei Gruppen. Gruppe 1 sagten sie: »Sie sind Teil eines Tests, in dem Menschen gemeinsam ein Puzzle lösen.« Die Teilnehmer dieser Gruppe wurden im Laufe des Experiments immer wieder dahingehend beeinflusst, das Gefühl zu gewinnen: Wir arbeiten gemeinsam an einem Ziel. Den Teilnehmern der Gruppe 2 wurde gesagt: »Sie sind Teil eines Tests, in dem Menschen Puzzles lösen.« Das Gemeinschaftliche wurde bewusst ausgelassen.

Die Teilnehmer beider Gruppen arbeiteten allein in einem separaten Raum an einem unlösbaren Puzzle, das auf dem »Vier-Farben-Theorem« basierte. Ihnen wurde gesagt: »Sie müssen das Puzzle nicht lösen. Arbeiten Sie nur so lange daran, wie sie möchten.«

Nach einigen Minuten betraten die Versuchsleiter den Raum, und übergaben den Teilnehmern einen Zettel mit einem vermeintlichen »Hinweis«, wie das Puzzle zu lösen sei. Der Unterschied zwischen den Gruppen: Die Hinweiszettel der Teilnehmer von Gruppe 1 waren so formuliert, als stammten sie von einem anderen Gruppenmitglied. Die Probanden sollten den Eindruck gewinnen, ein »Teammitglied« versuche ihnen zu helfen. Die Zettel der anderen Gruppe waren so formuliert, dass klar war: Der Hinweis kommt von den Versuchsleitern.

In diesem ersten Experiment maßen Carr und Walton die Zeit, die jeder Teilnehmer mit dem Puzzle verbrachte. Während die Teilnehmer der Gruppe 2 sich durchschnittlich 11 Minuten und 30 Sekunden mit der Aufgabe befassten, lag die Zeit bei Gruppe 1 um fast 50 Prozent höher: 17 Minuten und 3 Sekunden – und das bei identischer Aufgabenstellung, identischen Rahmenbedingungen und identischem Inhalt des Hinweiszettels! Der einzige Unterschied: Gruppe 1 glaubte, gemeinschaftlich an der Aufgabe zu arbeiten.

Hatten die Teilnehmer der ersten Gruppe 50 Prozent mehr Zeit mit der Aufgabe verbracht, um die anderen Teilnehmer – mit denen sie glaubten, zusammenzuarbeiten – nicht zu enttäuschen? Carr und Walton fragten nach. Sie hätten die Aufgabe interessant gefunden, lautete die von Gruppe 1 angegebene Motivation zumeist. Gruppe 2 gab diese Rückmeldung im Anschluss deutlich seltener.

> **Die Erkenntnis:** Wenn Menschen glauben, gemeinschaftlich an einer Aufgabe zu arbeiten, erhöht sich ihre Motivation. Zudem erscheint ihnen die Aufgabe interessanter.

In weiteren Experimenten untersuchten die Wissenschaftler die Unterschiede der verbleibenden mentalen Kraft beider Gruppen. Die Teilnehmer wurden im Anschluss an die Puzzleaufgaben befragt, wie müde sie sich fühlten. Gruppe 1, die während der Aufgabe den Eindruck einer gemeinschaftlichen Zusammenarbeit hatte, berichtete von einer um 33 Prozent niedrigeren persönlichen Erschöpfung als Gruppe 2. Um diese Aussagen mit unanfechtbaren Messergebnissen zu stützen, ließen Carr und Walton die Teilnehmer computerbasierte Tests durchlaufen, deren Ergebnisse die persönliche Einschätzung untermauerten. Die verwendete Methode war der sogenannte Stroop-Test.

Bei diesem Test werden auf einem Bildschirm hintereinander vier Wörter angezeigt: »Rot«, »Blau«, »Grün« und »Gelb«. Manchmal erscheinen die Wörter in der dazu passenden Farbe, manchmal passen Farbe und Wort jedoch nicht zusammen. So kann beispielsweise das Wort »Blau« auch in Rot, Grün oder Gelb angezeigt werden. Die Aufgabe für den Teilnehmer besteht darin, eine von vier farbigen Tasten zu drücken, die der Farbe der Schrift entspricht. Erscheint beispielsweise das Wort »Blau« in der Farbe Rot, muss der Teilnehmer die rote Taste drücken. Vielleicht merken auch Sie beim Lesen der letzten Zeilen, dass Sie sich besonders anstrengen müssen, weil Sie in kurzer Zeit viele Informationen gleichzeitig verarbeiten.

Gruppe 1 zeigte eine um 38 Prozent schnellere Reaktionszeit als Gruppe 2. Die Stroop-Test-Ergebnisse passten zur persönlichen Einschätzung. Die Teilnehmer verfügten über mehr mentale Kapazität und waren weniger erschöpft.

> **Die Erkenntnis:** Wenn Menschen das Gefühl haben, dass sie gemeinschaftlich an einer Aufgabe arbeiten, verringert sich sowohl ihre subjektive als auch die objektiv messbare Erschöpfung.

In einem weiteren Experiment änderten Carr und Walton die Versuchsanordnung, um die Unterschiede in der Aufmerksamkeitsspanne der beiden Gruppen zu untersuchen. Die Teilnehmer hatten 8 Minuten Zeit, um sich ein visuell komplexes Bild anzusehen, in dem insgesamt 18 Objekte versteckt waren. Die Aufgabe bestand zum einen darin, die Objekte überhaupt zu erfassen, und zum anderen diese im Anschluss aus der Erinnerung zu benennen.

Bereits seit 1974 belegen vielfältige Forschungsergebnisse eine Verbindung zwischen Erinnerungsvermögen und Aufmerksamkeit. Daher konnten Carr und Walton aus den Ergebnissen dieses Experiments unmittelbar Unterschiede bezüglich der Aufmerksamkeitsspanne der beiden Gruppen ableiten.

Wie zuvor wurde allen Teilnehmern nach einigen Minuten ein Zettel mit einem Hinweis überreicht. Die Teilnehmer der Gruppe 1 erhielten den

Zettel auch in dieser Versuchsanordnung in einer Formulierung, die sie glauben ließ, sie arbeiteten gemeinschaftlich. Die Menschen in Gruppe 2 bekamen den Hinweis offiziell von den Versuchsleitern, und gingen davon aus, allein an der Lösung zu arbeiten.

Gruppe 1 erreichte – kaum überraschend – bessere Ergebnisse: Sowohl beim Aufspüren der versteckten Objekte als auch in der anschließenden Erinnerung hatten sie eine um 12 Prozent bessere Trefferquote.

> **Die Erkenntnis:** Wenn Menschen das Gefühl haben, dass sie gemeinschaftlich an einer Aufgabe arbeiten, erhöht sich ihre Aufmerksamkeitsspanne.

Ein schneller Weg zu mehr Verbundenheit

Organisationen mit einer menschenzugewandten Unternehmenskultur entwickeln verschiedenste Wege, um Verbundenheit entstehen zu lassen. Durch meine Arbeit mit Unternehmen habe ich im Laufe der Zeit viele unterschiedliche und zugleich funktionierende Methoden beobachten können. Zugleich kristallisierte sich ein Ansatz heraus, der – egal in welchem Entwicklungsgrad die Organisation sich befindet – immer wieder überraschend wirksam ist: eine konsequent gelebte Feedback-Kultur. Eine Kultur also, in der es klar benannte und schriftlich fixierte Feedback-Regeln gibt, die täglich umgesetzt werden. In der Chefs und Mitarbeiter aktiv aufeinander zugehen, um sich Feedback zu geben oder Feedback einzuholen. In der Feedback nicht nur auf gleicher Ebene und nach unten, sondern auch nach oben gegeben werden kann – frei von Angst vor Sanktionen.

Ich habe zahlreiche Unternehmen erlebt, bei denen eine echte, ernst gemeinte Feedback-Kultur zu einem für Mitarbeiter und Führungskräfte spürbaren Unterschied führte – so wie es bei Gardeur geschah. Ein besonders gut messbares Beispiel erlebte ich in einem Dax-Konzern, in dem ich in nur einem – gemeinsam vorab mit den Organisations- und Personalentwicklern ausgewählten – Geschäftsbereich gehirngerechte Feedback-Strukturen vermittelte. Innerhalb eines Jahres zeigte die Mitarbeiterumfrage signifikante positive Unterschiede zwischen den Mitarbeitern, die Teil der Feedback-Kultur waren, und dem Rest der Belegschaft.

Was mit Menschen in Unternehmen geschieht, in denen eine Feedback-Kultur fehlt, fasst eine Aussage von Nelson Mandela treffend zusammen: »Vorbehalte in sich zu tragen, ist so, als würde man Gift trinken und darauf warten, dass der andere daran stirbt.«

Wenn mir ein Kollege während des Team-Meetings über den Mund fährt und ich mich für den Rest des Tages, ja den Rest der Woche darüber ärgere, ohne es anzusprechen – wer hat dann das Problem? Wer trinkt das Gift?

Jeder, der sich schon einmal in einer Situation befunden hat, in der er sich verletzt, verärgert, nicht gesehen oder nicht anerkannt fühlte, weiß: In diesen Situationen fühlt man sich dem anderen nicht verbunden.

Denken Sie für einen Moment an jemanden, dem Sie gerne etwas sagen würden – etwas, das Ihnen besonders am Herzen liegt, ohne dass sie es bislang angesprochen haben. Vielleicht denken Sie an Ihren Partner, Ihren Nachbarn, Ihren Chef, Ihren Kollegen, Ihre Mutter oder Ihren Vater. Nur einmal angenommen, Sie hätten das Gespräch bereits geführt: Wie viel leichter würde es sich für Sie anfühlen?

Eine Führungskraft beschrieb die Veränderung nach einigen Monaten der Feedback-Kultur so: »Ich kann mich viel mehr auf die Inhalte meiner Arbeit konzentrieren, da ich nicht mehr so viel Ballast mit mir herumtrage.« Seine Kollegin ergänzte: »Ich habe Feedback als ein sehr kraftvolles Instrument erlebt, durch das sich unser Vertrauen untereinander verbessert hat.«

Wenn sich in Ihrem Unternehmen alle Menschen jederzeit nach klaren, respektvollen, gehirngerechten Regeln Feedback gäben – wie würde sich dadurch langfristig die Verbundenheit verändern?

Essenz für Eilige

Zugehörigkeit – Menschen möchten sich verbunden fühlen

- Verbundenheit ist ein neurobiologisches Grundbedürfnis. Erfolgreiche Führungskräfte sorgen in Krisenzeiten für ein hohes Maß an Zugehörigkeit, um ihre Mitarbeiter zu stabilisieren.

- In Phasen von Angst und Stress wirkt Zugehörigkeit wie ein Beruhigungsmittel. Wenn Menschen Zugehörigkeit wahrnehmen, schüttet ihr Gehirn Neurotransmitter aus, die die Aktivität des neuronalen Angstsystems reduzieren.
- Wenn Menschen den Verlust von Zugehörigkeit wahrnehmen, werden im Gehirn dieselben neuronalen Netzwerke aktiv wie bei körperlichem Schmerz. Schon die Vorstellung, Zugehörigkeit zu verlieren, verschlechterte in einer bekannten Studie die Ergebnisse um bis zu 27 Prozent.
- Je weniger Angst Menschen wahrnehmen, desto besser können sie ihre im präfrontalen Cortex verborgenen höheren geistigen Fähigkeiten nutzen und eigene Potenziale entfalten. »Wir hatten ein Umsatzwachstum von 40 Prozent«, erinnert sich Phoenix-Contact-Geschäftsführer Gunther Olesch an das Ende der schlimmsten Krise der Firmengeschichte.
- Schon die pure Annahme, in einem Team zu arbeiten, erhöhte in einem Experiment sowohl die Leistungsbereitschaft um knapp 50 Prozent als auch die Leistungsfähigkeit um 12 Prozent. Zudem dokumentierten Wissenschaftler eine um 33 Prozent geringere Erschöpfung.
- Eine konsequent gelebte Feedback-Kultur ist einer der wirksamsten Wege, die Zugehörigkeit in einer Organisation signifikant zu erhöhen. »Unsere Verbundenheit hat sich massiv verändert«, erzählt Gardeur-Qualitätssicherungschefin Christine Esser. Der Jahresüberschuss des Unternehmens vervierfachte sich.

Kapitel 3

Entfaltung und Gestaltung – Menschen möchten sich einbringen

»Mitarbeiter sind viel klüger, als ihre Chefs in deutschen Vorstandsetagen oftmals glauben.«

Heribert Gathof, Geschäftsführer Eckes-Granini Deutschland von 2000 bis 2014

Wenn ein Kind zwischen Bauklötzen und Schokolade wählen soll – wofür, glauben Sie, entscheidet es sich? Für die Schokolade, meinen viele Erwachsene. Damit liegen sie falsch. Die meisten Kinder entscheiden sich für die Bauklötze, und folgen damit einem der tiefsten Impulse, den wir Menschen in uns tragen: dem Bedürfnis, sich zu entfalten und zu gestalten.

Dieses Bedürfnis entsteht sehr früh. In den ersten Wochen und Monaten nach unserer Geburt hatten viele von uns ein soziales Umfeld, das jeden unserer Fortschritte begeistert kommentiert hat. »Schau mal! Der Kleine hat mich angelächelt!« Oder: »Wie putzig! Sie hat heute ihre ersten Schritte gemacht!« Irgendwann begannen wir dann zu sprechen. Wir erlernten Schreiben, Lesen, ein Telefon zu bedienen, eine Powerpoint-Präsentation oder eine Bewerbungsmappe, vielleicht auch eine Jahresbilanz zu erstellen. Wir wuchsen immer wieder über uns hinaus – entfalteten uns und gestalteten unsere Umwelt.

Gerade in den ersten Jahren unseres Lebens war das natürlich kein kognitiver Prozess. Die wenigsten von uns erinnern sich an ihre ersten Schritte, und kaum ein Kleinkind denkt sich: »Oh, heute bin ich aber ganz besonders über mich hinausgewachsen.« Es ist eher eine Erfahrung, aus der ein Teil unseres Gehirns schon früh ableitet: »Entfaltung und Gestaltung gehören dazu. Wenn das fehlt, ist etwas nicht in Ordnung.« Gerald Hüther bezeichnet dieses »Über-sich-hinauswachsen-und-sich-entfalten-Können« daher auch als ein neurobiologisches Grundbedürfnis.

Dass es Menschen im wahrsten Sinne des Wortes ans Leben geht, wenn dieses Grundbedürfnis nicht mehr erfüllt ist, beschreibt die Harvard-Professorin Ellen J. Langer in einer Studie, die sie gemeinsam mit Judith Rodin bereits im Jahr 1976 in einem Altenheim durchführte. Als ich Langers und Rodins Ergebnisse in einem Vortrag bei der Führungskräfteklausur eines Lebensversicherers erwähnte, bat mich der Vorstand im Anschluss, ihm die Studien zuzusenden. Die Herren konnten es kaum glauben und mussten die Zahlen schwarz auf weiß sehen. Einige Tage später bedankte sich das Unternehmen für die »in ihrer Deutlichkeit sehr verblüffenden« Ergebnisse.

Wie lief diese Studie ab? Die beiden Forscherinnen wollten mit einem Experiment herausfinden, ob es möglich ist, den Alterungsprozess von Seniorenheimbewohnern zu beeinflussen. Kann man den Verfall von Gesundheit, Wachsamkeit und Aktivität verlangsamen oder gar umkehren? In einem ausgewählten Heim wurden freiwillige Teilnehmer in zwei Gruppen unterteilt: Die Versuchsgruppe durfte im Laufe der Untersuchung ihren Alltag gestalten. Der Kontrollgruppe teilte man mit, dass sie sich kaum um etwas zu kümmern bräuchte: Das Personal werde für alles Sorge tragen. Die Mitglieder der Versuchsgruppe sollten eine Zimmerpflanze pflegen. Sie sollten über deren Standort im Zimmer entscheiden und waren selbst für das Gießen zuständig. Bei der Kontrollgruppe hingegen war es das Personal, das die Pflanzen im Zimmer platzierte und bewässerte.

Langer und Rodin ermutigten die Versuchsgruppe, noch weitere Bereiche ihres Lebens zu gestalten: Sie durften entscheiden, wo sie ihren Besuch empfingen oder welche Filme sie zu welcher Zeit sehen wollten.

Nach 18 Monaten konnten signifikante Unterschiede zwischen beiden Gruppen festgestellt werden: Bei den Mitgliedern der aktiven Gruppe hatten sich Gesundheitszustand, soziale Aktivität und die allgemeine Wachheit verbessert.

Die größte Überraschung folgte jedoch, als man die Anzahl der noch lebenden Gruppenmitglieder verglich: Die Sterblichkeitsrate der Bewohner mit mehr Gestaltungsmöglichkeiten lag um 50 Prozent niedriger als die der Kontrollgruppe!

Wird das neurobiologische Grundbedürfnis von Entfaltung und Gestaltung nicht mehr erfüllt, kann das dramatischen Einfluss auf unsere Gesundheit haben. Dass das auch auf den Arbeitsalltag zutrifft, bestätigen die sogenannten Whitehall-Studien, in denen über 10 000 englische Staatsbedienstete untersucht wurden und von denen später noch die Rede sein wird.

Lassen Sie uns jedoch zuerst einen Blick auf die Sonnenseite werfen und verstehen, was mit Menschen und auch mit Unternehmen geschieht, wenn Entfaltung und Gestaltung gefördert werden. Der Fruchtsafthersteller Eckes-Granini Deutschland hat zur Jahrtausendwende damit begonnen, seine Belegschaft Schritt für Schritt mehr mitgestalten zu lassen. Themen wie beispielsweise die Unternehmensstrategie, die zuvor in der Verantwortung der Geschäftsleitung lagen, wurden verstärkt von den Mitarbeitern übernommen und gelöst. Die messbaren Ergebnisse waren schon nach kurzer Zeit beeindruckend.

Eckes-Granini Deutschland | Die C.I.A.-Strategie

Den ersten Impuls für mehr Gestaltungsfreiraum in seinem Unternehmen erhielt Eckes-Granini-Marketingleiter Heribert Gathof bereits 1996 an der Croisette in Frankreich. Was für die Filmbranche die Oscar-Verleihung, das ist für die Werbebranche das alljährliche »Festival of Creativity« in Cannes. Wie üblich bei solchen Veranstaltungen, tauschte Gathof damals mit vielen Menschen Visitenkarten aus. Eine Karte, die er vom Eigentümer einer Filmproduktionsfirma erhielt, war außergewöhnlich: Das Unternehmen nannte sich »C.I.A.«. Zurück in Nieder-Olm, nahm Gathof die Karte immer wieder in die Hand. »Den Namen C.I.A. und das, wofür es stand, fand ich faszinierend«, erinnert er sich heute. »So was wollte ich auch.« Gathof sprach mit den Kollegen seiner Führungsebene, und überzeugte sie, innerhalb des Unternehmens eine »Geheimgruppe« zu gründen. »Im Jahr 1996 hatten manche meiner Kollegen ebenso wie ich das Gefühl, dass sich etwas Grundlegendes ändern muss«, erinnert er sich. »Bevor die Geschäftsleitung Berater von außen holt, können wir doch auch intern neue Strategiekonzepte erarbeiten«, war der Gründungsgedanke. Um dem Ganzen Bedeutung zu verleihen, produzierte Gathof für die sechsköpfige »Geheimtruppe« Visitenkarten mit dem Aufdruck »C.I.A.« (Change Infiltration Agent).

»Rückblickend weiß ich, dass unser Identitätsgefühl sich stark veränderte, als wir uns die Karten gegenseitig in die Hand drückten. Das war sehr kraftvoll«, erinnert sich Gathof. In »konspirativen Treffen« fand sich das neue Team mehrfach zusammen. Gemeinsam wurde diskutiert, was im Unternehmen verändert werden müsste, damit sich mittel- und langfristig der Umsatz und die Stimmung wieder aufhellten. Die C.I.A.-Gruppe erarbeitete sowohl Produktvorschläge für die Ausdehnung der Geschäftsbasis in angrenzende Geschäftsfelder (neben Fruchtsaft auch fruchthaltige Getränke und Limonaden), aber auch eine Refokussierung des Unternehmens. »Fokus auf den Markt anstatt die ausschließliche Beschäftigung mit internen Strukturen und Abläufen« war ein Kernthema.

Unternehmen: Eckes-Granini Deutschland GmbH
Branche: Hersteller fruchthaltiger Getränke
Sitz: Nieder-Olm, Rheinland-Pfalz
Gegründet: 1857
Mitarbeiter: 600
Webseite: www.eckes-granini.de
Bemerkenswert: Die Mitarbeiter gestalteten die Firmenstrategie und verhalfen dem Unternehmen dadurch zu einem Umsatzwachstum von 70 Prozent.

Mit den Ergebnissen klopfte Gathof an die Tür seines Chefs. »Das war damals schon ein mulmiges Gefühl. Wir hatten mit unserer neuen Strategie ganz klar außerhalb unserer Kompetenzen gearbeitet. Wir hatten teilweise die Aufgaben unseres Chefs übernommen, und ich wusste nicht, wie dessen Reaktion sein würde.«

Man vereinbarte einen neutralen Ort, um das Thesenpapier vorzustellen. Das erste Treffen der C.I.A.-Gruppe mit Gathofs Chef fand in Tagungsräumen am Frankfurter Flughafen statt. »Ich sah, wie er an fast jede These einen kleinen Haken machte und dabei nickte.« Die C.I.A.-Gruppe hatte beispielsweise vorgeschlagen, dass die Geschäftsentwicklung mehr mithilfe der Produkt- anstatt der Forschungsabteilung vorangetrieben werden sollte.

Die C.I.A.-Gruppe erhielt nun die Unterstützung der obersten Führungsebene für die bisher geheime Arbeit. Fast alle erarbeiteten Thesen wurden von Gathof und seinem Chef in die nächste Geschäftsleitungssitzung eingebracht und danach in einen offiziellen Strategieprozess überführt. »Einige Monate später konnte unsere C.I.A.-Gruppe sehen, wie sich im Unternehmen tatsächlich grundlegende Dinge veränderten, an denen wir mitgewirkt hatten.«

Die Freiheit, mitzugestalten, hatte die Unternehmensleitung ihrer Belegschaft in den jungen Jahren des damaligen Marketingleiters nicht gewährt. Gathof und seine Kollegen haben sie sich mutig genommen. Alle Beteiligten waren sich bewusst, dass sie damit ihre Grenzen überschritten. Zugleich folgten sie ihrem Grundbedürfnis nach Gestaltung.

Seine Erfahrung in der C.I.A.-Gruppe inspirierte Gathof, als er drei Jahre später Geschäftsführer der neu gegründeten Landesgesellschaft Eckes-Granini Deutschland wurde. »Es gibt nur wenige Firmenchefs, die gut führen können und zugleich große Visionäre sind. Da muss man als Geschäftsführer ehrlich mit sich selbst sein. Ich habe mich daher oft in den Dienst derer gestellt, die solche Strategien entwickelten, auf die wir in der Geschäftsleitung selbst nicht gekommen wären. Und das sind meist nicht Einzelne, sondern Gruppen«, sagt Gathof im Brustton der Überzeugung. »Mitarbeiter sind viel klüger, als ihre Chefs in deutschen Vorstandsetagen oftmals glauben.«

Eckes-Granini Deutschland | Vom C.I.A. zum OMD

In seiner neuen Position als Geschäftsführer rief Gathof – dieses Mal ganz offiziell – ein C.I.A.-Nachfolgeprojekt mit dem Namen OMD ins Leben: Operation Millennium Deutschland. Der Name war Programm, denn die Landesgesellschaft Eckes-Granini Deutschland war zur Jahrtausendwende gegründet worden.

»Es war von Anfang an die Aufgabe der OMD, für die Geschäftsleitung strategische Empfehlungen zu erarbeiten«, erzählt Vertriebsdirektorin Corinna Tentrup-Tiedje.

Anders als eine Strategieabteilung oder Stabsstelle wird das OMD-Team in immer neuer Zusammensetzung für die Lösung einer konkret beschriebenen Aufgabe zusammengerufen. »Wenn die Geschäftsleitung an einen Scheidepunkt kommt, wählt sie zwischen 30 und 50 Personen aus, erarbeitet ein Briefing, und lässt das Team dann nach Lösungen suchen«, erzählt Tentrup-Tiedje. Die Auswahlkriterien für ein OMD-Team: Wer ist für das aktuelle Thema Experte? Wer ist betroffen? Wer ist ein Querdenker?

»Was geschieht denn, wenn das OMD-Team Vorschläge liefert, die die Geschäftsleitung für nicht sinnvoll erachtet?«, frage ich in einem der vielen Gespräche. Gathof denkt eine Weile nach. »Das ist bisher nicht ein einziges Mal geschehen«, erwidert er.

Ihr Debüt hatte die OMD-Idee im Jahr 2001. »Wo wollen wir im Jahr 2005 stehen?« war damals die Leitfrage, die die Geschäftsleitung dem OMD-Team stellte. Das interdisziplinäre, aus allen Betriebsebenen besetzte Team empfahl nach einigen Monaten der Recherche und Diskussion ganz klar: Wir müssen weg von Glasflaschen. »Ich bekam damals als Vertriebsmitarbeiterin und OMD-Mitglied die Verantwortung, den Kontakt zur Politik zu intensivieren und herauszufinden, woher dort der Wind weht«, sagt Tentrup-Tiedje. »Wir wussten daher schon früh, dass es nur eine Frage der Zeit ist, bis das Glasflaschenpfand eingeführt wird. Das hätte unser Geschäftsmodell ausgehebelt.«

»Unser OMD-Team empfahl uns daher den Aufbau von neuen PET-Abfüllanlagen«, erinnert sich Gathof. »Eine Anlage kostet 15 Millionen Euro – und wir brauchten mehrere davon! Die Empfehlung war jedoch dermaßen durchdacht und schlüssig, dass ich mich aufmachte, um vom Headquarter und von der Eigentümerfamilie das nötige Budget zu bekommen.«

»Manch ein Kollege dachte damals, wir wären wahnsinnig. Wir krempelten mit der Idee die ganze Firma um«, ergänzt Corinna Tentrup-Tiedje. »Letztlich haben wir dann innerhalb von drei Jahren von Glas- auf PET-Flaschen umgestellt: zuerst Granini, dann hohes C. Unsere ökologischen Bedenken konnten wir lösen, als klar war, dass die neuen Flaschen durch den Gelben Sack als Granulat zurückkommen und wiederverwendet werden können.« Jetzt zeigte sich eine weitere Stärke der OMD-Idee: Da aus fast jeder Abteilung Mitarbeiter in die OMD-Strategiearbeit eingebunden waren, konnten etwaige Zweifel in der Belegschaft von den eigenen Kollegen aufgelöst werden.

»Ich habe damals bei Eckes-Granini Deutschland so gut wie keinen Widerstand gespürt«, fühlt sich Gathof in seiner Idee der Mitgestaltung bestätigt. »Die Mitarbeiter, die seinerzeit den Wechsel zu PET-Flaschen mitgestaltet hatten, wurden zu wichtigen Botschaftern für diese neue Richtung. Es war keine Vorgabe, die ›von oben‹ kam, sondern eine Idee, die gemeinsam entwickelt wurde.«

Auch Finanzchef Wolfgang Nickles freut sich: »Sobald wir den Wechsel zu den neuen Flaschen umgesetzt hatten, schossen die Umsätze um 70 Prozent nach oben. Heute sind wir nach Coca-Cola und Pepsi die Nummer drei im Lebensmittelhandel auf dem Markt der nicht alkoholischen Getränke.«

Mit dieser positiven Erfahrung wurde die OMD zu einem festen Modell: Wann immer die Geschäftsleitung bei bestimmten Fragestellungen zu keiner Lösung kommt, holt sie sich die »Weisheit der Vielen« (Gathof) hinzu, und beruft eine neue OMD ein. »In den letzten Jahren, als unsere Orangen-Rohstoffpreise explodierten und wir über Preiserhöhungen nachdachten, beschäftigten wir mehrere OMD-Teams gleichzeitig, da so viele strategische Fragen zu lösen waren«, erinnert sich Vertriebsdirektorin Tentrup-Tiedje.

»Empfinden die Mitarbeiter die Mehrarbeit in einem OMD denn nicht als Belastung? Schließlich gibt es ja auch noch das Tagesgeschäft!«, frage ich an mehreren Stellen zweifelnd nach.

»Im Gegenteil – bei einer OMD mitzuwirken war für mich immer eine Ehre«, sagt Tentrup-Tiedje, die die Teamarbeit sowohl in ihrer früheren Rolle als Mitarbeiterin als auch in ihrer neuen Rolle als Chefin kennt. »Es verringert zum einen die Distanz zur Geschäftsleitung, und zum anderen erreicht man ein ganz anderes Gemeinschaftsgefühl. Wenn wir längere Zeit einmal keine OMD hatten, beginnen die Mitarbeiter aktiv nachzufragen.«

Warum wir Ikea lieben

Eckes-Granini Deutschland erreichte durch die Nutzung des neurobiologischen Grundbedürfnisses nach Entfaltung ein messbares Umsatzwachstum. Die Mitarbeiter sind inzwischen so zufrieden in ihrem Arbeitsumfeld, dass nicht nur die Fluktuation verschwindend gering ist. Ich war zu Gast bei einer jährlichen Mitarbeiterveranstaltung und sah der begeisterten Belegschaft an, dass hier eine besondere Kultur herrscht.

Dass der Ansatz »Entfaltung und Gestaltung« auch in anderen Unternehmen gelingen kann, untermauerten im Jahr 2011 drei Wissenschaftler.

Michael Norton von der Harvard Business School veröffentlichte mit seinen Kollegen Daniel Mochon und Dan Ariely die Ergebnisse umfangreicher Experimente, die den sogenannten »Ikea-Effekt« untersuchten. Sie beweisen: Wenn Menschen sich gestalterisch einbringen, messen sie der eigenen Arbeit einen höheren Wert bei.

Stellen Sie sich vor, ich würde Ihnen 5 Euro für das Zusammenbauen einer einfachen Aufbewahrungsbox von Ikea anbieten. Ihrem Kollegen biete ich den gleichen Betrag an, damit er eine identische Aufbewahrungsbox – allerdings bereits fertig zusammengesetzt – auspackt und überprüft.

Im Anschluss frage ich Sie und Ihren Kollegen, wie viel Geld Sie jeweils bereit wären für die Box zu zahlen. Was vermuten Sie?

In den Experimenten waren die Menschen, die die Aufbewahrungsbox zusammenbauten, bereit, einen durchschnittlich um 63 Prozent höheren Preis zu zahlen.

Norton führte weitere Experimente durch, die in eine ähnliche Richtung wiesen. Stellen Sie sich vor, Sie erhalten von mir Origami-Papier und eine Faltanweisung für einen Frosch oder den traditionellen Origami-Kranich. Im Anschluss bitte ich Sie, Ihrer Figur einen Preis zwischen einem Cent und einem Dollar zuzuordnen. Wenn Sie den Raum verlassen haben, bitte ich eine Gruppe von Menschen ebenfalls, sich Ihre Origami-Figur anzusehen und einen Preis zwischen einem Cent und einem Dollar zuzuordnen. In Nortons Experimenten geschah fast immer das Gleiche: Der Erschaffer der Figur – in diesem Fall also Sie – würde einen durchschnittlich fünfmal so hohen Preis ansetzen wie die neutrale Gruppe.

> **Die Erkenntnis:** Wenn ihr neurobiologisches Grundbedürfnis von Gestaltung und Entfaltung erfüllt ist, geben Menschen dem Ergebnis der eigenen Arbeit eine deutlich höhere Bedeutung. Was wäre in Ihrem Unternehmen möglich, wenn die Menschen der eigenen Arbeit mehr Bedeutung gäben?

Kürzlich rief mich der Geschäftsführer einer regierungsnahen Organisation an, der einige Monate zuvor einen meiner Vorträge gehört hatte. Er bat mich darum, bei der jährlichen Mitarbeiterveranstaltung zu sprechen. Ich stimmte zu und konnte ihn dafür gewinnen, im Anschluss mit der gesamten Belegschaft eine Großgruppenveranstaltung durchzuführen.

Am Tag des Vortrags ermöglichten wir allen Mitarbeitern, die Inhalte des Vortrags in wechselnden Kleingruppen zu reflektieren und auf den eigenen Berufsalltag zu übertragen. Es wurde ein dynamischer Nachmittag mit einer Menge konkreter und oft ähnlicher Ideen, die dem Vorstand von der Belegschaft präsentiert wurden. Ähnlich wie bei der OMD-Idee von Eckes-Granini Deutschland spürten alle Mitarbeiter, dass sie zum Teil einer Veränderung wurden, die sie mitgestalten konnten.

Als ich jedoch einige Zeit später wieder mit der Organisation in Kontakt kam, hatte der Vorstand den Kardinalfehler begangen: Anders als besprochen, waren die von der Belegschaft erarbeiteten Ergebnisse kommentarlos in der Schublade des Chefs verschwunden. Mit diesem Verhalten vergeben Führungskräfte eine große Chance! Wenn Menschen erleben, dass die eigenen Ideen keine Auswirkung und somit keinen Sinn haben, verschwindet der Impuls des Mitgestalten-Wollens. Anders als Sisyphos, wollen wir ein Ergebnis unseres Wirkens erkennen. Wenn das fehlt, entsteht langfristig der gefühlte Mangel von Gestaltungsmöglichkeiten. Und das kann Menschen sogar krank machen.

In den sogenannten Whitehall-II-Studien wurden vom University College London in den Jahren 1985 und 2000 in England 10 308 Verwaltungsangestellte untersucht. Die meisten Teilnehmer arbeiteten in London, waren zwischen 35 und 55 Jahre alt, zwei Drittel von ihnen waren Männer. Hans Bosma, inzwischen Professor für soziale Epidemiologie an der Maastricht University, wertete die Ergebnisse aus: Männer und Frauen mit einem geringen Maß an Gestaltungsmöglichkeit (low job control) erkranken deutlich öfter. Allein die Wahrscheinlichkeit einer Herzkrankheit erhöht sich um bis zu 80 Prozent!

Jetzt wird nicht gleich jeder Mitarbeiter sterben, dessen Idee in der Schublade oder dem Mülleimer des Chefs verschwindet. Doch die Whitehall-Studien weisen in die gleiche Richtung wie Ellen Langers Versuche im Altenheim: Wenn Menschen die Möglichkeit zur (Mit-)Gestaltung wahrnehmen, lässt sich ein positiver Einfluss auf ihre Gesundheit nachweisen.

Um 11 Uhr des 3. Juni 1998 gingen die ersten Notrufe für das bisher größte Bahnunglück der Bundesrepublik Deutschland ein. In Eschede, am Streckenabschnitt 61, war ein ICE auf der Strecke zwischen Hannover und Hamburg entgleist. 101 Menschen verloren ihr Leben. Über 2 000 Helfer von Rettungsdiensten, Feuerwehr, Bundeswehr und Polizei waren damals im Einsatz. Viele Einsatzhelfer kamen psychisch stark belastet vom Einsatz zurück.

»Unsere Kollegen erleben oft extreme Belastungssituationen«, erzählt Walter Kuhlgatz. Er ist heute Leiter des Gesundheitsmanagements der Polizeidirektion Braunschweig – einer Abteilung, die sich unter anderem damit beschäftigt, Polizisten nach solch traumatischen Erfahrungen zu betreuen. Zwei Jahre vor der Zugkatastrophe in Eschede war sein Kollege Thomas Geese die gestalterische Keimzelle, die nicht nur den Alltag der Braunschweiger Kollegen, sondern aller Polizisten des Bundeslandes Niedersachen nachhaltig verbessern sollte.

Kuhlgatz' Kollege Roland Remus erinnert sich: »Das, was wir damals im Präsidium einführten, nannten die Hardliner ›Wolldecken-Seminare‹.« Diesen Kollegenspott nimmt Kuhlgatz gelassen: »Es waren klassische Stress- und Konfliktbewältigungstrainings, die wir 1997 angeboten haben. Der Bedarf war ganz offensichtlich – auch wenn es kaum jemand zugab. Polizisten werden bei schweren Unfällen, Todesfällen und gewalttätigen Auseinandersetzungen gerufen. Private Probleme kommen oft hinzu: Als Ergebnis des Schichtdiensts haben wir überdurchschnittliche Scheidungsraten. Eine Menge Kollegen leben inzwischen in Patchworkfamilien – ein weiterer Faktor für Spannungen.«

»Viele der hartgesottenen Polizisten wollten so etwas damals nicht haben«, sagt Kuhlgatz. »1997 waren viele noch von einem Schimanski-Image geprägt. Die Auseinandersetzung mit Stress passte so gar nicht in das Selbstbild vieler meiner Kollegen.«

Ein feines Gespür für den wachsenden Bedarf bei der Polizei hatte sein Kollege Thomas Geese. Geese ist inzwischen Pressesprecher der Polizeidirektion Braunschweig und war 1996 Initiator der Idee, die Kuhlgatz heute umsetzt. »Ich bin einigen Führungskräften damals schon ziemlich auf die Nerven gegangen«, erinnert Geese sich. »Wir befanden uns in den

Nachwehen einer Polizeireform und waren mitten in einem Umbruch. Es war absehbar, dass die Landespolizeischule so wichtige Dinge wie Verhaltenstrainings stark reduzieren wollte – zugleich würde der Bedarf für solche Themen aus meiner Sicht jedoch weiter stark ansteigen.«

Unternehmen: Polizeidirektion Braunschweig
Branche: Polizeibehörde
Sitz: Braunschweig
Gegründet: 1814/in der heutigen Struktur 2004
Mitarbeiter: 3 000
Webseite: www.pd-bs.polizei-nds.de
Bemerkenswert: Eine kleine Keimzelle von Mitarbeitern gestaltete ein Coachingangebot für Kollegen, aus dem über die Behördengrenzen hinaus ein Gesundheitsmanagement für alle Polizisten Niedersachsens entstand.

Geese blieb hartnäckig und wurde letztlich bei Heinrich Wahlers, dem damaligen Direktor der Polizei in der Bezirksregierung, vorstellig. Wahlers hat das Zepter mittlerweile längst weitergegeben, kann sich jedoch noch gut an die früheren Jahre erinnern, als ich ihn an einem frischen August-nachmittag spreche. »Ich habe damals gespürt, dass meine Mitarbeiter ein Phänomen der Zeit erkennen«, sagt er. »So was hätte ich nicht von oben auf die Organisation stülpen können. Diese Themen müssen von Herzen kommen, und Thomas Geese hat das zum richtigen Zeitpunkt angezettelt.«

Obwohl Heinrich Wahlers bereits 3 500 Planstellen hatte, musste er im Innenministerium hart für die wenigen zusätzlichen Stellen kämpfen. »Aber ich hatte Rückenwind von meiner Mannschaft und war überzeugt, dass sie wissen, was sie tun. Im Nachhinein bin ich immer noch begeistert, wie aus so einer kleinen Idee so eine Lawine wurde.«

Heinrich Wahlers erreichte 1997 die »Freigabe« für sechs Beamte, die sich zu einem sogenannten Coaching-Center formten. Ein mutiger Schritt in einer Zeit, in der Personalknappheit bereits ein Thema war. Die Aufgabe der Einheit war es, ein Trainings- und Coachingangebot für Polizisten zu entwickeln und umzusetzen. Dazu gehörten zum einen klassische Führungskräftetrainings, zum anderen aber auch ein Weiterbildungsangebot für den Aufbau persönlicher und sozialer Kompetenzen: Konfliktgespräche unter Kollegen oder der Umgang mit dem eigenen Stress.

In der Nachbarstadt Wolfsburg arbeitete der Automobilriese VW bereits mit einem gut ausgestatteten Team von Coaches, das sich um Führung, Teamentwicklung und Effizienzthemen kümmerte – all das, was damals en vogue war. Thomas Geese gelang es, den Kontakt zu den Wolfsburger Coaches herzustellen. »Für uns war das eine gute Gelegenheit zu lernen, wie die freie Wirtschaft mit dem Thema Coaching umgeht«, erinnert sich Kuhlgatz. Die Braunschweiger Polizisten fuhren nach Wolfsburg und durften in die Coachingwelt von VW hineinschnuppern.

Der Aufbau der nötigen Fachkompetenz im eigenen Haus gelang den Mitarbeitern des Coaching-Centers schnell. Schwieriger war es, intern eine Nachfrage für das neue Angebot zu generieren. Von Bad Harzburg über Salzgitter und Wolfenbüttel bis nach Gifhorn versuchte das neue Team, einige der 3 500 Kollegen für die eigene Arbeit zu begeistern. »Wir hatten mit dem ›Wolldecken-Image‹ zu kämpfen, und mussten ganz schön ackern, um gegen die internen Widerstände zu bestehen. Glücklicherweise hatten wir aber ganz oben einen Chef, der hinter der Idee stand«, erzählt Kuhlgatz.

»Nach Eschede wurde uns auf brutale Art und Weise klar, dass wir ein Jahr zuvor genau das Richtige begonnen hatten«, erzählt Roland Remus. »Zugleich merkten wir: Zusätzlich zu Stress- und Konfliktmanagement müssen wir auch Traumabearbeitung auf der Agenda haben.« Remus kümmert sich um die Organisationsentwicklung der Polizeibehörde und unterstützte die Coaching-Center-Idee von Beginn an. Weitere Kollegen wurden zu Coaches und Trainern ausgebildet. Einige spezialisierten sich in Traumabegleitung, andere wurden Mediatoren, Supervisoren und systemische Berater.

Die Idee des Coaching-Centers von Kollegen für Kollegen begann sich auszuzahlen. »Der Mut in der Polizeidirektion, sich auf die weichen Themen einzulassen, nahm im Laufe der Zeit immer mehr zu«, erzählt Roland Remus. Er selbst hat sich inzwischen in systemischer Aufstellungsarbeit fortgebildet. Heute bietet er in der Polizeidirektion Braunschweig sogenannte Systemaufstellungen an. »Gerade Kollegen mit Patchworkfamilien kann diese Methode helfen, Spannungen aufzulösen«, erzählt er.

Unter dem neuen Polizeipräsidenten Harry Döring entfaltete sich die kleine Keimzelle des Coaching-Centers im Jahr 2004 zu einer »Regionalen Beratungsstelle«. Döring erinnert sich: »Unsere Führungskräfte in den Stabsstellen hätten damals den konkreten Bedarf niemals so erfasst und darauf reagiert, wie es den Kollegen an der Basis gelungen ist. Wenn das von unten nicht geschehen wäre, weiß ich nicht, ob es jemals von oben gekommen wäre. Zumindest hätte es noch viele Jahre gebraucht.« Das nun größere Team durfte sich auch um Dinge wie Suchtberatung und Arbeitssicherheit kümmern.

Zur gleichen Zeit sprach sich die Initiative der Braunschweiger Polizisten bis ins Innenministerium herum. Auch die Polizisten im Bundesland tauschten sich untereinander aus. »Durch die Castor-Einsätze gab es viel Zusammenarbeit zwischen den verschiedenen Polizeidirektionen. In diesem Zusammenhang wollten die Kollegen auch immer etwas über unsere Coaching-Center wissen«, erzählt Harry Döring. Der gestalterische Impuls eines kleinen Teams aus der Löwenstadt wurde schnell zum Vorbild für ein ganzes Bundesland: Alle Polizeidirektionen in Niedersachsen gründeten eigene »Regionale Beratungsstellen« – und erfüllten damit ein großes Bedürfnis von Polizisten im ganzen Land.

Eckes-Granini Deutschland erreichte mit dem Ansatz der Gestaltbarkeit unbestreitbar ein starkes Umsatzwachstum. Eine kleine Keimzelle des Braunschweiger Polizeipräsidiums veränderte die Polizeiarbeit eines ganzen Bundeslandes.

Ob Wirtschaftsunternehmen, Behörde oder jede andere Organisation: Wo immer Teams ihre Arbeit selbst gestalten dürfen, entfalten Menschen ungeahnte Potenziale – und das gilt für Chefs und Mitarbeiter gleichermaßen.

Gestaltung und Entfaltung | Drei Wege zu mehr Stressresistenz

Stellen Sie sich vor, Sie verlassen morgens voller Elan das Haus und ziehen die Tür hinter sich zu. In diesem Moment fällt Ihnen ein, dass die Haus- und Autoschlüssel noch auf dem Küchentisch liegen und niemand mehr daheim ist. Zu allem Überfluss liegt auch noch der

USB-Stick mit der Präsentation, die Sie in 30 Minuten halten sollen, im Arbeitszimmer.

Innerhalb von Sekundenbruchteilen aktivieren Teile Ihres Neocortex und des limbischen Systems Kontrollzentren im Hirnstamm. An verschiedensten Stellen Ihres Körpers werden Noradrenalin und Adrenalin freigesetzt. Sie befinden sich in der ersten Phase einer Stressreaktion. Sie haben zwei Möglichkeiten, darauf zu reagieren.

Möglich ist eine sogenannte unkontrollierbare Stressreaktion, die zu einer kaskadenartigen Aktivierung der sogenannten HHN (Hypothalamus-Hypophyse-Nebenniere)-Achse und letztlich zu einer Ausschüttung von Cortisol aus Ihren Nebennieren führt. Damit verbunden sind körperliche Reaktionen wie ein beschleunigter Puls sowie erhöhter Blutdruck und Blutzuckerspiegel. Sie befinden sich ziemlich schnell in einem klassischen Angriff-, Flucht- oder Starre-Modus. Das ist kein allzu günstiger Zustand, um komplexe Probleme zu lösen.

Möglich ist jedoch auch eine kontrollierbare Stressreaktion, bei der die HHN-Achsen-Aktivierung, die Ausschüttung des Cortisols und all die damit verbundenen körperlichen Reaktionen ausbleiben. Das Gute daran: Sie verfallen nicht in den Angriff-, Flucht- oder Starre-Modus, sondern behalten den Zugriff auf Ihr Großhirn – insbesondere den wunderbaren präfrontalen Cortex. Dort sind viele Ihrer Potenziale verborgen, die Ihnen beim Lösen von Problemen helfen.

Um in herausfordernden Stresssituationen in den günstigeren Zustand der kontrollierbaren Stressreaktion zu gelangen, gibt es drei Wege. Es genügt meist schon, wenn Ihnen einer dieser drei Wege zugänglich ist – ideal wäre es, wenn Ihnen alle drei zur Verfügung stünden.

1. Sie besitzen den festen Glauben, dass Sie selbst eine Lösung für das Problem finden werden. In unserem Beispiel könnten Sie sich daran erinnern, dass Sie schon einmal ein Kellerfenster von außen geöffnet haben. Sie glauben, dass es Ihnen auch dieses Mal gelingt, sich so Zutritt zu Ihrem Haus zu verschaffen.

Für ein Unternehmen bedeutet das: Mitarbeiter, die ein hohes Maß an Gestaltung und Entfaltung erleben, gelangen in einen Zustand, den der kanadische Psychologe Albert Bandura »Mastery Experiences« nennt. In ihnen wächst die Überzeugung, dass sie auch in Zukunft

Lösungen für Probleme finden werden. Die Neurowissenschaftlerin Amy Arnsten fasst die Erkenntnisse ihres Hirnforscher-Kollegen Steven Maier zusammen: »Oftmals reicht allein die Illusion, ein Problem lösen zu können, um weiterhin Zugriff auf den präfrontalen Cortex zu erhalten.« Je mehr Mitarbeiter gestalten dürfen, desto mehr verfestigt sich der Glaube an die eigenen Fähigkeiten. Damit steigt die Wahrscheinlichkeit, dass diese Menschen in herausfordernden Situationen eine kontrollierbare Stressreaktion zeigen und den Zugriff auf ihre Potenziale behalten.

2. Sie vertrauen darauf, dass Ihnen andere Menschen bei der Lösung des Problems helfen können. In unserem Beispiel könnten Sie den Nachbarn bitten, Sie zur nahe gelegenen Arbeitsstelle Ihres Partners zu fahren, der einen weiteren Schlüssel für die Haustür hat.

Für ein Unternehmen bedeutet das: Führungskräfte, die die Erfahrung machen, dass Mitarbeiter zur Lösung von Problemen beitragen können, entwickeln Vertrauen in diese zusätzliche Ressource. Dieser Prozess muss beginnen, wenn das Unternehmen sich in ruhigem Fahrwasser befindet. Ich erlebe immer wieder Vorstände, denen das Geschäftsmodell um die Ohren fliegt und die aus sich heraus oder mit ihrer Stabsstelle keine Diversifizierungsstrategie entwickeln können. Diese Menschen sind in einem Zustand tiefer Unruhe, und versuchen in letzter Minute, die eigene Belegschaft einzubinden. Oftmals scheitert dieser Versuch jedoch daran, dass sie zu diesem späten Zeitpunkt nicht mehr in der Lage sind, das notwendige Vertrauen in die Lösungsfindungskompetenzen der eigenen Belegschaft aufzubauen. Wie auch, denn dem Vorstand fehlt es an einer früheren positiven Referenzerfahrung, die er mit seinen Mitarbeitern hätte machen können. Hier gilt: Je öfter eine Führungskraft die Mitarbeiter – bereits frühzeitig – mitgestalten lässt, desto mehr verfestigt sich das Vertrauen der Chefs in die eigene Mannschaft. Damit steigt die Wahrscheinlichkeit, dass die Chefs in herausfordernden Situationen eine kontrollierbare Stressreaktion zeigen und weiterhin Zugriff auf ihre Potenziale behalten.

3. Auch wenn Sie noch nicht wissen, wie das Problem gelöst wird, vertrauen Sie darauf, dass es eine gute Lösung geben wird. In unserem Beispiel könnten Sie sich daran erinnern, dass Sie schon öfter den Schlüssel vergessen haben und bisher immer wieder ins Haus gekommem sind. So erging es beispielsweise dem Phoenix-Contact-Geschäftsführer für Personal, Prof. Gunther Olesch, während des Krisenjahrs 2009 (siehe Kapitel 2). Olesch erinnerte sich im Jahr 2009 an andere schwierige Phasen, die er zuvor er- und überlebt hatte. Diese Referenzerfahrungen halfen ihm, zu vertrauen, dass es auch für das Jahr 2009 eine Lösung geben würde.

Für ein Unternehmen bedeutet das: Achten Sie bewusst auf die Menschen, die keine Bilderbuchlebensläufe vorlegen können. Denn diese Mitarbeiter haben eine besondere Kompetenz: Die Brüche in der Biografie und das »Immer-wieder-Aufstehen« hat sie mit der Erfahrung gesegnet, dass es irgendwie schon weitergeht. Der Personalchef eines nordischen Energiekonzerns brachte es bei einem gemeinsamen globalen Change-Workshop auf den Punkt: »Wir sind ein Unternehmen, das seit seiner Gründung niemals mit Widerständen zu kämpfen hatte. Wir haben immer nur viel Geld verdient. Jetzt, wo sich der Energiemarkt dreht, fehlt uns die Erfahrung, mit Schwierigkeiten umzugehen.« Je mehr Mitarbeiter mit unterschiedlichsten Hintergründen gemeinsam gestalten dürfen, desto mehr geballte Erfahrungskompetenz gibt es in der Belegschaft. Albert Bandura bezeichnet das als »Social Modeling«: Menschen, die eine Situation als ausweglos betrachten, profitieren von der Zuversicht anderer und erhalten wieder Zugriff auf ihre Potenziale.

Eckes-Granini Deutschland | Das Unternehmen im Unternehmen

Gathof und sein Führungsteam erreichten durch die OMD messbare Erfolge – in Form eines 70-prozentigen Umsatzwachstums und weiterer strategischer Vorteile. »Weshalb haben Sie die Zusammenarbeit mit dem OMD-Team auf die Geschäftsleitung und einige ausgewählte Schlüsselpositionen beschränkt?«, fragte ich nach.

»Die OMD-Struktur ist in ihrer Form auf die Unterstützung der Geschäftsführung zur Strategieentwicklung zugeschnitten«, sagt Gathof. »Für die Beratung und Unterstützung der mittleren und unteren Unternehmensebenen haben wir andere Ideen, die besser passen. Natürlich nutzen wir auch dabei die ›Weisheit der Vielen‹ und das Thema ›Mitgestaltung‹.«

Der Geschäftsführer lacht verschmitzt. »Das heißt dann nur nicht mehr OMD, sondern beispielsweise ›Enterprise‹.«

»Unsere Führungsphilosophie ist recht einfach«, erklärt Martin Gehr, der die Abteilung Business-Development leitet. »Wir sind der festen Überzeugung, dass Menschen viele Lösungen bereits in sich tragen. Unser Job ist es, dafür zu sorgen, dass die Mitarbeiter verschiedener Fachbereiche öfter und intensiver miteinander sprechen. Es braucht eine bessere Vernetzung, um Zugriff auf die Brain-Power zu bekommen.«

Wenn in den Fachabteilungen Fragen auftreten, auf die es keine einfachen Antworten gibt, wird eine Gruppe mit der Bezeichnung »Enterprise« gebildet, in denen sich die Mitarbeiter wie Unternehmer fühlen und verhalten sollen. »Wir hatten eine konkrete Situation mit einem Handelspartner«, erinnert sich Marketingmanagerin Katja Gadanyi. »Mit diesem Partner hatten sich seit einiger Zeit die Fronten ziemlich verhärtet. Aufgrund der massiv steigenden Rohstoffpreise für Orangen mussten wir unsere Händlerabgabepreise ebenfalls erhöhen, um weiterhin profitabel zu bleiben. Das führte zu heftigen Diskussionen mit dieser Handelskette.«

Um Lösungen zu finden, wie die Beziehung zu dem Handelspartner verbessert und neu gestaltet werden könnte, benannte die Geschäftsleitung neun Mitarbeiter für eine neue Enterprise-Gruppe.

»Ganz wichtig ist, dass es sich um Kollegen vieler verschiedener Abteilungen handelt«, sagt Gadanyi. »Wir zielen bewusst darauf ab, dass sich Kollegen über Dinge Gedanken machen, von denen sie eigentlich keine Ahnung haben. Sie sollen sich eine fachfremde Brille aufsetzen.« Im Fall der Handelspartner-Enterprise-Gruppe waren es Mitarbeiter aus dem Vertrieb, aus dem Marketing, aus der Logistik, aus dem Controlling und aus der IT. »Über einige der Teilnehmer wussten wir bereits im Vorfeld, dass sie Querdenker sind«, ergänzt Gathof. »Meist sind das die Jüngeren in der Belegschaft. Das ist gewünscht und gewollt. Nur dadurch verlassen wir die gewohnten Denkbahnen.«

Zu Beginn der Handelspartner-Enterprise-Gruppe gab es erwartete Irritationen. »Ich bin es doch, der die Kunden beraten soll – was will denn der IT-Kollege hier?«, war eine der Rückmeldungen. »In dieser Situation war es besonders wichtig, darauf zu achten, dass die ›Fachleute‹ den Fachfremden nicht erklärten, wie der Hase läuft«, sagt Gadanyi. »Alle Teilnehmer sollten möglichst frei von bekanntem Wissen, Ideen oder negativen Vorerfahrungen arbeiten. Dadurch können ganz neue Ansätze entstehen.« Die anfänglichen Irritationen lösten sich auf, als die Teilnehmer nach kurzer Zeit bemerkten, welchen Mehrwert die besondere Gruppenzusammenstellung birgt. »Also, auf meinen IT-Kollegen will ich in der Enterprise-Gruppe auf keinen Fall mehr verzichten!«, gab der Kundenberater später zu. Er hatte erlebt, dass gemeinsam Ideen entstanden, die zuvor undenkbar gewesen waren.

Katja Gadanyi hat neben ihrer Aufgabe im Marketing auch die Rolle der Prozessbegleiterin für zwei der Enterprise-Gruppen übernommen. Sie sorgt dafür, dass die Arbeit der Gruppe innerhalb klarer Rollenverteilungen und Strukturen stattfindet. Aus inhaltlichen Diskussionen hält sie sich heraus. »Ich mag diese neue Aufgabe und erhalte durch eine externe Supervisorin Unterstützung, wenn es nötig ist«, erzählt sie. »In den Gruppen gibt es immer wieder Tendenzen, dass die Teilnehmer genau die Rollen übernehmen wollen, die sie auch im Alltagsgeschäft haben. Dann ist es meine Aufgabe, den Controller auch mal dazu zu bringen, den Entwurf eines Marketingkonzepts zu erarbeiten. Ich bin immer wieder fasziniert, wie anders und wie lösungsfokussiert die Arbeit in den Enterprise-Gruppen sein kann«, sagt Gadanyi. »Wenn die Gruppe manchmal inhaltlich feststeckt, muss ich nur die Prozessstrukturen anpassen. Dann löst sich plötzlich die Blockade, und man spürt wieder die Weisheit der Vielen.« Gadanyi ändert in solchen Momenten dann gerne die Fragestellung an die Teilnehmer, ändert während eines Treffen die Zusammenstellung der Untergruppen oder lässt alle Beteiligten einen Moment lang etwas ganz anderes tun, um die Richtung der Gedanken zu ändern.

Im Gespräch mit den Mitwirkenden fällt mir nach einiger Zeit auf: Enterprise-Gruppen sind alles andere als Projektgruppen. Zum einen sollen sich die Enterprise-Mitglieder bewusst nicht in ihrer Fachfunktion einbringen, sondern fachfremde Rollen einnehmen. Zum anderen gibt es keinen Zeitrahmen der interdisziplinären Zusammenarbeit. »Die Enterprise-Gruppe für den Handelspartner besteht bereits seit neun Monaten, und es gibt keine Befristung«, berichtet Gadanyi. »Gefühlt sind wir mittendrin. Wir haben bisher verschiedene Entwicklungsphasen innerhalb der Gruppe durchlebt, und ich sehe eine höhere Akzeptanz und Wertschätzung der Teilnehmer untereinander. Wir haben inhaltlich viele anschauliche Ansätze entwickelt.« Mit den erarbeiteten Ideen hat Eckes-Granini Deutschland inzwischen über 20 externe Gespräche für die zukünftige Zusammenarbeit durchgeführt: Die Enterprise-Gruppe hat die neuen, grob skizzierten Ansätze mit dem Geschäftspartner besprochen und handfeste Rückmeldungen bekommen. Bereits dadurch hat sich die Geschäftsbeziehung spürbar verändert, denn der Handelspartner fühlt sich ernst genommen. »Ich glaube, dass wir in der Zukunft noch für viele weitere Situationen neue Enterprise-Gruppen zusammenstellen werden«, sagt Gathof.

Vernetztes Arbeiten, fachfremde Rollen, die Erlaubnis zum Querdenken, dazu eine klare Prozessstruktur, und als Basis jede Menge Gestaltungsfreiheit: Das ist das Erfolgskonzept der Enterprise-Idee. »Die Arbeitsergebnisse sind teilweise überragend«, sagt Gathof. Und Gadanyi ergänzt: »Es berührt mich, wenn ich beobachte, dass sich Einzelne in den Enterprise-Gruppen ganz anders entfalten als im Tagesgeschäft.«

»Wenn wir irgendwo im Unternehmen Talente bemerken oder vermuten, laden wir sie in so eine Gruppe ein«, erzählt Gathof. »Manchmal sind das sogar noch Azubis. Dann bekommen sie Gelegenheit zu zeigen, was in ihnen steckt. Die Resultate sind dann für uns schnell sichtbar.«

Gestaltung und Entfaltung | Der Chef schont sein Hirn

Die bewusst geförderte Gestaltung und Entfaltung hat noch einen weiteren wichtigen Nebeneffekt: Führungskräfte, die ihre Mitarbeiter (mit-) gestalten lassen, können Denkprozesse auslagern und sich dadurch selbst entlasten. Diese Entlastung findet nicht nur in großen Strategieprojekten wie bei Eckes-Granini Deutschland statt, sondern sie beginnt bereits im täglichen Austausch. Ich erlebe es regelmäßig in meiner Arbeit, wenn ich Führungskräften die Methode der »einladenden Kommunikation« vermittle. Schon nach kurzer Zeit berichten die Chefs: »Ich muss mir weniger Gedanken darüber machen, was meine Mitarbeiter motiviert. Sie erzählen mir inzwischen, was sie brauchen, damit sie ihre Ziele besser erreichen.«

Diese mentale Entlastung gewinnt heutzutage zunehmend an Bedeutung. Der Mythos des Multitasking ist in den vergangenen Jahren vielfach durch wissenschaftliche Erkenntnisse widerlegt worden. Bereits 2001 hat Nelson Cowan an der University of Missouri in umfangreichen Studien gezeigt, dass die meisten Menschen maximal vier Informationshappen gleichzeitig in ihrem Bewusstsein behalten können. Harold Pashler von der University of California in San Diego untermauert dies mit seinen Experimenten: Wenn man erwachsenen Menschen zwei einfache Aufgaben gleichzeitig stellt, die ihnen jeweils nur ein Minimum an kognitiver Leistung abverlangen, dann verdoppelt sich die Zeit, die sie zur Lösung der Aufgabe brauchen. Die mentale Leistungsfähigkeit eines Erwachsenen reduziert sich auf die eines Schulkindes.

Unser präfrontaler Cortex arbeitet seriell. Das bedeutet, dass er nur eine Sache gleichzeitig erledigen kann. Stellen Sie sich vor, Sie sind in einem Meeting. Ein Kollege referiert über ein aktuelles Projekt. Ihr Chef schiebt Ihnen derweil den Ausdruck der letzten Quartalszahlen über den Tisch. Gleichzeitig beantworten Sie an Ihrem iPhone noch einige wichtige Mails, und machen sich Gedanken darüber, was Sie tun müssen, damit ein Mitarbeiter eine wichtige Präsentation für den CEO bis morgen früh erstellt. Während Sie diese Dinge gleichzeitig zu erledigen glauben, schaltet Ihr Gehirn im Grunde in Bruchteilen von Sekunden zwischen den verschiedenen neuronalen Netzwerken hin und her. Es gibt ein neuronales Netzwerk, das dem Kollegen zuhört, ein weiteres für die Quartalszahlen, ein drittes für die Mails und ein letztes für die Gedanken an den Mitarbeiter. Die häufige Aktivierung und Deaktivierung der verschiedenen Netzwerke kostet Energie. Eine Menge Energie. Über 80 klinische Tests an der Londoner Universität haben bewiesen: Menschen mit einer so hohen Dichte an parallelen Impulsen verlieren vorübergehend bis zu zehn IQ-Punkte ihrer mentalen Kapazität. Wenn Sie einen Joint rauchen, verlieren Sie nur vier IQ-Punkte!

Für einige Führungskräfte ist es eine große persönliche Entwicklungsaufgabe, mehr Gestaltbarkeit zulassen zu können. Sie glauben, ihre Mannschaft nicht mehr »richtig steuern« zu können, wenn sie ihnen keine engen Vorgaben machen. Seit Jahrzehnten werden uns die unterschiedlichsten Methoden und Unterkategorien der »Unternehmenssteuerung« vermittelt. Googelt man das Wort, erscheinen mehr als drei Millionen Suchergebnisse. Mancher Chef scheint aus der Steuerung des Unternehmens eine Steuerung des Mitarbeiters abzuleiten.

Was es dann braucht, ist ein Prozess der Bewusstwerdung: Wenn Führungskräfte beim Thema Gestaltung im eigenen Team und der Belegschaft noch inneren Widerstand verspüren, liegt es meist an ihren inneren Bildern von sich selbst. Manche Chefs sind noch der festen Überzeugung: »Meine Mitarbeiter arbeiten für mich.« – Und handeln entsprechend.

Upstalsboom-Personalleiter Bernd Gaukler (aus Kapitel 1) hat eine andere Überzeugung. »Als Führungskraft muss man sich bewusst werden, dass man dafür da ist, Menschen zu führen. Das ist kein Privileg, sondern eine Dienstleistung.«

Essenz für Eilige
Entfaltung und Gestaltung – Menschen möchten sich einbringen

- Aus frühkindlichen Erfahrungen entsteht bei Menschen das neurobiologische Grundbedürfnis nach Entfaltung und Gestaltung. Erfolgreiche Führungskräfte nutzen diese natürliche, treibende Kraft ihrer Mitarbeiter, um bessere Unternehmensergebnisse zu erreichen.
- Eckes-Granini Deutschland ließ die eigene Belegschaft die Unternehmensstrategie mitgestalten. Im Anschluss konnte Geschäftsführer Heribert Gathof in der Organisation keine internen Störfaktoren oder Widerstände bei der Umsetzung erkennen. Das Unternehmen erhöhte durch die neue Strategie den Umsatz um 70 Prozent.
- Entfaltung und Gestaltung beeinflussen die Gesundheit. Als Altenheimbewohner im Rahmen einer Studie mehr Gestaltungsmöglichkeiten erhielten, verringerte sich ihre Sterblichkeitsrate um 50 Prozent. Bei über 10 000 englischen Staatsangestellten konnte man in einer Langzeitstudie eine mit Gestaltbarkeit verbundene bessere Gesundheit (beispielsweise eine deutlich geringere Wahrscheinlichkeit einer Herzerkrankung) feststellen.
- Wenn Menschen mitgestalten, messen sie dem Ergebnis ihrer Arbeit einen deutlich höheren Wert bei. Bei einem Experiment, in dem eine Gruppe Versuchspersonen Ikea-Boxen nur auspackte, eine andere Gruppe sie dagegen selbstständig zusammenbaute, waren die »Zusammenbauer« im Anschluss bereit, für die identische Box einen um 63 Prozent höheren Preis zu zahlen als die »Auspacker«.
- Führungskräfte, die ihre Mitarbeiter häufig mitgestalten lassen, steigern langfristig ihr Vertrauen in deren Kompetenz. Durch das Ver-

trauen in andere wächst auch die Stressresistenz der Führungskraft selbst.

- Multitasking ist ein Mythos. Unser präfrontaler Cortex verbraucht deutlich mehr Energie, wenn er mehrere Dinge gleichzeitig erledigen muss. Menschen verlieren dadurch vorübergehend messbar bis zu zehn Punkte ihres Intelligenzquotienten (IQ). Das bestätigt sich auch im Unternehmensalltag: Je intensiver eine Führungskraft die eigene Belegschaft mitgestalten lässt, Denkprozesse an sie »auslagert« und sich damit auf weniger Dinge konzentrieren muss, desto mehr Zugriff behält sie auf das eigene Potenzial.

Kapitel 4

Vertrauen – Menschen brauchen jemanden, der an sie glaubt

»Das große Vertrauen unseres Chefs hat unser Selbstvertrauen wachsen lassen.«

Lisa Timeus, Studierende, Weleda

Der Zettel hatte es wortwörtlich in sich: In das Papier der Werbeflyer, das die Auszubildenden und Studierenden – die Naturtalente – von Weleda verwendet hatten, waren Samenkörner eingearbeitet. Vergraben die Leser das kompostierbare Papier in der Erde, sprießen Blumen aus dem Boden.

Im Sommer 2013 hatten die Lernenden ihre eigene Firma gegründet: die Naturtalente by Weleda. Wenige Monate später brachten sie ein eigenes Naturkosmetikprodukt auf den Markt, das in Hunderten von Drogeriemärkten verkauft wurde. Die Idee mit den eingearbeiteten Samenkörnern war dabei nur einer von vielen innovativen Gedanken.

»Meine Erfahrung mit Auszubildenden ist, dass sie zu den wertvollsten Mitarbeitern im Unternehmen heranreifen können, wenn es gelingt, das vorhandene Potenzial zu entfalten«, erzählt Ralph Heinisch. Er ist CEO des Naturkosmetik- und Arzneimittelherstellers aus Schwäbisch Gmünd. »Dazu bedarf es eines vorgegebenen Handlungsrahmens, quasi die Seitenlinien eines Spielfeldes. Innerhalb dieses Rahmens sollte man sie eigenständig agieren lassen und ihnen die Möglichkeit geben, die Spielregeln selbst zu bestimmen.« Im Sommer 2013 setzte sich Heinisch mit seinen Azubis und Studierenden an einen Tisch und bat sie, gemeinsam ein Projekt zu erarbeiten. Damals stand die baden-württembergische Landesgartenschau in Schwäbisch Gmünd vor der Tür, dem deutschen Standort von Weleda. Heinisch wünschte sich von den Auszubildenden und Studierenden, sich mit einem eigenen Konzept auf der Landesgartenschau als Teil von Weleda zu präsentieren. Was genau sie tun wollten, überließ er ihnen.

Nach wenigen Wochen kamen die Lernenden mit mehreren Ideen auf ihn zu, darunter ein Barfußpfad in Form des Weleda-Logos, thematische Kochkurse und Vier-Elemente-Workshops. Nach gemeinsamer Beratung entschieden die Auszubildenden und Studierenden jedoch unter sich, eine eigene Juniorfirma zu gründen. Bereits dieser Prozess war neu und eine erste wichtige Erfahrung. »Mir war klar, dass jeder Einzelne bei diesem Projekt weit über den eigenen Tellerrand hinausschauen würde«, erzählt mir Heinisch. »Die Lernenden würden vernetzter arbeiten und denken, als sie es in der Ausbildungszeit in ihrer Fachabteilung tun könnten. Sie würden aus einer Perspektive auf ihr Unternehmen schauen, wie es sonst nur der Unternehmer beziehungsweise der CEO tut.« Die Lernenden freuten sich auf diese Herausforderung: »Wir bekamen ganz schön viel Vertrauen von Herrn Heinisch geschenkt. Dadurch waren wir mit sehr viel Begeisterung dabei«, berichtet die 20-jährige Alena Klinz.

Heinisch und die Personalabteilung von Weleda unterstützten mit voller Überzeugung die Idee der eigenen Firma für die Auszubildenden und Studierenden. Antonia Jeismann, eine Mitarbeiterin aus der Personal-entwicklung, betreute das Projekt und war Hauptansprechpartnerin für die Juniorfirma. Zudem erhielten die jungen Unternehmer 20 000 Euro Startkapital. »Ist das nicht etwas wenig Geld für eine eigene Firma?«, frage ich Heinisch.

»Tatsächlich, das ist nicht viel«, antwortet er. »Zu Beginn wussten jedoch weder wir noch unsere Auszubildenden, wo die Reise hingeht. Interessanterweise stellte sich bald heraus, dass mehr Geld gar nicht nötig war. Im Gegenteil!« Die junge Juniorfirma trug sich selbst. Natürlich griff sie teilweise auch auf Weleda-Strukturen zurück, was manches er-leichterte. So konnten die Lernenden etwa bestehende Geschäftskontakte nutzen und mussten diese nicht vollständig neu aufbauen.

Naturtalente by Weleda

»Bereits im ersten Workshop nach dem Startschuss entschieden die Ler-nenden, welche Abteilungen und welche Rollen ihre Firma braucht«, erzählt Antonia Jeismann. »Im gleichen Workshop legten alle zudem fest, wer welche Position übernimmt.« Einer der gewählten Junggeschäftsführer war gerade mal 18 Jahre alt und im ersten Lehrjahr. Um ihn in seiner Rolle zu stärken, entschieden Jeismann und ihre Chefin, HR-Competence-Center-Leiterin Dr. Isabella Heidinger, ihm ein Führungskräftecoaching zu ermöglichen. »Er war anfangs noch etwas zurückhaltend, doch die anderen Lernenden trauten ihm die Rolle zu und er hat sein Potenzial in kürzester Zeit entfaltet«, erzählt Heidinger.

Wenig später stand auch der Name der Jungfirma fest. Da die Auszubildenden und Studierenden bei Weleda intern »Naturtalente« genannt werden, übernahmen sie ohne langes Zögern diese Bezeichnung und nannten das neue Unternehmen Naturtalente by Weleda.

»Für uns war sehr früh klar, dass wir in unserem neuen Unternehmen einen Fokus auf Werte legen wollen«, erzählt Junggeschäftsführerin Alena Klinz. »Neben den Abteilungen Finanzen, Marketing und Vertrieb gab es daher auch eine für das Thema ›Werte‹«, ergänzt sie.

»Was genau war denn die Aufgabe der Werteabteilung?«, will ich wissen.

»Die Mitarbeitenden haben beispielsweise die sogenannte Herzensrunde eingeführt«, erzählt Klinz. »Zu Beginn eines jeden Meetings kann jeder erst einmal sagen, was ihm auf dem Herzen liegt und wie es ihm geht. Wir haben gemerkt, dass es uns leichter fällt, über die inhaltlichen Themen zu sprechen, wenn wir etwas Persönliches an den Anfang gestellt haben.« Ihre Kollegin Lisa Timeus aus der Werteabteilung ergänzt: »Mit den klassischen Unternehmenswerten von Weleda können wir uns natürlich identifizieren. Aber wir wollten sie auf eine junge und persönliche Art auffrischen. Wir haben uns dabei zwei Ebenen angeschaut. Zum einen von welchen Werten wir uns bei der Gestaltung unserer Zusammenarbeit in der Juniorfirma leiten lassen – wie wir beispielsweise miteinander umgehen wollen, wenn einer einen Fehler macht. Zum anderen haben wir uns mit unserem Produkt und seiner Nachhaltigkeit beschäftigt.«

Die Naturtalente by Weleda waren zwar im rechtlichen Sinne keine eigenständige Gesellschaft. Doch jeder Auszubildende und Studierende arbeitete mit Engagement und großer Ernsthaftigkeit, als wäre es ein echtes Unternehmen. »Im Durchschnitt haben die Naturtalente 20 Prozent ihrer Arbeitszeit in der Juniorfirma verbracht«, erzählt Antonia Jeismann. »Natürlich gab es auch Fälle, bei denen Einzelne vorübergehend 100 Prozent ihrer Zeit einbrachten.« Besonders herausfordernd war die

Zeitplanung für die Studierenden, denn diese verbrachten abwechselnd ein Quartal an der Dualen Hochschule und ein Praxisquartal bei Weleda. Doch selbst sie übernahmen in der Juniorfirma Leitungsfunktionen. Jede Führungskraft hatte eine Stellvertretung – und so fanden bei den studierenden Führungskräften alle drei Monate komplette Übergaben statt. »Das war oft eine organisatorische Meisterleistung«, erinnert sich Dr. Isabella Heidinger. »Die Lernenden fanden diese Übergaben oft sehr anstrengend. Im Nachhinein erzählten sie uns aber, dass sie unglaublich viel daraus für den Alltag bei Weleda gelernt haben.«

Unternehmen: Weleda AG
Branche: Pharma, Kosmetik
Sitz: Arlesheim, Schweiz
Gegründet: 1922
Mitarbeiter: 2 000
Webseite: www.weleda.com
Bemerkenswert: Die Lernenden des Unternehmens gründeten eine eigene Firma, verkauften alle eigenen limitierten Produkte restlos, verbesserten die Handelsbeziehungen zu einem der wichtigsten Kunden und steigerten spürbar das eigene Selbstvertrauen.

Das Engagement für die Juniorfirma blieb nicht unbemerkt. »Natürlich menschelt es bei uns, wie in jedem anderen Unternehmen auch«, erzählt Ralph Heinisch. »Manche Kollegen haben zu Beginn kritisiert, dass die Auszubildenden und Studierenden so viele Stunden außerhalb der eigenen Abteilung arbeiten. Sie haben sich gefragt, ob das tatsächlich nötig sei.« Manche Mitarbeitende waren auch darüber irritiert, dass die Juniorfirma so viel Aufmerksamkeit vom CEO und der Personalabteilung bekam. Doch die anfängliche Skepsis verschwand sehr schnell. »Ich hätte niemals erwartet, wie viel Unterstützung plötzlich aus der Organisation für die Naturtalente kam«, erzählt Ralph Heinisch. Zur rechten Zeit: Die Jungunternehmer erkannten schnell, mit welch hohen Ambitionen sie gestartet waren. »Ich war überrascht, dass man so viele Menschen in die Entwicklung eines neuen Produkts bis zur Marktreife einbeziehen muss«, erzählt Alena Klinz.

»Man muss sehr viel Zeit mit Produkttests und Behörden verbringen«, ergänzt Andreas Barth, der neben Alena Klinz einer von drei Geschäftsführern der Juniorfirma ist. Die Naturtalente by Weleda realisierten, dass die komplette Neuentwicklung eines eigenen Produkts bis zur Landesgartenschau nicht zu schaffen war. Sie berieten sich mit der Muttergesellschaft Weleda und bekamen die Erlaubnis, ein bestehendes Produkt – die Calendula Pflanzenseife – mit neuem Namen, neuem Design und neuer Verpackung auf den Markt zu bringen. Später, nach intensiver Vorbereitungszeit, ließen die Naturtalente ihr eigenes Produkt auch selbst produzieren: eine auf 6 500 Stück limitierte Seife mit dem Namen »Sonnenschatz«. Nur die Inhaltsstoffe waren die gleichen wie bei der bekannten Calendula Pflanzenseife, der Rest war komplett neu.

»Die Begeisterung der Azubis für ihre Juniorfirma übertrug sich auch auf ihre Fachabteilungen«, erzählt Ralph Heinisch. Die Mitarbeitenden von Weleda und sogar die Partnerfirmen hatten Interesse mitzuwirken. »Unsere Lieferanten haben der Juniorfirma Dienstleistungen geschenkt, für die wir sonst hätten zahlen müssen«, erinnert sich Heinisch. Das neue Produkt brauchte schließlich nicht nur einen neuen Namen, sondern auch eine eigene Verpackung und einen eigenen Webauftritt. Selbst den Stempel für die Prägung auf der Seife haben die *Naturtalente by Weleda* für den Sonnenschatz neu entwickelt.

Die Mutterfirma bot an, die eigene Calendulaseife im Weleda Shop auf der Landesgartenschau aus dem Sortiment zu nehmen. Und so war dort ausschließlich der Sonnenschatz erhältlich. Der Erfolg ließ nicht lange auf sich warten: Zunächst zeigten Händler aus der Region Interesse an dem neuen Produkt. Doch den größten Coup landeten die Naturtalente, als sie die Vertreter einer großen Handelskette trafen: der Müller Drogeriemärkte. Diese waren so begeistert, dass sie im Handumdrehen eine eigene Gruppe Auszubildende damit beauftragten, mit den Naturtalenten Einkaufsverhandlungen zu führen. Auszubildende trafen sich mit Auszubildenden auf Augenhöhe. Das Ergebnis: In 500 Müller-Drogerien wurde der Sonnenschatz ins Sortiment genommen. »Seitdem hat die Beziehung zwischen den Unternehmen Weleda und Müller Drogeriemärkte eine ganz andere Qualität bekommen«, sagt Heinisch. »Die Juniorfirma ist bisher das größte Projekt, das ich in der Ausbildung gemacht habe«, ergänzt er.

»Am Ende der Ausbildung haben wir hier eine Truppe zusammen, die vom ersten Tag an alle Fähigkeiten in sich trägt, die ein Unternehmen braucht, um nachhaltig erfolgreich wirtschaften zu können.«

»Dadurch, dass wir so viel Vertrauen von der Weleda-Geschäftsführung geschenkt bekamen, hat jeder von uns während dieser Zeit großes Selbstvertrauen entwickelt«, erzählt Lisa Timeus. »Diese große Verantwortung übernehmen zu dürfen, war etwas ganz Besonderes.« Ralph Heinisch scheint ein tiefes Vertrauen und einen festen Glauben an seine Auszubildenden in sich zu tragen. »Ich habe in der Vergangenheit festgestellt, dass Mitarbeitende zu ungeheuren Leistungen fähig sind, wenn man ihnen vertraut und passende Freiräume lässt.«

Das weiß Heinisch aus eigener Erfahrung. Vor zehn Jahren war er selbst wie die Jungfrau zum Kinde zu dem Job des Sanierers gekommen. Ursprünglich hatte er seine berufliche Laufbahn als Bereichsleiter bei einem Baustoffunternehmen begonnen. Dieses entwickelte sich jedoch schnell zum Sanierungsfall. Die Eigentümer schenkten Heinisch ihr Vertrauen. Sie sahen in ihm die Kompetenzen, das Unternehmen retten zu können, und baten ihn, diese Aufgabe zu übernehmen. »Ich habe keine neuen Mitarbeiter dazugeholt oder ausgetauscht. Ich habe den Turnaround mit der bestehenden Mannschaft geschafft«, erzählt er. »Als ich den Menschen den Raum und die Verantwortung gab, die Probleme eigenständig zu lösen, und ihnen mein Vertrauen schenkte, wuchsen sie über sich hinaus.« Heinisch und seinen Mitarbeitenden gelang es damals, das Unternehmen aus den roten Zahlen zu holen. Seitdem wird er öfter gerufen, wenn eine Firma wieder schwarze Zahlen schreiben und er helfen soll – so wie Weleda, das im Jahr 2011 einen unerwartet hohen Verlust erwirtschaftete. Inzwischen ist das Unternehmen wieder profitabel.

Nach 15 Monaten und 6 500 verkauften Sonnenschatz-Seifen schloss die Juniorfirma Naturtalente by Weleda im Dezember 2014 ihre Pforten. Damit die künftigen Naturtalente den Zauber der Eigenverantwortung ebenfalls spüren, wird das Konzept der Juniorfirma regelmäßiger, fester Bestandteil des Ausbildungscurriculums. Mit dem Vertrauen, das ihnen geschenkt wird, können so noch viele junge Menschen über sich hinauswachsen.

Wieso wuchs Ralph Heinisch über sich hinaus, als die Eigentümer des Baustoffunternehmens ihm vertrauten? Weshalb gelang seinen Mitarbeitern das Gleiche, nur weil er während des Turnarounds an sie glaubte? Welchen Einfluss hatte im Unternehmen Weleda das Vertrauen der Geschäftsleitung auf die Naturtalente? In der Arbeit mit Führungskräften und Mitarbeitern in Unternehmen verwende ich viel Zeit für die Vorbereitung, um komplexe Inhalte später schnell und einprägsam vermitteln zu können. Workshop-Teilnehmer haben mir immer wieder erzählt, dass ein Modell für sie besonders einleuchtend ist: der Potenzialkreis. Mit ihm lassen sich viele Aspekte gelungener Führung erklären – so auch der starke Einfluss von Vertrauen auf die Mitarbeiterleistung.

Das Modell des Potenzialkreises, das ich vor einigen Jahren entwickelt habe, basiert auf der Grundannahme, dass jeder Mensch viele verborgene Potenziale in sich trägt. Doch was bedeutet Potenzial genau?

Potenzial ist etwas Unsichtbares, das noch nicht sichtbar gemacht wurde – etwas, das man möglicherweise in Zukunft zur Entfaltung bringen kann. Sie kennen es aus dem Fußball, wenn ein Kommentator oder ein Trainer sagt: »Der Spieler hat seine Potenziale nicht abgerufen.« Dieser hat also das, was in ihm steckt, nicht sichtbar gemacht. In der Unternehmenswelt ist das ähnlich. Da gibt es die Talente, in denen Sie möglicherweise »eine Menge Potenzial« sehen, oder die Führungskraft, die »Potenzial zu mehr« in sich trägt. Vielleicht kennen Sie aber auch Menschen oder Teams, die plötzlich »nicht mehr das Potenzial entfalten«, das in ihnen steckt.

Ich möchte Ihnen anhand einer persönlichen Erfahrung die Wirkungsweise des Potenzialkreises verdeutlichen. Im Alter von 23 Jahren habe ich meine Stelle bei Sony Music angetreten. Anfangs verantwortete ich den Onlinebereich von Epic-Records, eine Geschäftseinheit des Unterhaltungsunternehmens. Im Jahr 2000 wurden die Onlineverantwortlichen noch als die Exoten des Unternehmens betrachtet, und mein Chef, der Geschäftsführer von Epic-Records, liebte es, mich überall herumzuzeigen. Ich war gerade drei oder vier Monate in dem Unternehmen, als er eines Morgens in seiner typischen, etwas poltrigen Art in mein Büro trat, und dabei den Türrahmen mit seiner imposanten Größe ausfüllte.

»Purps, nächste Woche präsentierst du mal deine bisherigen Ergebnisse im Info-Meeting«, sagte er zu mir, und schob im Weggehen den Nachsatz hinterher: »Und enttäusch' mich nicht!« Man konnte dem ehemaligen Autobahnpolizisten seine etwas grobe Art einfach nicht übel nehmen. Wir mochten wir ihn alle sehr.

Das Meeting, zu dem er mich entsandte, fand einmal pro Woche statt. Der Präsident von Sony Music traf sich mit all seinen Geschäftsführern, Vizepräsidenten und Direktoren sowie mit einigen Mitarbeitern, die deutlich weniger imposante Titel trugen. Sie alle durften ihre neuesten und wichtigsten Themen präsentieren. Da das Musikgeschäft schnelllebig ist, war ein wöchentlicher Austausch unverzichtbar. Die meisten Teilnehmer waren mindestens doppelt – gefühlt dreimal – so alt wie ich. Unser Präsident war ein Urgestein der deutschen Musikindustrie. Er hatte grau meliertes Haar und eine sympathische, jedoch leicht distanzierte und respekteinflößende Art.

Nachdem mein Chef mein Büro verlassen hatte und mir klar wurde, was er da von mir verlangte, schoss mir das Adrenalin in die Adern. Ich in diesem wichtigsten Meeting des Hauses, bei dem alle immer so locker ihre coolen Produkte präsentieren ... »Ich würde das Nesthäkchen unter all diesen ›Erwachsenen‹ sein«, dachte ich mir.

Sehen Sie sich das Bild des Potenzialkreises an. Auf der Ebene der inneren Bilder veränderte sich bei mir damals etwas: Ich begann, eine Menge einschränkende, ungünstige Bilder zu entwickeln: »Ich in diesem Meeting ... das klappt nicht! Ich werde nicht souverän sein. Man wird mir Fragen stellen, die ich nicht beantworten kann. Das wird richtig peinlich.«

Am nächsten Tag ging ich zu meinem Chef, und versuchte ihn davon zu überzeugen, dass es noch etwas zu früh für die Präsentation meiner Ergebnisse in diesem prominenten Rahmen sei. Er ließ sich jedoch nicht von seiner Idee abbringen. »Purps, du hast vergangene Woche vor der Vertriebsmannschaft präsentiert. Das war auch klasse«, erwiderte er. »Ich hab' dich gesehen und gute Rückmeldungen bekommen. Ich mache mir da keine Sorgen: Du wirst das schon rocken!« Damit war für ihn alles gesagt.

Mein Chef wendete damals ein höchst wirkungsvolle Methode an: Er glaubte an mich. Natürlich war ich weiterhin aufgeregt, doch die Tatsache, dass dieser für mich bedeutsame Mensch von meinen Fähigkeiten überzeugt war, stärkte meine inneren Bilder über mich und meine Fähigkeiten. Ich bekam wieder Zugriff auf das, was tatsächlich in mir steckte: mein Potenzial.

Wenn Sie sich jetzt noch einmal den Potenzialkreis ansehen, wissen Sie, was als Nächstes kommt: das Verhalten. Damals gelang es mir, mich mit klarem Kopf auf das Meeting vorzubereiten. Ich präsentierte an dem großen Tag tatsächlich einigermaßen ruhig die Ergebnisse meiner Arbeit. Zwar war ich dabei nicht ganz so gelassen wie meine älteren vortragenden Kollegen – doch zumindest sprach ich flüssig und hatte die passenden Antworten auf alle Rückfragen. Nun begann die nächste Ebene des Potenzialkreises zu wirken: die Erfahrungen. Ich hatte damals die Erfahrung gemacht, dass ich mich in dieser besonderen Situation behaupten konnte. Ich geriet weit weniger unter Beschuss als befürchtet und war zudem deutlich entspannter als vermutet. Damit schloss sich der Potenzialkreis, denn die günstigen Erfahrungen erzeugten neue innere Bilder: »Ich kann mich in so einer Situation behaupten, ich kann so ein Meeting mit all den deutlich erfahreneren Menschen meistern.«

Zwei Monate später schickte mich mein Chef erneut in das Meeting. Mit der ermutigenden Erfahrung und den nun positiven inneren Bildern gelang es mir, mich noch gelassener vorzubereiten und deutlich souveräner aufzutreten. Ich machte noch bessere Erfahrungen als zuvor. Meine inneren Bilder über mich selbst in einer solchen Situation verfestigten sich.

Auch wenn ich meine damaligen inneren Bilder für Sie jetzt präzise ausformuliere, so waren sie mir zu der Zeit in dieser Klarheit nicht bewusst. Tatsächlich läuft der Potenzialkreis meist unbewusst ab, trotzdem ist er hochwirksam. Wir können ihn sowohl für uns als auch für die Menschen in unserem Umfeld nutzen, indem wir ihn auf allen drei Ebenen – »Innere Bilder«, »Verhalten« und »Erfahrungen« – beeinflussen.

In diesem Kapitel gehe ich genauer auf das ein, was geschieht, wenn wir die Ebene der inneren Bilder stärken. So wie es Weleda-CEO Ralph Heinisch bei seinen Naturtalenten tat, als er ihnen eine eigene Firma anvertraute. Und so wie ich es mit meinem Chef bei Sony Music erlebte, als er an mich glaubte. Lassen Sie uns etwas tiefer einsteigen und erkunden, was noch alles möglich wird, wenn innere Bilder sich verändern.

Starke innere Bilder entfalten messbar unser Potenzial

Im Jahr 2001 führten die Psychologieprofessoren Joshua Aronson von der New York University und Carrie B. Fried von der Winona State University eine Studie mit 79 Stanford-Studierenden durch. Sie stärkten subtil die inneren Bilder einiger Teilnehmer und verhalfen ihnen dadurch zu besseren Klausurergebnissen.

Die Forscher unterteilten die Studierenden in drei Gruppen. Sämtlichen Teilnehmern erzählten sie, dass es sich um eine Studie handele, in der es zu einem einmaligen Briefaustausch zwischen einem Schüler und einem Universitätsstudenten komme. Die Schüler seien jeweils in einer schulisch sehr angespannten Phase, und man erhoffe sich, dass der ermutigende Zuspruch der Studierenden ihnen helfen würde, diese Phase zu meistern. Die Geschichte war frei erfunden. Die Forscher hatten jedoch handschriftlich verfasste Briefe von vermeintlichen Schülern mit persönlichen Problemgeschichten in versiegelten Umschlägen vorbereitet. Tatsächlich ging es in dem Experiment um etwas ganz anderes: Aronson und Fried wollten die inneren Bilder der Testgruppenteilnehmer in Bezug auf menschliche

Intelligenz subtil verändern. Sie sorgten dafür, dass die Studierenden der Testgruppe sich mit dem Ansatz von »dehnbarer/plastischer Intelligenz« auseinandersetzten. Dieser Ansatz geht davon aus, dass unsere Intelligenz kein unbeeinflussbarer Faktor ist, sondern dass Intelligenz veränderbar ist und zunehmen kann.

Sie gaben den Studierenden folgende Anweisung: »Schreiben Sie den Schülern etwas über die menschliche Intelligenz. Da die menschliche Intelligenz dehnbar ist, können Menschen ihr Leben lang hinzulernen – unabhängig vom Alter. Wenn die Schüler verstehen, dass sich Intelligenz durch Fleiß und Arbeit vergrößert, ist es wahrscheinlicher, dass sie sich anstrengen, ihre aktuellen Probleme zu überwinden.« Die Wissenschaftler zeigten den Studenten im Anschluss zudem noch einen Film, der die Plastizität des menschlichen Gehirns und der Intelligenz beschreibt. Um die inneren Bilder dieses Intelligenzansatzes noch weiter zu verfestigen, baten die Wissenschaftler die Studierenden der Testgruppe um etwas Weiteres: Sie sollten in dem Brief an den Schüler Beispiele aus dem eigenen Leben anführen, die die These der veränderbaren Intelligenz untermauern.

Die Studierenden der Testgruppe investierten insgesamt drei Stunden in dieses Experiment. Bei den ersten beiden Treffen mit den Wissenschaftlern schrieben sie jeweils einen Brief an einen Schüler. Bei dem dritten Treffen verfassten sie eine Rede über veränderbare Intelligenz, die sie aufzeichneten und sich danach selbst noch einmal anhörten. Damit war die aktive Beeinflussung der Studierenden durch die Wissenschaftler beendet.

Die beiden Kontrollgruppen erhielten unterschiedliche Aufgaben. Kontrollgruppe 1 sollte ebenfalls einen einmaligen Briefkontakt zu einem angeblichen Schüler aufnehmen. Doch sie wurde mit einem Intelligenzmodell beeinflusst, das von keinerlei Erweiterung der Intelligenz ausgeht. Kontrollgruppe 2 nahm hingegen nur an einigen Umfragen teil.

Aronson und Fried beobachteten die drei Gruppen über einen Zeitraum von zwölf Monaten. Trotz der relativ kurzen Beeinflussung der inneren Bilder der Testgruppenteilnehmer von insgesamt nur drei Stunden konnten sie nach einem Jahr signifikante Unterschiede zwischen den Gruppen feststellen. Das Konzept der Veränderbarkeit von Intelligenz, das die Studenten ein Jahr zuvor den jungen Schülern in den Ermutigungsbriefen vermittelt hatten, war niemals für die (vermeintlichen) Schüler, sondern von Beginn an für die Studierenden selbst bestimmt gewesen. Das in ihnen entstandene innere Bild »Meine Intelligenz ist nicht limitiert, sondern erweiterbar« beeinflusste nicht nur ihr persönliches Wohlbefinden, sondern auch ihre Leistungen an der Universität.

Die Studierenden der Testgruppe berichteten nach einem Jahr von einer hohen Zufriedenheit im Studium. In einem Skalensystem gemessen, lagen ihre Angaben um neun Prozent höher als die derjenigen Teilnehmer, die davon ausgingen, dass Intelligenz nicht veränderbar ist. Auch die objektiv messbaren Faktoren waren ermutigend: Nach zwölf Monaten hatten die Studierenden der Testgruppe, die von einer veränderbaren Intelligenz ausgingen, einen um sieben Prozent besseren Notendurchschnitt erreicht.

Sie wissen aus dem Modell des Potenzialkreises, was geschah: Die Studierenden haben durch ihre positiveren inneren Bilder einen größeren Anteil ihres Potenzials zur Entfaltung gebracht. Die Folge: Sie entwickelten ein Verhalten, das ihnen zu besseren Noten verhalf.

Sechs Jahre später führten Ute Bayer und Peter Gollwitzer an der Universität Konstanz ein Kurzzeitexperiment durch. Direkt nach einer dreiminütigen Beeinflussung ihrer inneren Bilder erreichten die Teilnehmer eines Mathematiktests ein um 53 Prozent besseres Ergebnis als die Teilnehmer der Kontrollgruppe. Die im Jahr 2007 veröffentlichte Studie zeigte, wie rasend schnell Potenziale geweckt werden können. Bayer und Gollwitzer hatten sich bewusst für vierzig Frauen als Versuchsteilnehmer entschieden, da diese mit dem stereotypen Vorurteil »Frauen sind schlecht in Mathematik« zu kämpfen haben. Die Teilnehmerinnen erhielten zehn Minuten Zeit, um vierzehn Mathematikaufgaben zu lösen. Die Wissenschaftler unterteilten sie in zwei Gruppen. Die Kontrollgruppe wurde gebeten, sich vor dem Test folgenden Satz drei Minuten lang einzuprägen: »Ich werde so viele Probleme wie möglich lösen.« Die Testgruppe sollte sich im gleichen Zeitraum folgenden Satz einprägen: »Und wenn ich mit einem neuen Problem beginne, sage ich mir: Ich kann es schaffen.«

Gruppe 2 löste während der darauffolgenden zehn Minuten signifikant mehr Aufgaben richtig: Im Durchschnitt 4,3 richtige Lösungen im Vergleich zu nur 2,8 in Gruppe 1. (Die Aufgaben waren sehr schwer, erzählte Ute Bayer mir.) Doch weshalb? Der Satz der Kontrollgruppe: »Ich werde so viele Probleme wie möglich lösen«, hatte keinen Einfluss auf das Selbstbild der Teilnehmer. Genau diese Bilder müssen jedoch angesprochen werden. Ralph Heinisch sprach den Glauben der Naturtalente an die eigenen Fähigkeiten an. Mein Chef bei Sony Music stärkte genau diesen Glauben an meine Fähigkeiten. Der Satz »Und wenn ich mit einem neuen Problem beginne, sage ich mir: Ich kann es schaffen!« stärkte den Glauben an die eigenen Fähigkeiten. Auch die Stanford-Studenten waren damals davon überzeugt, durch eigene Leistung etwas verändern zu können: das Maß ihrer Intelligenz.

Versuchen Sie es mal bei sich selbst: Stellen Sie sich ein Ziel vor, das Sie erreichen wollen. Vielleicht möchten Sie es schaffen, dreimal pro Woche 60 Minuten joggen zu gehen. Oder Sie wollen endlich die Promotionsarbeit abschließen, die Sie vor einigen Jahren begonnen haben. Es kann aber auch die Erarbeitung eines längst überfälligen Strategiepapiers sein. Sobald Sie ein passendes Ziel gefunden haben, sagen Sie sich folgende zwei Sätze in Gedanken:

1. Ich werde das Bestmögliche tun, um dieses Ziel zu erreichen.
2. Wenn ich mich auf den Weg zu diesem Ziel mache, dann weiß ich, dass ich die Fähigkeiten besitze, es zu erreichen.

Merken Sie den Unterschied? Der zweite Satz appelliert an etwas, das Albert Bandura (den Sie aus dem dritten Kapitel kennen) den »Glauben an die Selbstwirksamkeit« nennt. Dieses Muster nutzten auch die Frauen der Konstanzer Mathematikstudie. Das innere Bild, die Fähigkeiten in sich zu tragen, eine Aufgabe zu meistern, erweckt sehr viel des verborgenen Potenzials. Beispielsweise 53 Prozent bei einem Mathetest ...

Dass unser »Potenzial« jedoch auch immer wieder für Überraschungen gut ist, haben Dov Eden und Yaakov Zuk von der Tel Aviv University im Jahr 1995 bewiesen. Ihre Testpersonen waren 25 Marinekadetten. Eine Beschwerde, die jeden ereilen kann, der sich auf das offene Meer hinauswagt, ist die Seekrankheit. Bis heute sind nur wenig wirklich zuverlässige Medikamente bekannt. Die wenigen, die es gibt, nehmen die meisten Menschen aus Bequemlichkeit erst dann ein, wenn erste Symptome spürbar sind. Aber dann ist es meist zu spät: Durch Erbrechen kann man die gerade geschluckte Medizin nicht bei sich behalten.

Eden und Zuk hatten sich für Kadetten, die niemals zuvor auf See gewesen waren, ein spezielles Experiment einfallen lassen. Vorab mussten die Kadetten einige für die Studie inhaltlich unbedeutende Tests durchführen. Wenige Tage später erklärten die Wissenschaftler der einen willkürlich gewählten Hälfte der Kadetten in vertraulichen Einzelgesprächen: »Wir konnten anhand Ihrer Testergebnisse erkennen, dass Sie deutlich problemloser mit einer Seekrankheit umgehen können als viele andere Menschen. Sie werden mit Ihren Leistungen während des Einsatzes die anderen Kadetten überragen. Um diese jedoch nicht zu demotivieren, behalten Sie diese Information bitte für sich.«

Wie bei den Stanford-Studierenden und den Konstanzer Frauen veränderten sich auch bei den Kadetten die inneren Bilder über ihre Fähigkeiten. Ihr Potenzial entfaltete seine Wirkung, und sie zeigten tatsächlich ein anderes Verhalten. Nach der ersten fünftägigen Fahrt zur See berichteten die im Vorfeld mit den positiven inneren Bildern ausgestatteten Kadetten, dass sie gar nicht oder nur wenig unter Seekrankheit gelitten hätten. Das Maß ihrer subjektiv empfundenen Symptome lag um 42 Prozent niedriger als in der Kontrollgruppe. Objektive Messdaten unterstützten ihr subjektives Empfinden: An Bord befand sich ein Beobachtungsteam, das das Verhalten der Kadetten dokumentierte. Dieses Team wusste jedoch nicht, welcher Kadett zu welcher der beiden Gruppen gehörte. Die Teilnehmer, denen man vorab gesagt hatte, dass sie weniger seekrank sein würden und daher bessere Leistungen erbringen könnten, erzielten tatsächlich eine um durchschnittlich 51 Prozent bessere Bewertung durch das Beobachtungsteam bei Dingen wie »effektive Ausführung der Aufgaben«, »soziale Einbindung in die Crew« und »sichtbares Interesse am Schiff und den technischen Systemen«.

Johammer | Überschüttet mit Vertrauen

»Ich glaube, dass es sich für jedes Unternehmen mehrfach auszahlt, wenn man die Entwicklung der Menschen in den Mittelpunkt stellt«, erzählt Johann Hammerschmid. Der 54-jährige Elektromechaniker ist Gründer und Mitgesellschafter der Hammerschmid Maschinenbau GmbH aus der oberösterreichischen Stadtgemeinde Bad Leonfelden, nahe Linz. »Eine Menge Führungskräfte sehen leider die verborgene Kraft nicht, die in vielen Mitarbeitern steckt. Und auch nicht das damit verbundene wirtschaftliche Potenzial.«

Ich bin auf Hammerschmid Maschinenbau durch die österreichische Schriftstellerin und Filmemacherin Johanna Tschautscher aufmerksam gemacht worden. Sie hatte einen Dokumentarfilm über das Unternehmen gedreht, und war dabei auf eine außergewöhnlich menschenzugewandte Kultur gestoßen. Da sie von unserer Kulturwandel-Initiative wusste, kontaktierte sie mich. »Die offene Gesprächskultur, die Toleranz gegenüber Fehlern und das Lernen durch Vertrauen faszinierten auch hochqualifizierte Mitarbeiter. Viele haben sich entschieden, in der kleinen Firma zu beginnen, anstatt in die große Industriestadt Linz zu gehen«, schrieb Tschautscher. Einige Monate und zahlreiche Telefonate später fuhr ich für mehrere Tage nach Oberösterreich, um mir das Maschinenbauunternehmen genauer anzusehen.

Das Kerngeschäft von Hammerschmid Maschinenbau ist die Herstellung von Sondermaschinen für Industriekunden. Dabei kann es sich ebenso um Luftfederungen für die Mercedes-Benz S-Klasse wie um Langlauf- und Sprungskier handeln. Kommt ein Wasserarmaturenhersteller auf die Idee, etwas Außergewöhnliches zu bauen, rufen seine Entwickler in Bad Leonfelden an – ebenso wie der Lebensmittelhersteller, der eine Maschine benötigt, die vollautomatisch Toast Hawaii herstellen kann.

Johann Hammerschmid war in verschiedenen Unternehmen beschäftigt. »Kunden und Mitarbeiter waren dort fast immer zweitrangig«, erzählt er. »Es ging immer nur ums Geld, jedoch nie um die Menschen.« Innerhalb solcher Rahmenbedingungen würde er nicht sein Glück finden, ahnt er, und macht sich 1995 selbstständig. Bereits ein Jahr später holt Hammerschmid seinen alten Geschäftspartner Ludwig Mülleder hinzu und überträgt ihm 50 Prozent an seinem Unternehmen. Seitdem sind die beiden unzertrennlich. Mülleder ist der kritische Realist und das wichtige Korrektiv für den Visionär Hammerschmid. »Ich erinnere mich noch, wie es war, als ich damals in das Unternehmen kam«, erzählt Martin Reingruber, einer der beiden heutigen Geschäftsführer. »Ich beobachtete dort eine komplett andere Art, mit Menschen umzugehen, als ich sie bis dahin kannte. Schon in der Schule hatte man uns doch meist nur das gezeigt, was wir nicht

> Hier können Sie einen 20-minütigen Ausschnitt von Johanna Tschautschers Dokumentation über Hammerschmid Maschinenbau sehen: fuehren-mit-hirn.de/hammerschmid

können. Johann hingegen glaubt daran, dass Menschen eine Menge können, und überschüttet sie mit Vertrauen. Als ich Jahre später in eine Führungsposition aufstieg, bemerkte ich, dass das Vertrauen der einzig funktionierende Weg ist, um das Beste aus Menschen hervorzulocken.«

Johann Hammerschmid und Ludwig Mülleder übergaben das operative Geschäft nach zehn Jahren sukzessive an Martin Reingruber und Edi Jenner. Die beiden alten Hasen konzentrierten sich stattdessen auf ein Sonderprojekt, das später zur größten Herausforderung des Unternehmens wurde. »Es gibt bis heute eine ungebrochene Sehnsucht«, erzählt mir Johann Hammerschmid. »Die Sehnsucht, ein Produkt zu schaffen, das Menschen guttut, und daraus auch noch Arbeit zu generieren, die uns in unserer persönlichen Entwicklung voranbringt.« Diesen Wunsch erfüllte sich das Unternehmen mit seinem ersten und bisher einzigen Endkundenprodukt, dem Elektromotorrad »J1«. Entwicklung, Produktion und Vertrieb des Motorrads lagerten Mülleder und Hammerschmid in die speziell dafür gegründete Tochterfirma Johammer aus. Nach einiger Zeit spielerischer Forschung reifte im Jahr 2009 ein Bild des tatsächlichen Produkts heran. Während damals am Markt noch über Elektromotorräder mit einer Reichweite von 100 Kilometern diskutiert wurde, entschied sich das Johammer-Team, auf 200 Kilometer Reichweite zu setzen. Es sollte ein »Cruiser« werden – eine Motorradbezeichnung, die in den 90er Jahren entstand. Charakteristisch für diesen Typ sind ein langer Radstand, ein breiter Lenker und eine meist aufrechte Sitzposition. Zudem wollte das Team ein wartungsfreies und recycelbares Produkt entwerfen: ein mutiger (Ent-)Wurf für ein Unternehmen, das niemals zuvor ein komplettes motorisiertes Gefährt gebaut hatte, und das jetzt dennoch Neuland betrat. »Wir haben wie Kinder gehandelt, jedoch mit teilweise beachtlichem Sachverstand«, erinnert sich Johann Hammerschmid.

»Design und Konstruktion der J1 unterschieden sich gravierend von einem normalen motorbetriebenen Zweirad«, erzählt Konstrukteur Georg Hochreiter. »Die externen Fahrzeugbauer, die wir immer wieder um Rat fragten, konnten uns oftmals nicht helfen. Wir hätten ihnen genauso gut mit einem Flugzeug kommen können.« Das Team war auf sich allein gestellt. Entweder hatten externe Zulieferer nicht die passenden Bauteile oder diese waren zu schwer, um die gewünschte Reichweite von 200 Kilometern zu erreichen. Die Mitarbeiter begannen sich eine

Menge Wissen über den bisher unbekannten Fahrzeugbau anzueignen. Viele Komponenten mussten komplett neu entwickelt werden. »Was das Team in dieser Zeit auf die Beine gestellt hat, bewegt mich tief«, erzählt Johann Hammerschmid. »Sie haben ein irrsinniges Potenzial freigesetzt.«

Ein wichtiges Element für die Ergebnisse der Entwickler war während dieser Zeit die innere Haltung, mit der Johann Hammerschmid ihnen begegnete. Das von Reingruber benannte »Vertrauen, mit dem er uns überschüttete,« war allgegenwärtig – und es zeigte Wirkung. »Johanns Glaube sowohl an mich als auch daran, dass wir eine Lösung finden, beeinflusste mich so sehr, dass ich selbst auch irgendwann daran glaubte«, erzählt Georg Hochreiter.

Zu Beginn setzte das Johammer-Team noch auf eine bestimmte Form des Karosseriebaus – auch wenn sie dafür Maschinen für 100 000 Euro hätten kaufen müssen. »Wir konnten nach langer Forschung das Ganze für 20 000 Euro selbst herstellen«, erzählt Georg Hochreiter. »Letztlich haben wir dann auf eine ganz andere, noch einfachere Lösung gesetzt. Dadurch haben wir noch mehr Kosten und Zeit eingespart.«

Auch bei der Lenkung musste das Team komplett neu denken, und etwas konstruieren, das es so noch nie gegeben hat. »Wir haben die Art, wie man ein Auto lenkt, auf ein Motorrad übertragen«, erzählt Hochreiter. »Anders wäre es bei dem Design der J1 nicht möglich gewesen.« Die J1 hat tatsächlich ein ungewöhnliches Äußeres, das an eine Mischung aus Laubkäfer und Insekt mit langen Fühlern erinnert. Auf diese Weise verhindern schon die Gesetze der Physik eine Lenkung, wie man sie von einem Fahrrad oder einem Motorrad kennt.

»Wenn wir ›normale‹ Standardbauteile hätten verwenden wollen, hätten wir niemals die Mindeststückzahlen erreicht«, erinnert sich Georg Hochreiter. »Wir planen im Moment ein paar Hundert J1 herzustellen. Für Zulieferer sind wir jedoch meist erst dann interessant, wenn wir 20 000 Bauteile abnehmen.« Johammer musste daher nahezu jedes Bauteil selbst herstellen.

Doch nicht nur die Zulieferer machten es dem Unternehmen schwer. Selbst mögliche staatliche Förderungen für nachhaltige Produktentwicklung erhielt es nicht – die Jury glaubte nicht an Johammer und an die J1. Erst viel später heimsten die Bad Leonfelder dafür die renommierten Innovationspreise des Würzburger Automobilgipfels und des Landes

Oberösterreich ein. Reingruber reflektiert: »Durch das Vertrauen und den Glauben, den wir von Hans und Ludwig erhalten haben, hat sich bei vielen von uns – meist unbewusst – auch ein Vertrauen in die anderen Teammitglieder entwickelt. Viele meiner Kollegen glauben inzwischen sehr aneinander.« Johann Hammerschmid achtete darauf, dass die Menschen und nicht die wirtschaftlichen Kennzahlen im Vordergrund standen.

Unternehmen: Hammerschmid Maschinenbau GmbH
Branche: Sondermaschinenbau
Sitz: Bad Leonfelden, Österreich
Gegründet: 1996
Mitarbeiter: 40
Webseite: www.hammerschmid-mb.com, www.johammer.com
Bemerkenswert: Das Unternehmen entwickelte mit einem hohen Vertrauen in die eigenen Mitarbeiter und weitgehend frei von Fremdfinanzierung ein Elektromotorrad, das in vielen Aspekten großen namhaften Produkten technisch überlegen ist.

Manche Mitarbeiter erzählen mir bei meinem Besuch des Unternehmens, dass sie den Eindruck hätten, die J1 sei ohnehin nur ins Leben gerufen worden, damit die Menschen in dem Unternehmen über sich hinauswachsen konnten. Johann Hammerschmid nährt diesen Verdacht, als er mir erzählt: »Eigentlich sind wir hier eine große Fabrik zur Persönlichkeitsentfaltung.« Auch wenn das Wirtschaftliche im Hintergrund steht, scheint Selbiges dennoch zu gelingen: Das komplette Johammer-Projekt wird seit Jahren aus dem Cashflow finanziert.

Eine der größten technischen Herausforderungen war das Akkusystem der J1. »Hätten wir die Produkte gewählt, die es am Markt gibt, hätten wir nur 50 Prozent der Reichweite erreicht«, erzählt Reingruber. »Entweder sie hatten nicht genügend Kapazität oder aber sie waren zu groß und zu schwer.« Johann Hammerschmid glaubte – wie immer – an sein Team. Das Akkusystem zählt inzwischen zu den Meisterstücken von Johammer. Die Ingenieure entschieden sich – ohne es zu wissen –, auf die gleichen Grundkomponenten zu setzen wie der Fahrzeugbauer Tesla, Vorreiter der Elektroautobranche. »Das war im Jahr 2010«, erzählt Martin Reingruber.

»Zu der Zeit war Tesla noch mitten in der internen Entwicklung und hatte seine Akkusysteme noch nicht zum Verkauf angeboten. Selbst heute verkauft Tesla seine Akkus jedoch nur für den Elektro-Smart und die B-Klasse von Mercedes. Wir könnten deren Systeme nicht erwerben.«

Das Johammer-Team blieb daher beim bewährten Konzept des Eigenbaus und war damit sehr erfolgreich. Die Entwickler kamen auf eine geniale Idee: Ein Akkusystem kann aus über 1000 Einzelzellen bestehen, die durch ein mechanisches Gerüst zusammengehalten werden. Ein zweites, elektronisches Gerüst verbindet die Zellen miteinander, damit der Strom zwischen ihnen fließen kann. Die Entwickler der J1 dachten sich: »Zwei Gerüste verbrauchen mehr Platz und Gewicht als ein Gerüst.« Mit dem festen Glauben des Chefs begannen sie zu tüfteln, und entwickelten tatsächlich ein revolutionäres Akkusystem, das nur noch ein Gerüst benötigt, das sowohl die mechanischen als auch die elektronischen Aufgaben übernimmt. »Für uns war es ein Ritterschlag, als das japanische Team von Panasonic zu uns kam und sich unsere Werkstatt anschaute«, erzählt Martin Reingruber. »Der Grundbaustein unserer Akkusysteme ist eine Lithium-Ionen-Zelle von Panasonic. Wir mussten daher deren Vertrauen gewinnen. Erst danach begann Panasonic, uns mit großen Mengen an Akkuzellen zu beliefern. Inzwischen beliefern wir wiederum auch eine Handvoll anderer Unternehmen mit unserem fertigen Akkusystem«, freut sich Reingruber. Johammer garantiert, dass die fertigen Akkus der J1 insgesamt 200000 Kilometer halten. Danach beginnt für die Akkus ein zweites Leben, denn sie können in die Solarstromanlage eines Hauses eingebaut werden und dort noch für viele Jahre als Energiespeicher dienen.

Die Strategie der Potenzialentfaltung endet jedoch nicht beim Kerngeschäft von Hammerschmid und Johammer, der Konstruktion von Maschinen. Im Jahr 2003 hatte das Unternehmen sich bereits so weit entwickelt, dass es räumlich expandieren musste. »Wir hätten auch klein bleiben können, aber dann wären wir irgendwann für unsere Mitarbeiter uninteressant geworden«, erinnert sich Johann Hammerschmid. »Wir wollten jedoch nicht einfach irgendetwas bauen. Das passt nicht zu der Art, wie wir denken.« Da sie keinen Anbieter fanden, der eine Produktionshalle so angeboten hat oder hätte bauen können, wie Hammerschmid sie brauchte, blieb nur eine Lösung: selber machen. Mülleder und Hammerschmid fanden letztlich einen Holzbauer, der es auch gewohnt war, über Grenzen hinauszudenken. Kurzerhand warben sie ihn von einem anderen Unternehmen ab und ließen ihn erst einmal Stallgeruch annehmen. Einige Monate lang hörte der neue Mitarbeiter in das Unternehmen hinein und verstand bald, wie Chefs und Mitarbeiter so ticken. Johann Hammerschmid ließ ihn dann einfach loslegen: »Wir brauchten zwar noch einen externen Architekten, doch bei der Bautechnik habe ich unseren neuen Mann einfach machen lassen.« Der Holzbauer begann zu tüfteln, und erschuf schließlich eine 1 300 Quadratmeter große Halle für die Hälfte der marktüblichen Kosten. Die große Überraschung kam dann im Winter: Der Energieverbrauch der Halle lag nur bei der eines Einfamilienhauses. »Im ersten Jahr lagen die Heizkosten für die 1 300-Quadratmeter-Halle bei 1 800 Euro«, freut sich Johann Hammerschmid. Die Isolation, die der Mann sich ausgedacht hatte, erwies sich als unschlagbar. »Wenn zum Beispiel im Winter die Heizung ausfällt, bemerken wir das erst nach drei Tagen«, erzählt mir ein Mitarbeiter. »Denn erst dann wird es in der Halle etwas kühler.«

Inzwischen werden die ersten fertigen J1 an Kunden ausgeliefert. Auch die Medien reagieren sehr wohlwollend auf das Elektromotorrad. Nur an dem außergewöhnlichen Design scheiden sich die Geister. Liebhaber traditioneller Formensprache tun sich noch etwas schwer. Viele andere lieben den völlig anderen Ansatz. »Wir haben mit der J1 endlich ein Produkt, das wir nach außen zeigen, mit dem wir uns identifizieren und auf das wir stolz sein können«, erzählt mir ein Mitarbeiter am Ende meines mehrtägigen Besuchs in Bad Leonfelden.

»Die gesamte Entwicklung der J1 hat uns am Ende nur einen Bruchteil dessen gekostet, was in der Industrie gewöhnlich ist. Jeder andere Hersteller investiert für so ein Produkt bestimmt das Zehnfache«, freut sich Johann Hammerschmid. »Ich wusste immer, dass die Jungs das schaffen!«

Die Haltung des Chefs zählt

Ihre persönliche Haltung hat einen kaum zu überschätzenden Einfluss auf die Entfaltung des Potenzials Ihrer Mitarbeiter. Bereits im Jahr 1965 haben die beiden Psychologen Robert Rosenthal und Lenore Jacobson in einem vielbeachteten Experiment diesen Einfluss aufgezeigt. Die beiden Wissenschaftler führten an amerikanischen Grundschulen Intelligenztests mit Schülern durch. Im Anschluss wählten sie per Losverfahren 20 Prozent dieser Schüler aus. Gegenüber dem Lehrer stellten sie die unbegründete Behauptung auf, dass diese kurz davor stünden, einen großen Entwicklungssprung im kommenden Schuljahr zu machen. Rosenthal und Jacobson wollten erforschen, welchen Einfluss die Haltung und Erwartung des Lehrers gegenüber seinen Schülern haben würde.

Die Wissenschaftler konnten bereits nach einem Jahr nachweisen, dass die ausgewählten 20 Prozent tatsächlich enorme Entwicklungen durchlebt hatten. Fast die Hälfte von ihnen erhielt nach 12 Monaten in den gleichen Intelligenztests 20 Punkte mehr als im Jahr zuvor und erreichte damit einen deutlich höheren Zuwachs als die verbleibenden 80 Prozent der Schüler. Die Tatsache, dass ihre Lehrer günstige innere Bilder von ihren Schülern in sich trugen, führte dazu, dass sie diese – meist unbewusst – anders behandelten. Vielleicht interpretierten sie eine falsche Antwort auf eine günstige Art und Weise, vielleicht schenkten sie den Schülern ein wohlwollendes Lächeln, oder sie zeigten ihnen mehr Aufmerksamkeit. Da Rosenthal und Jacobson die Klassen nicht beobachteten, konnten sie die konkreten Verhaltensweisen der Lehrer nicht festmachen. Sie konnten jedoch aufzeigen: Der Glaube des Lehrers an die Fähigkeit seiner Schüler beeinflusste deren Glauben an sich selbst. Die eigenen inneren Bilder der Kinder – ihre Selbstbilder – veränderten sich. Als Folge erhielten diese Schüler mehr Zugriff auf das in ihnen liegende Potenzial und entwickelten ein dazu passendes Verhalten: Sie zeigten bessere Leistungen.

Auch Johann Hammerschmid trägt sehr wohlwollende und günstige Bilder über seine Mitarbeiter in sich. Er wundert sich über die Chefs anderer Unternehmen, wenn er sagt: »Viele Führungskräfte sehen leider die verborgene Kraft nicht, die in ihren Mitarbeitern steckt.« Mit dieser Haltung entfaltet er eine Menge bisher ungenutzter Potenziale bei den Mitarbeitern seines Unternehmens. Die Folge: außergewöhnliche Leistungen. Sein Mitarbeiter Georg Hochreiter beschrieb mir seine innere Entwicklung folgendermaßen: »Johann hat mir vertraut und mir die Verantwortung übertragen. Das war, als wäre ein Motor in mir eingeschaltet worden.«

Glaube und die Amygdala

Wenn Sie als Führungskraft an Ihren Mitarbeiter glauben, beeinflussen Sie bei ihm gerade in herausfordernden Situationen hilfreiche neuronale Aktivitäten. Sie reduzieren die Aktivität der Amygdala und helfen ihm so, mehr Zugriff auf seine höheren geistigen Leistungen zu erhalten. Die Amygdala – zu Deutsch: Mandelkernkomplex – übernimmt eine zentrale Rolle in unserem Angstsystem. Man könnte sie auch als »Gefahrenriecher« bezeichnen. Wann immer Sie einer echten oder auch vermeintlichen Gefahr ausgesetzt sind, wird die Amygdala aktiv. Kommt ein Motorrad auf Sie zugerast, sorgt die Amygdala dafür, dass Sie rechtzeitig von der Straße springen. Begegnen Sie beim Spaziergang einem gefährlichen Hund, lässt sie Sie erstarren. Bevor Ihr Verstand das Motorrad oder den bedrohlichen Hund überhaupt bewusst wahrgenommen hat, wurde Ihre Körpersteuerung von der Amygdala bereits übernommen.

Charles Darwin, der große Mann der Evolutionstheorie, beschreibt in einer 1899 erschienenen Abhandlung »The expression of emotions in man and animals«, wie er selbst von der Wucht und Geschwindigkeit der Amygdala-Aktivität überrascht wurde. Darwin befand sich in einem zoologischen Garten, als er sein Gesicht gegen den Glaskäfig einer Puffotter legte. Diese Schlangen können mit ihrem Giftvorrat problemlos vier bis fünf Menschen töten. Darwin wollte die Überlegenheit seines Willens über seine Instinkte beweisen, und hatte die feste Absicht, sich nicht zu bewegen, wenn die Schlange auf ihn zuschießen würde. Er wusste ja, dass die Scheibe ihn vor dem tödlichen Biss schützt. Als die Schlange jedoch tatsächlich angriff, übernahmen Darwins Instinkte. Seine Sinnesorgane hatten – wie bei jedem Menschen – die Informationen bereits an die Amygdala gesendet, bevor sie im Großhirn ankamen. Die Amygdala wertete den Angriff als Gefahr aus und ließ Darwin zurückweichen. »Sobald sie mich attackierte, löste sich mein Entschluss auf«, schreibt er. »Mit überraschend hoher Geschwindigkeit sprang ich nach hinten – meine Willenskraft zeigte keinerlei Wirkung mehr.«

Überleben – der wichtigste Trieb, den Menschen in sich tragen. Tief in unseren neuronalen Netzwerken verwurzelt, sorgt unsere Amygdala dafür, diesem Trieb gerecht zu werden. Selbst wenn – wie bei Darwin – keine echte Gefahr droht. Im Arbeitsleben reagiert die Amygdala ebenfalls auf vermeintliche Gefahren, auch wenn sie weder Leib noch Leben gefährden. Bei manchen Menschen wird sie aktiv, wenn im Unternehmen wieder einmal ein Change-Projekt oder eine Reorganisation ansteht. Bei anderen wiederum, wenn ein neuer Kollege in die Abteilung kommt, der die eigene Position gefährden könnte. Bei mir war dies der Fall, als mein Chef mir damals sagte, dass ich im prominentesten Meeting des Unternehmens eine Präsentation halten soll. Wir sehen Gefahren, die keine sind. Ist unsere Amygdala erst einmal aktiv, sorgt sie nicht nur dafür, dass durch einen kaskadenartigen Prozess unsere Nebennieren Stresshormone ausschütten und sich Blutdruck und Puls verändern. Sie reduziert zudem den Zugriff auf die sensiblen neuronalen Netzwerke unseres präfrontalen Cortex: den Ort, an dem all unsere höheren geistigen Leistungen und unsere Potenziale beherbergt sind. Wir können in so einem Moment nicht mehr auf alles zugreifen, was in uns steckt. Wir sind nicht mehr die beste Version dessen, wer wir sein könnten. Oftmals sind die Gefahren, die unsere Amygdala als solche erkennt, jedoch nur vermeintliche Gefahren. Nicht die Realität selbst, sondern unsere Interpretation der Realität führt zu einer hohen Amygdala-Aktivität mit all den dazugehörigen Stressreaktionen. In seinem Handbüchlein der Moral schrieb der antike Philosoph Epiktet bereits 125 n. Chr.: »Nicht die Dinge, sondern die Meinungen über dieselben beunruhigen die Menschen.«

Der Stanford-Forscher Kevin Ochsner hat mit einigen Kollegen des Massachusetts Institute of Technology im Jahr 2002 Epiktets Aussage auf den neurowissenschaftlichen Prüfstand gestellt. Das Forscherteam konnte beweisen: Wir können die Amygdala-Aktivität durch die Veränderung unserer Meinung reduzieren. Eine ruhigere Amygdala ermöglicht uns, wieder mehr Zugriff auf unseren präfrontalen Cortex und die in ihm schlummernden Potenziale zu erlangen. Wir können wieder über uns hinauswachsen. Die Amygdala reagiert immer schneller als unser Verstand, um uns unmittelbar vor einer Gefahr zu schützen. Doch bereits innerhalb weniger Augenblicke können bewusst gelenkte Gedanken die Kontrolle zurückgewinnen und die Amygdala-Aktivität und alle damit verbundenen Stressreaktionen reduzieren. Ochsner und seine Kollegen haben in ihren Experimenten herausgearbeitet, dass die Neuinterpretation einer Situation einer der wirkungsvollsten Wege ist, dieses Ziel zu erreichen.

Die Wissenschaftler untersuchten die Wirkung von emotional negativ assoziierten Fotos auf das menschliche Gehirn. Beispielsweise zeigten sie den Versuchsteilnehmern ein Bild von weinenden Menschen vor einer Kirche, die aussahen wie eine Trauergemeinde. Die Teilnehmer der Studie wurden gebeten, eine angenehmere Interpretation für dieses Bild zu finden. Sie blieben also mit dem Reiz des Fotos in Kontakt, gaben ihm jedoch eine andere Bedeutung. Im Fall der weinenden Menschen vor der Kirche wäre eine mögliche Neuinterpretation, dass es sich um die Gäste einer Hochzeitsgesellschaft handelt. Die Teilnehmer durften den Blick nicht von den Bildern abwenden und auch gedanklich nicht abschweifen. Sie sollten sich aktiv mit dem Foto auseinandersetzen. Bei manchen der unangenehmen Bilder baten die Forscher die Teilnehmer darum, sie ausschließlich zu betrachten und auf sich wirken zu lassen. In diesen Fällen registrierte der Hirnscanner, in dem sich die Versuchspersonen befanden, eine hohe Amygdala-Aktivität. Bei anderen Fotos hingegen, während die Teilnehmer versuchten, die Bedeutung des Bildes positiv zu verändern, zeigte der Hirnscanner eine Aktivität in den lateralen und medialen Bereichen des präfrontalen Cortex: Der Verstand arbeitete an der Neuinterpretation. Zugleich konnten die Wissenschaftler erkennen, dass die anfängliche Aktivität der Amygdala sich stark reduzierte. Die neue Bedeutung, die die Versuchsteilnehmer dem Foto gaben, beruhigte also messbar die neuronalen Netzwerke! Inspiriert von diesen Ergebnissen beginnen die Neurowissenschaftler die Auswertung ihrer Studie daher mit Hamlets Satz:

»Es gibt nichts Gutes oder Schlechtes, es sei denn, das Denken macht es dazu.« Das ist Epiktets Erkenntnis in Shakespeares Worten. Die moderne Hirnforschung mit ihren neuesten technischen Mitteln beweist uns altes Wissen!

Die Neubewertung einer Situation kann ausschließlich im Gehirn des Betroffenen stattfinden. Nur kleine Kinder bilden eine Ausnahme. Beobachten Sie ein Kind, das auf die Nase fällt: Der erste Blick geht zur Mama. Ihre Reaktion bestimmt, ob es aufsteht und weiterspielt oder in Tränen ausbricht. Die Bewertung wird in dem jungen Alter noch externalisiert. Bei erwachsenen Menschen – also beispielsweise bei Mitarbeitern – findet in der Regel keine Externalisierung mehr statt. Jedoch können Sie als

Führungskraft »Angebote« für eine Neubewertung machen. An einen Mitarbeiter zu glauben, kann so ein Angebot sein. Werfen Sie dazu noch einmal kurz einen Blick auf den Potenzialkreis: Die Erfahrungen beeinflussen die inneren Bilder.

Wenn Sie als Führungskraft an Ihren Mitarbeiter glauben, wirken Sie auf die inneren Bilder Ihres Mitarbeiters ein. In zwei Situationen ist das besonders ratsam:

1. Ihrem Mitarbeiter fehlt es an einer Referenzerfahrung: Wenn es Menschen an Referenzerfahrungen fehlt, mangelt es auch meist an den passenden inneren Bildern. Erinnern Sie sich an das Experiment, in dem ich Sie bat, sich vorzustellen, mit Ihrer Schreibhand in Gedanken Ihren Namen zu schreiben? Als ich Sie im Anschluss bat, mit der anderen Hand in Gedanken den Namen aufzuschreiben, ist es Ihnen wahrscheinlich deutlich schwerer gefallen. Der Grund dafür: Sie schreiben selten mit der anderen Hand, und somit fehlen Ihnen auch die inneren Bilder dazu. Keine Referenzerfahrung zu haben – so erging es mir damals bei Sony Music, als ich dachte, ich würde in dem wichtigen Meeting versagen. An dieser Stelle half mir das Angebot der Neubewertung meines Chefs: »Ich hab' dich gesehen und gute Rückmeldungen bekommen. Ich mache mir da keine Sorgen: Du wirst das schon rocken!« Mein anfängliches Kopfkino mit hoher Amygdala-Aktivität und all den dazugehörigen Stressreaktionen ebbte ab. Ich hatte wieder mehr Zugriff auf meine höheren geistigen Fähigkeiten.

2. Ihr Mitarbeiter hat negative Erfahrungen gemacht: Sie werden immer wieder Mitarbeiter erleben, die ungünstige Erfahrungen gemacht haben. Entweder in der Zeit, bevor Sie ihre Führungskraft wurden – so wie Bettina Cramer, die Upstalsboom-Mitarbeiterin aus Kapitel 1. Oder aber in der Zeit, als Sie bereits ihr Chef waren. Das Risiko negativer Erfahrungen besteht darin, dass Menschen sehr schnell beginnen, einschränkende innere Bilder zu entwickeln. Mit einem Blick auf den Potenzialkreis können Sie erkennen, dass einschränkende innere Bilder zu einer eingeschränkten Entfaltung ihres Potenzials führen. Diese Menschen handeln dann nur als eine limitierte Version dessen, wer sie sein könnten. Ich persönlich trug beispielsweise viele Jahre die einschränkenden inneren Bilder in

mir, dass meine Stimme unangenehm klingt. Dabei war die negative Erfahrung, die dazu führte, lächerlich klein: Ich hatte mich selbst auf einem Anrufbeantworter gehört – irgendwann in den 80er Jahren, als diese Geräte die Aufnahmen noch sehr verzerrt wiedergaben. Damals klang das tatsächlich nicht gut. 15 Jahre später unterhielt ich mich auf der Geburtstagsfeier eines Freundes mit einem professionellen Radiomoderator darüber. Dieser Mann bot mir eine Neubewertung an, indem er mir glaubhaft versicherte, dass meine Stimme durchaus angenehm klinge. Durch ihn veränderten sich meine einschränkenden inneren Bilder. Ohne diese Neubewertung wäre ich mutmaßlich niemals auf eine Bühne gegangen, und würde inzwischen nicht jedes Jahr vor Zehntausenden Menschen Vorträge halten.

Wenn Sie Mitarbeiter erleben, die negative berufliche Erfahrungen gemacht haben, ist es als guter Chef Ihre Aufgabe dafür zu sorgen, dass daraus keine einschränkenden inneren Bilder entstehen. Negative Erfahrungen begegnen uns ständig: In einem Konzern, den ich seit vielen Jahren begleite, gab es früher einen CEO, der manche Mitarbeiter gerne zum Frühstück aß. Hatte er einen schlechten Tag, ließ er seine Laune an seiner Mannschaft aus. Er schien sich damit sogar recht wohlzufühlen. »Die Leute müssen lernen, sich mir gegenüber zu behaupten«, erzählte er mir, als ich ihn damit konfrontierte, dass er bei vielen Menschen Angst auslöst. In regelmäßigen Abständen musste jede Abteilung Mitarbeiter in die Geschäftsführersitzungen entsenden, um besonders wichtige Themen zu präsentieren. Es gab eine 50:50-Chance, dass die Entsendeten einen Tag erwischten, an dem der CEO schlechte Laune hatte.

Um im Modell des Potenzialkreises zu bleiben: Diese Menschen machten negative Erfahrungen. Es bestand das Risiko, dass sie im Anschluss dadurch ungünstige innere Bilder von sich entwickelten. Doch viele gute Führungskräfte in diesem Unternehmen machten ihren Mitarbeitern Angebote für Neubewertungen, indem sie ihnen beispielsweise vor Augen führten, dass der CEO dafür bekannt sei, auch gute Leute niederzumachen. Oder indem sie die gute Vorbereitung des Mitarbeiters für die Geschäftsführersitzung hervorhoben. Natürlich gab es auch immer wieder klärende Gespräche mit dem CEO, doch manchmal lässt sich die Realität nicht ändern. Dann ist es hilfreich, sich an Epiktet, Shakespeare oder Kevin Ochsner zu erinnern.

Essenz für Eilige

Vertrauen – Menschen brauchen jemanden, der an sie glaubt

- Erfolgreiche Führungskräfte glauben an ihre Mitarbeiter und stärken damit deren innere Bilder von sich selbst. Stärkere innere Bilder führen zu einer besseren Entfaltung von Mitarbeiterpotenzialen.
- Die Lernenden der Weleda AG gründeten eine eigene Firma, verkauften sämtliche eigene Produkte restlos und verbesserten die Handelsbeziehungen zu einem der wichtigsten Kunden. Gleichzeitig steigerte sich ihr Selbstvertrauen spürbar, da die Geschäftsleitung ihnen ihr uneingeschränktes Vertrauen geschenkt hatte.
- Die Versuchsteilnehmer in einer Studie erreichten ein um 53 Prozent besseres Ergebnis einer Mathematikaufgabe als die Kontrollgruppe: Sie hatten zuvor nur drei Minuten lang an ihrem Vertrauen in die eigenen Fähigkeiten gearbeitet.
- Die innere Haltung ist entscheidend: Ein Experiment zeigte, dass der Glaube eines Lehrers an die Fähigkeiten bestimmter Schüler bei diesen zu deutlich besseren Testergebnissen führte, als bei Schülern, denen er wenig zutraute.
- »Unser Chef überschüttet uns mit Vertrauen«, berichten die Mitarbeiter des Sondermaschinenherstellers Hammerschmid. Die Belegschaft entwickelte in der Folge weitgehend frei von Fremdfinanzierung ein Elektromotorrad, das in vielen Aspekten den Produkten namhafter Firmen technisch überlegen ist.
- Wenn Menschen spüren, dass jemand an sie glaubt, durchleben sie schwierige oder unbekannte Situationen gestärkt. Das Vertrauen eines Chefs in seine Mitarbeiter hilft diesen, negative Erfahrungen anders zu bewerten.

Kapitel 5

Erfahrungen – Menschen wachsen, wenn sie gefordert sind

>»Ich wünschte, alle meine Kollegen würden die Erfahrung machen, die wir hatten.«
>
> *Viktoria Schwab, Studentin, dm-Drogeriemarkt*

»Wenn man schon mal ein 12-Stunden-Dauergefecht erlebt hat, dann kratzt es einen herzlich wenig, wenn der Chef die Deadline für ein Projekt mal wieder um eine Woche vorverlegt«, erzählt mir der Mann in feinstem britischen Englisch.

Seine Worte sind keine Metapher: Er war tatsächlich in einen zwölfstündigen Schusswechsel im Irakkrieg verwickelt. Einige seiner Kameraden starben nur wenige Meter neben ihm, eine Kugel streifte seinen Helm und hinterließ die Erinnerung, dem Tod nur knapp entkommen zu sein. »Man braucht mindestens eine Woche, um sich körperlich wieder einigermaßen zu regenerieren«, erzählt er mir. »Man ist während des Kampfes stundenlang voller Adrenalin. Mir haben danach tagelang die Nieren wehgetan.« Immer wenn er über seinen Kampfeinsatz redet, spricht er nicht von »ich«, sondern von »man«.

Männer wie ihn traf ich oft in den Jahren, in denen ich in Zürich lebte: ehemalige englische Soldaten, die inzwischen in der freien Wirtschaft arbeiten, und die aufgrund der guten Jobangebote in der Schweiz gelandet sind. Manche der Älteren wurden noch von Margaret Thatcher in den Falklandkrieg, manche der Jüngeren von Tony Blair in den Irak entsendet. Was sie eint: Viele scheinen beruflich eine deutliche höhere Stressresistenz zu besitzen als ihre Kollegen. Mit den existenziellen Bedrohungserfahrungen, die sie gemacht haben, können diese Menschen Machtspiele und Drucksituationen relativieren, die sie im Unternehmenskontext erleben. Stress hat für sie eine andere Bedeutung.

Sie kennen es vielleicht auch aus Ihrem Berufsleben: Wenn es richtig brenzlig wird, holt man oft erfahrenere Kollegen mit ins Boot – nicht nur wegen ihres Wissensschatzes, sondern auch weil diese Menschen mit schwierigen Situationen gelassener umgehen können. Die Direktbank Ing-Diba hat vor einigen Jahren sogar explizit ein Ausbildungsprogramm für Menschen der Altersgruppe 50+ initiiert. Die Unternehmensleitung habe bemerkt, dass diese Mitarbeiter durch ihre langjährige berufliche Erfahrung mit vielen Dingen souveräner umgingen, und dass sie die jungen Teams damit bereichern könnten, erzählt mir die Projektverantwortliche.

Dass Menschen an Erfahrungen reifen und wachsen, ist eine Binsenweisheit. Doch viele Führungskräfte lassen dieses Potenzial ungenutzt. Meist weil sie um die dahinter liegenden Muster nicht wissen. Zugleich gibt es jedoch Unternehmen, die für ihre Mitarbeiter ganz gezielt Erfahrungsräume schaffen, durch die sie die in ihnen liegenden Potenziale entfalten können. Davon profitiert nicht nur der Einzelne, sondern das ganze Unternehmen – denn es beschäftigt Menschen, die deutlich bessere Ergebnisse erreichen als manch ein Mitbewerber.

dm | Lernen in der Arbeit

»Ich habe das Gefühl, dass in unserer Firma etwas Besonderes gelebt wird. Man kann hier unmittelbar erfahren, wie sich die Rolle eines Unternehmens in der Gesellschaft verändert«, erzählt die junge Frau mit dem roten Mantel. Es ist November 2012. Ich habe einen Vortrag an der Alanus-Hochschule in Bonn gehalten. Gerade führe ich Studenten und Unternehmensvertreter durch einen Reflexionsworkshop, als ich aus einer Arbeitsgruppe diesen Satz aufschnappe. Neugierig geworden, beginne ich mit den Teilnehmern ein Gespräch. Studentin Viktoria Schwab, von der die Aussage stammt, verbringt ihre Praxiszeit bei der Drogeriemarktkette dm. Sie nimmt an einem mehrfach prämierten Ausbildungskonzept teil. »Es ist selbstverständlich, dass das Unternehmen, unsere Arbeitszeit, Teil unseres Lebens ist«, erzählt sie. »Sich als Mensch mit seiner individuellen Persönlichkeit zu begegnen und einzubringen, ist sehr wichtig.«

In einer Mitarbeiterumfrage, die die Firma mit Stammsitz in Karlsruhe im Jahr 2012 durchführen ließ, gaben 98 Prozent aller Beschäftigten an, dass sie dm als Arbeitgeber weiterempfehlen würden. Europaweit beschäftigt dm 52 000 Menschen in mehr als 3 000 Märkten, und erwirtschaftet einen Umsatz von 8,3 Milliarden Euro. »Umsatz ist für uns kein Unternehmensziel«, erzählt mir der für Mitarbeiter zuständige Geschäftsführer Christian Harms. »Umsatz ist für uns eine Folge der Zufriedenheit unserer Kunden und Mitarbeiter.« Diese erste und bisher letzte Umfrage hat bei den Meinungsforschern zu deutlichem Erstaunen geführt: Die fünf am schlechtesten bewerteten Kriterien hatten immer noch so gute Werte, dass sie in manch anderen Unternehmen unter die Top 5 gekommen wären.

Die Jahrtausendwende markierte für dm einen Umbruch. Das Unternehmen wuchs rasant. Das war für die Führungsetage ein Grund, auch das Ausbildungskonzept zu überarbeiten. »Wir bilden inzwischen dreimal so viele Menschen aus wie zuvor – schon aus betriebswirtschaftlichen Gründen«, erzählt Christian Harms. Der eigentlich bemerkenswerte Wandel fand jedoch in Art und Inhalt statt. »Das war überhaupt nicht betriebswirtschaftlich getrieben – ganz im Gegenteil.« Das neu entwickelte Ausbildungskonzept der Drogeriemarktkette basiert darauf, dass die Auszubildenden sehr viele und zum Teil außergewöhnliche Erfahrungen sammeln sollen. Dadurch, davon ist das Unternehmen überzeugt, entfalten sich die Potenziale der Auszubildenden besser und nachhaltiger als durch klassische Ausbildungsmethoden. In einem internen Leitfaden für die Ausbilder ist es klar formuliert: »Praxis ist wichtiger als Theorie.« Die beiden Wege, durch die dm diesen erfahrungsorientierten Ansatz erfolgreich Realität werden lässt, heißen: »LidA (Lernen in der Arbeit)« und »Abenteuer Kultur«.

»Auf jede Frage, die ich stellte, habe ich eine Gegenfrage erhalten«, erzählt Viktoria Schwab über ihre Ausbildungszeit. »Es wird erwartet: ›Frage dich zuerst selbst und finde deinen eigenen Weg‹.« Schwab verbringt abwechselnd ein Semester an der Alanus-Hochschule und ein Praxissemester mit anderen Lernlingen bei dm. Das Kunstwort »Lernling« drückt die besondere Haltung aus, die dm mit dem neuen Ausbildungskonzept verfolgt. »Man kann niemanden belehren«, sagt Christian Harms. »Man kann auch niemanden motivieren. Manche Dinge können nur eigenständig aus einem Menschen heraus entstehen. Wir wünschen uns, dass unsere Auszubildenden eine aktive Rolle während der Ausbildung einnehmen. Wir möchten, dass sie lernen, anstatt belehrt zu werden. Aus dieser Überlegung heraus entstand daher das Wort Lernling.«

Unternehmen: dm-drogerie markt GmbH + Co. KG
Branche: Drogeriehandel und -herstellung
Sitz: Karlsruhe
Gegründet: 1973
Mitarbeiter: 52 000
Webseite: www.dm.de
Bemerkenswert: Die Lernenden des Unternehmens erhalten durch das Ausbildungskonzept LidA (Lernen in der Arbeit) eine hohe Eigenverantwortung. Zudem erleben die Lernenden zwei Theaterworkshops, in denen sie Erfahrungen machen, die weit über den Arbeitsalltag hinausgehen, um dadurch später gegenüber Kunden selbstbewusster auftreten zu können.

Mit der neuen Namensgebung veränderte sich auch das Rollenverständnis von Ausbildern und Auszubildenden. dm suchte nun nicht mehr nach Ausbildern mit reiner Fachexpertise, sondern begann, sogenannte Lernbegleiter für die Lernlinge auszubilden. Diese erwarben die Kompetenz, die Lernlinge im Laufe der Ausbildung geschickt von einer Lernerfahrung zur nächsten zu navigieren. Das LidA-Konzept basiert auf der alten konfuzianischen Weisheit: »Sage es mir, und ich werde es vergessen. Zeige es mir, und ich werde mich erinnern. Lass es mich tun, und ich werde es verstehen.«

»Die Idee von ›Man lernt, indem man es tut‹ – also ›Learning by Doing‹, ist ja nicht neu«, erzählt Christian Harms. »Das erfährt ja jeder, der ein neues Auto oder einen neuen Fernseher ausprobiert. Aber um das Ganze zu systematisieren und mit entsprechenden Hilfsmitteln zu hinterlegen, mussten wir ein komplett neues Lernkonzept erarbeiten. Dafür haben wir uns externe Hilfe geholt.«

Ein neuer Lernling wird bereits in den ersten Tagen bei dm auf seine besondere Art der Ausbildung vorbereitet. In sogenannten LidA-Arbeitstagen erfährt er alles über das Ausbildungskonzept: Wie funktioniert LidA? Warum bildet dm so aus? Was wird von den Lernlingen erwartet? »Die meisten unserer Lernlinge wissen jedoch bereits vor Beginn ihrer Ausbildung, was sie erwartet«, erzählt Agnes Allinger, Bereichsverantwortliche für Mitarbeitergewinnung und Medien. »Wir bieten Schnuppertage an, die die jungen Menschen bei uns verbringen können. Da werden sie bereits wie echte Lernlinge behandelt, und können erleben, wie sich das selbstentdeckende Lernen bei uns anfühlt.«

Sobald die LidA-Ausbildung beginnt, gestaltet der Ausbilder die Rahmenbedingungen und gibt die Aufgaben vor. Danach aber lässt er den Lernling den Weg zum Ziel selbst erarbeiten. Der Lernling kann in verschiedenen Medien wie Intranet, Newslettern oder Produktflyern nach Antworten suchen. »In den ersten Tagen von LidA hatten wir die Ausbilder in allen Details informiert, nicht aber die übrigen Filialmitarbeiter«, erinnert sich Christian Harms. »Damals sind die Lernlinge oft einfach zu den Filialkollegen gegangen und haben sich von ihnen die Lösungen zeigen lassen. Inzwischen haben wir das Ausbildungskonzept von LidA in sämtlichen Filialen und Abteilungen verbreitet. Die Kollegen wissen jetzt, dass der Lernling seine Erfahrungen selbst machen und seine eigenen Lösungen finden muss, um sich bestmöglich entwickeln zu können.«

»Wenn wir beispielsweise eine Werbeaktion für Babynahrungsprodukte in der Filiale planen, stellen wir dem Lernling die Frage: ›Wie würdest du es machen?‹«, erzählt Manuela Franz, Beraterin für Aus- und Weiterbildung. »Die Planung und Umsetzung überlassen wir ihm dann komplett selbst. Wir sind fest davon überzeugt, dass selbst erarbeitete Lösungen viel nachhaltiger in Erinnerung bleiben als vorgefertigte Wege. Außerdem geschieht es immer wieder, dass die Lernlinge einen besseren Lösungsweg finden, als die Ausbilder es ihnen vorgeschlagen hätten.« Die Lernlinge, die ich in einer Filiale treffe, bestätigen diesen Eindruck. »Ich habe inzwischen schon in drei Filialen gearbeitet, und jedes Mal erlebt, dass die gleichen Aufgaben auf komplett andere Weise angegangen werden können«, erzählt mir Lernling Felix Woller. »Ich realisiere immer mehr, wie viel Freiheit wir in unserer Ausbildung haben.«

Bei einem Ausbildungskonzept, das so sehr auf die eigenen Erfahrungen setzt, werden auch jede Menge Fehler gemacht. »Das ist für die Lernlinge eine der größten Herausforderungen«, erzählt Ausbildungsberaterin Manuela Franz. »Viele empfinden einen Fehler als persönliche Niederlage. Dabei ist es doch normal, dass manchmal Dinge schiefgehen. Genau dann erinnere ich mich besonders gut daran, es das nächste Mal anders zu machen.« dm nimmt die Sorge um die Fehler ernst. Im LidA-Handbuch für Ausbilder findet man einen ganzen Abschnitt, der sich mit der Fehlerkultur beschäftigt: Den Ausbildern wird ans Herz gelegt, dass sie die Lernlinge dazu ermutigen sollen, Fehler bewusst zur Kenntnis zu nehmen, zu thematisieren und zu reflektieren. Reflexion ist ohnehin ein wichtiger Bestandteil von LidA. dm ist überzeugt: Jede Erfahrung verfestigt sich nur dann optimal, wenn sie im Anschluss besprochen wird. Diese Art der Ausbildung braucht eine klare innere Ausrichtung und jede Menge Disziplin. »Erst seit ich die jüngeren Lernlinge selbst mitbetreue, begreife ich, wie schwierig es für die Ausbilder sein muss«, sagt Viktoria Schwab. »Man trägt ja den Impuls zu helfen in sich. Man muss sich immer wieder zurücknehmen, um keine Lösungen vorzugeben, sondern eigene Wege finden zu lassen.«

Den Höhepunkt der LidA-Ausbildung erleben die Lernlinge im Abschlussjahr. In ganz Deutschland verwandeln sich dann bis zu 30 dm-Drogeriemärkte in sogenannte Lernlingsfilialen. Das Stammpersonal macht Platz und arbeitet für vier bis sechs Wochen in Schwestergeschäften. In dieser Zeit gehen die ausgewählten Filialen komplett in die Hände der Lernlinge über. Das Durchschnittsalter der Beschäftigten dieser Drogerien verändert sich sprunghaft auf Anfang 20. In dieser Zeit sind weder Ausbilder noch andere Kontrollpersonen vor Ort. Die Lernlinge tragen die volle Verantwortung.

»Ich war letzte Woche in der Rolle der Filialleiterin«, berichtet mir Lernling Rita Green von ihrer Erfahrung in einer Hannoverschen Filiale. »Ich hatte zu Beginn die Befürchtung, dass ich von meinen Lernlingskollegen in dieser Rolle nicht ernst genommen werden würde. Die Angst war aber unbegründet. Beeindruckend war für mich, als ich an einem regionalen Filialleitertreffen mit 14 ›echten‹ Filialleitern teilnehmen durfte.« Lachend fügt sie hinzu: »Trotzdem ist meine Arbeit wieder entspannter, seit eine andere Lernlingskollegin Filialleiterin wurde.« Die Lernlinge haben sich vor ihrem Einsatz zwei Tage lang zu einem vorbereitenden Workshop getroffen. Dort haben sie für jede der bevorstehenden vier Wochen einen Filialleiter und einen Stellvertreter gewählt. Sie haben eigene

Regeln der Zusammenarbeit miteinander beschlossen und Einsatzpläne vereinbart. »Wir waren uns einig, dass das Wort des Filialleiters nicht in Stein gemeißelt ist«, erzählt mir ihr Lernlingskollege Felix Woller. »Wir haben ja alle in den Jahren zuvor schon gelernt, selbstständig zu denken.«

dm | Abenteuer Kultur

»Manche von uns sind extrem über sich selbst hinausgewachsen«, erzählt mir Lernling Felix Woller. Er ist im zweiten Lehrjahr und hat das »Abenteuer Kultur« einmal erlebt. Seine Lernlingskollegin Rita Green war schon zweimal dabei. »Das erste Mal fand ich schrecklich, das zweite Mal war es schon besser. Im Nachhinein betrachtet, bin ich dadurch jedoch viel selbstsicherer geworden.« Geschäftsführer Christian Harms kennt dieses Phänomen. »Bei LidA hatten wir anfangs eher Widerstände bei den Kollegen in der Filiale. Wir mussten oft erklären, warum wir nun anders ausbilden. Bei ›Abenteuer Kultur‹ hingegen erlebten wir anfangs die Widerstände eher bei den Lernlingen. ›Ich bin doch nicht hier, um Kasperletheater zu spielen‹, waren im Jahr 2002/2003 die ersten Reaktionen. Inzwischen gibt es jedoch Tausende von Lernlingen, die uns am Ende der Ausbildung sagen, dass dieser Teil der Ausbildung mit das Beste in der ganzen Zeit war.«

Abenteuer Kultur – das sind zwei intensive Theaterworkshops im ersten und zweiten Lehrjahr. Das Unternehmen gestaltet eine Situation, in der die jungen Lernlinge Erfahrungen machen, die sie sonst wohl nie machen würden. dm engagiert inzwischen pro Saison 170 Schauspieler, Regisseure und Theaterpädagogen, die die Lernlinge in diesen Workshops begleiten. In sechs bis acht Wochen treffen sich bis zu zwanzig Lernlinge, insgesamt acht ganze Tage lang. Dann wird ein gemeinsames Theaterstück diskutiert, Rollen werden gefunden, das Bühnenbild gebaut, Kostüme genäht – und natürlich wird geprobt. Manche Gruppen orientieren sich an Klassikern wie Shakespeares »Romeo und Julia« oder Horváths »Glaube, Liebe, Hoffnung«. Andere arbeiten Themen auf, die sie persönlich beschäftigen, wie beispielsweise der Umgang mit Zeit oder auch Gewalt unter Jugendlichen.

»Es ist eine bewusste Entscheidung von uns, dass die Lernlinge nicht irgendwelche Arbeitssituationen nachspielen«, erzählt Christian Harms. »Die Theaterworkshops sollen komplett von der Ausbildungzeit in den Filialen losgelöst sein.« Als ich Viktoria Schwab wieder spreche, ist sie gerade mitten im Abenteuer Kultur. »Wir hatten gestern zum ersten Mal eine Krise in der Theatergruppe. Wir fragten uns, warum wir eigentlich das Stück spielen, das wir die ganze Zeit proben. Aber das ist nicht so schlimm, wenn man erkennt, dass Krisen normal sind und hilfreich, um im Prozess weiterzukommen.«

»Der größte Nutzen sind das sichere Auftreten und die Verbesserung der Kommunikation untereinander«, bestätigt mir Lernling Johannes Schmitt im Nachgang. »Die Schüchternen unter uns haben gelernt, vor den Dominanten keine Angst zu haben. Wir alle haben gelernt, dass es viel auslösen kann, wenn man einen der eher stillen Lernlinge auch mal anhört.«

Kontakt mit ihren dm-Kollegen haben die Lernlinge während dieser Tage nicht, die Theaterworkshops werden ausschließlich von den extern engagierten Künstlern geleitet. Karsten Röth ist die Ausnahme: Er ist einer von fünf dm-Paten, die sich um das Abenteuer Kultur kümmern. »Abenteuer Kultur ist ein bewertungsfreier Raum«, erzählt Röth. »Das erzeugt interessanterweise Stress bei vielen Lernlingen. Sie kennen es aus der Schule, schnell bewertet zu werden. Sie haben hohe Ansprüche an sich selbst. Es verunsichert die Lernlinge erst einmal, nicht zu wissen, wo sie stehen.« Die Theaterworkshops sind keine Einzel- sondern Gruppenprozesse. Zu sehen, was man gemeinsam auf die Beine stellen kann, ist für die Lernlinge eine bedeutsame Erfahrung für die Zusammenarbeit im Team. Später im Arbeitsalltag kann sich das auf vielfache Weise auszahlen.

Das große Finale eines jeden Workshops ist die Aufführung des Stücks vor echtem Publikum. Die Lernlinge laden ihre Familie, Freunde und Kollegen aus den Filialen ein. Die Erlebnisse des Workshops und der Aufführung verändern die Lernlinge: Wenn sie erst einmal vor Hunderten von Zuschauern auf der Bühne gestanden haben, dann scheint die Hürde, einen Kunden in der Filiale anzusprechen, plötzlich verschwindend gering. »Diese Verwandlungen lassen sich manchmal bereits bei den Auftritten sehen«, erzählt Manuela Franz. »Dann steht plötzlich ein sehr, sehr ruhiger Lernling auf der Bühne und spielt eine extrovertierte, tragende Rolle. Bei vielen zieht sich diese Entwicklung durch den Rest der Ausbildung. Die Erfahrung ›Ich habe etwas geschafft, das ich mir selbst nicht zugetraut hätte‹ ist sehr prägend.« Eine Filialleiterin, die früher selbst als Lernling auf der Bühne stand, ergänzt: »Ich bin immer wieder zu Tränen gerührt, wenn ich sehe, was die Lernlinge sich heutzutage trauen.«

Das Abenteuer Kultur wurde zeitgleich zum LidA-Lernkonzept zur Jahrtausendwende eingeführt. Inspiriert durch einen Buchartikel von Rainer Patzlaff mit dem Titel »Kindheit ver-stummt«, hat Unternehmensgründer Götz Werner den Impuls zu Abenteuer Kultur in seinem Unternehmen gegeben. »Krankenkas- Hier können Sie einen Film über das »Abenteuer Kultur« sehen: fuehren-mit-hirn.de/dm senstudien zeigten damals bereits recht anschaulich, welche Folgen es hat, wenn Kinder immer mehr elektronische Medien konsumieren, und immer weniger persönlichen Kontakt haben«, erzählt Christian Harms. »Die AOK hat damals schon vorgerechnet, dass sie die Kosten für die Logopäden irgendwann nicht mehr stemmen können wird. Wenn junge Menschen sich nicht mehr trauen, auf Kunden zuzugehen, dann wäre das für uns als Händler eine Katastrophe.«

dm testete mehrere Pilotprojekte: einen Kurs in bildender Kunst, ein Videoprojekt und einen Theaterworkshop. Die größten Veränderungen waren damals bei den Teilnehmern sichtbar, die die Theatererfahrung gemacht hatten. »Wir haben auch eine gesellschaftliche Verantwortung«, sagt Christian Harms. »Wir mussten deshalb einfach beginnen, mit un-seren Lernlingen anders zu arbeiten.«

Als ich Alanus-Studentin Viktoria Schwab im Jahr 2014 ein letztes Mal spreche, hat sie ihre Praxiszeit bei dm gerade beendet. »Besonders in Mo-menten, in denen wir beim Abenteuer Kultur von der inhaltlichen auf die persönliche Ebene gewechselt sind, hat sich der Zusammenhalt zwischen uns verändert«, erinnert sie sich. »Durch diese Erfahrungen hat dann wirkliche Entwicklung stattgefunden. Ich würde mir wünschen, dass nicht nur wir Lernlinge diese Erfahrung machen, sondern alle meine Kollegen bei dm.«

Der Potenzialkreis | Erfahrungen prägen unsere inneren Bilder

Was genau geschah bei den Lernlingen, die im Anschluss an die Theater-workshops im Filialalltag anders mit Kunden umgingen? Wie veränderte die LidA-Ausbildung diese jungen Menschen? Nach welchen Mustern wirken diese beiden prägenden Erfahrungen, die dm jedes Jahr neuen Lernlingen ermöglicht?

Der Potenzialkreis hilft Ihnen, den Einfluss von Erfahrungen auf die Entfaltung menschlicher Potenziale besser zu durchdringen. Lassen Sie mich mit einer persönlichen Erfahrung beginnen: Als ich vor vielen Jahren in meiner Heimatstadt Braunschweig die Oberstufe besuchte, erhielt ich in einem denkwürdigen Jahr meine erste Fünf in einem Zeugnis: in Englisch. In den Naturwissenschaften lag ich zwischen einer Eins und einer Zwei – was sicherlich auch den sehr guten Lehrern geschuldet war. »Ich hab's halt nicht so mit den Sprachen«, war das innere Bild, das in mir zu dieser Zeit entstand. Ich entschied mich, auf Biologie und Chemie in meinen Leistungskursen zu setzen, hatte Erfolg und bereitete mich damit auf mein Medizinstudium vor. Über viele Jahre hinweg war ich überzeugt davon, dass die englische Sprache und ich getrennte Wege gehen sollten. Eine frühere negative Erfahrung prägte meine inneren Bilder von mir und meinen Fähigkeiten.

Viele Menschen machen im Laufe ihres Lebens immer wieder negative Erfahrungen: Manche werden von ihrem Partner verlassen, andere vom Chef angeschrien, oder sie erhalten von einem wichtigen Menschen nicht die Aufmerksamkeit, die sie sich wünschen. Wenn man Autobiografien bekannter Persönlichkeiten liest, findet man oft die Prägung durch ein schwieriges oder fehlendes Elternteil. Die Liste möglicher negativer Erfahrungen ist lang und facettenreich. Sie sind normal und gehören zum Leben, damit wir an ihnen wachsen können.

Das Risiko negativer Erfahrungen kennen Sie aus dem vorangegangenen Kapitel: Menschen beginnen ganz automatisch, teils unbewusst, einschränkende innere Bilder zu entwickeln. In der Folge entfalten sie nur noch einen Bruchteil des in ihnen liegenden Potenzials. Man könnte nun natürlich auf der Ebene der inneren Bilder intervenieren – beispielsweise durch ein Angebot der Neubewertung, wie Sie es im letzten Kapitel kennen gelernt haben. Wird eine gute Freundin von ihrem Partner verlassen, erklärt man ihr, dass jemand wie sie bald einen besseren finden wird. Hat der Chef den Kollegen angeschrien, vermittelt man diesem glaubhaft, dass er trotzdem einen guten Job gemacht hat.

Doch der Königsweg, negativen Erfahrungen ihre Kraft zu nehmen, (sodass keine einschränkenden inneren Bilder entstehen können) ist ein an-

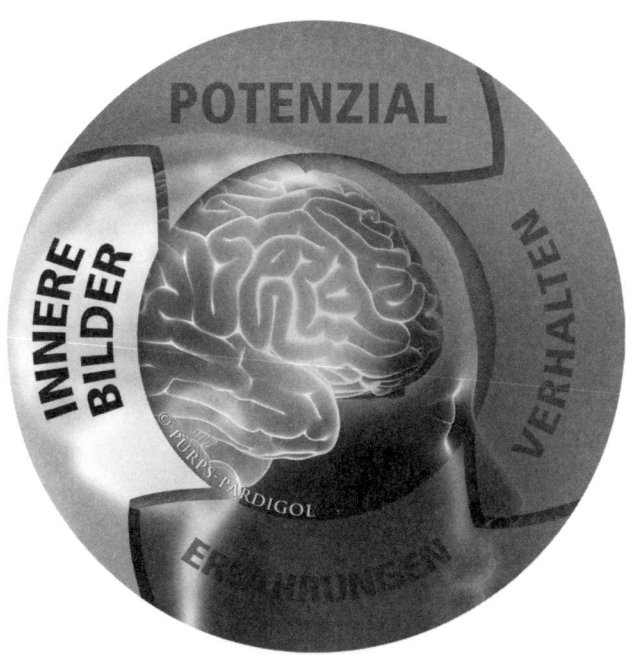

derer: Sie müssen das Problem auf der Ebene des Potenzialkreises lösen, auf der es entstanden ist. Wenn Sie vom Pferd gefallen sind, helfen Ihnen gutes Zureden und das Vertrauen Ihres Reitlehrers sicherlich. Zugleich findet die »Heilung« einer negativen Erfahrung schneller statt, wenn Sie sofort wieder auf das Pferd steigen – wenn Sie eine positive Erfahrung machen.

Ich bin – um in dieser Metapher zu bleiben – viele Jahre nicht mehr auf das Pferd gestiegen, nachdem ich zu Schulzeiten in Englisch versagt hatte. Erst nachdem ich meine Stelle bei Sony Music angetreten hatte und oft mit den europäischen Vorgesetzten in London und in der Zentrale in New York im Austausch stehen musste, wagte ich mich wieder an die Sprache heran und machte neue, günstigere Erfahrungen.

Gerald Hüther erzählt in einem anderen Kontext gern eine Geschichte, die hier auch sehr gut passt: Wenn ein 75-jähriger Mann zur Volkshochschule geht, um dort Chinesisch zu lernen, ist das ein langatmiger und mühseliger Prozess. Würde sich derselbe Mann jedoch in eine Chinesin verlieben und mit ihr in ihre Heimat in eine chinesische Provinz ziehen, würde er die Sprache deutlich müheloser und schneller lernen. So erging es mir, als ich damals »in der neuen Welt« bei Sony Music zu arbeiten begann: Die englische Sprache und ich wurden schnell gute Freunde. Nach einigen Jahren wechselte ich zum schwedischen Kommunikationsausrüster Ericsson und nahm eine international leitende Position ein. 90 Prozent meiner täglichen Kommunikation fand nun auf Englisch statt: Ob E-Mails, Telefonate, globale Strategiepapiere, Verträge oder unternehmenspolitische Arbeit mit der Europäischen Kommission – es gelang mir immer reibungsloser. Mit diesen neuen positiven Erfahrungen veränderten sich meine inneren Bilder von meinen Fähigkeiten. Im Modell des Potenzialkreises konnte ich dadurch den Zugriff auf mein Potenzial erhöhen und in der Folge mein Verhalten verändern. In der Realität bedeutete das: Meine fremdsprachlichen Kenntnisse machten einen Quantensprung! Inzwischen erzählen mir manche meiner Kunden, die mich sowohl in deutschsprachigen als auch in englischsprachigen Vorträgen und Workshops erleben, dass ich entspannter wirke und noch schneller auf den Punkt komme, wenn ich Englisch spreche.

Eine Fünf in der Schule … hätte mir das Leben keine zweite Chance für eine bessere Erfahrung geschenkt, würde ich noch immer das einschränkende innere Bild in mir tragen: »Ich hab's halt nicht so mit den Sprachen.«

Wir alle sind von großen und kleinen negativen Erfahrungen beeinflusst. Und die negativen Situationen hinterlassen eher eine Prägung als positive. Unser Gehirn ist so konstruiert, damit wir uns in der Zukunft besser schützen. »Genau dann erinnere ich mich besonders gut daran, es das nächste Mal anders zu machen«, so erklärt dm-Ausbildungsberaterin Manuela Franz den Grund, weshalb Fehler in der Ausbildung geradezu erwünscht sind. dm sorgt dafür, dass die Lernlinge ihre Fehler bewusst reflektieren. Findet diese Reflexion nicht statt, wirken die Fehler als negative Erfahrung in uns weiter und erzeugen unbewusst einschränkende innere Bilder. Ich erlebe selbst bei sehr erfolgreichen, brillanten und versierten Führungskräften, dass ihr Handeln durch solche alten inneren Bilder limitiert wird. Oftmals berichten sie von einem vagen Gefühl oder einem Verhalten, das sie sich nicht erklären können. Wenn wir im Rahmen eines Coachings dann etwas tiefer gehen, zeigen sich oft längst vergessene Erfahrungen, die sie mit Sätzen kommentieren wie: »Dass mich das jetzt noch beeinflusst, hätte ich niemals gedacht.« Innerhalb eines Coachings nutze ich dann den Zugang zu den inneren Bildern des Coachees, um diese Blockaden aufzulösen.

Sie können also getrost davon ausgehen, dass es einem beachtlichen

Teil Ihrer Mannschaft ähnlich ergeht – dass auch diese Menschen einschränkende innere Bilder in sich tragen. Wäre das nicht so, würden diese Menschen vor Selbstvertrauen strotzen, und sie wären frei von jeglichen inneren und zwischenmenschlichen Konflikten. Die gute Nachricht ist jedoch: Einschränkende innere Bilder, die durch negative Erfahrungen entstanden sind, können verändert werden. Ein wirksamer Weg dorthin sind neue, positive Erfahrungen, an denen Menschen wachsen.

Die Erfahrungen der dm-Lernlinge lassen wunderbar erkennen, wie wirkungsvoll sich das Verhalten durch mehr Zugriff auf die eigenen Potenziale verändern lässt.

1. Während der Theaterworkshops vor einer großen Menschenmenge zu sprechen, führte zu einem anderen Verhalten gegenüber Kunden im Arbeitsalltag. »Der größte Nutzen ist das sichere Auftreten«, erinnert sich Lernling Johannes Schmitt.

2. Die Krisenerfahrungen während der Proben verhalfen zu einer größeren Konfliktfähigkeit in der Zeit danach. »Besonders in Momenten, in denen wir von der inhaltlichen auf die persönliche Ebene wechselten, hat sich der Zusammenhalt zwischen uns verändert. Durch diese Erfahrungen hat wirkliche Entwicklung stattgefunden«, reflektiert Viktoria Schwab.

3. Die Erfahrung hoher Selbstverantwortung während der LidA-Ausbildung verhalf zu einem Verhalten mit gesundem Selbstbewusstsein, wie Felix Woller sagt: »Wir haben ja alle in den Jahren zuvor schon gelernt, selbstständig zu denken!«

Erfahrungen formen das junge Gehirn

> »Und jedem Anfang wohnt ein Zauber inne,
> der uns beschützt und der uns hilft, zu leben.«
>
> *Aus »Stufen« von Hermann Hesse*

Das »Center for the developing child« der Harvard-Universität beschreibt den Zauber des Anfangs mit einer Zahl: 700 neue Synapsen pro Sekunde.

Das neuronale Wunder eines jungen Menschen lässt sich durch diese Anzahl neuer Nervenzellverbindungen beschreiben, die in den ersten Jahren – Sekunde für Sekunde – in unseren Köpfen entstehen. Da unser Gehirn und unsere Gene nicht wissen, in welchem Umfeld und unter welchen Bedingungen wir zur Welt kommen, werden wir alle mit einem Überangebot von synaptischen Verknüpfungen beschenkt, die sich in den ersten Monaten unseres Lebens ausbilden. Die Harvard-Forscher differenzieren dieses Überangebot sogar: Von den 700 pro Sekunde neu entstehenden Verknüpfungen wächst in den ersten Monaten ein Großteil in den sensorischen Netzwerken. Das sind die Teile des Gehirns, die für die Wahrnehmung der Umwelt durch Hören, Schmecken, Riechen, Sehen, aber auch durch die Berührung der Haut verantwortlich sind. Im Alter von vier bis fünf Monaten hat die Anzahl der Synapsen in diesem Bereich des Hirns ihren Zenit erreicht, und beginnt sich langsam zu verringern. Doch die Netzwerke für das grundlegende Sprachverständnis sind ihnen dicht auf den Fersen. Ungefähr acht Monate nach der Geburt kann man in den für die Sprache verantwortlichen Hirnregionen die maximale Verknüpfungsdichte feststellen. Die neuronalen Bereiche, die später für die höheren geistigen Leistungen verantwortlich sein werden, erreichen ihre lebenslang größte Verknüpfungsdichte ungefähr ein Jahr nach der Geburt. Danach geht es für alle drei Bereiche abwärts – zumindest was die Nervenzellverbindungen betrifft: Zwei Drittel der synaptischen Verknüpfungen lösen sich wieder auf.

Doch das muss Sie nicht beunruhigen: Unser Gehirn arbeitet nun einmal mit möglichst wenig Aufwand. Dazu gehört auch, dass Verbindungen, die nicht benötigt werden, wieder verschwinden. »Use it or loose it« ist ein Gesetz dieser Neustrukturierung. Ein weiteres Gesetz lautet: »Neurons that fire together, wire together« – die Netzwerke, die häufig verwendet werden, stabilisieren ihre Verbindungen und wachsen enger zusammen. Diese frühkindliche Strukturierung des Gehirns – die Neuroplastizität – findet rasend schnell statt. Anders als bei Erwachsenen prägt sich bei einem Kind jede Erfahrung in Form neuer neuronaler Verknüpfungen ins Gehirn ein. Michael Merzenich, einer der Pioniere der Neuroplastizität, beschreibt es so: »Die Lernmaschine ist dauerhaft eingeschaltet.« Das Gehirn eines kleinen Kindes kann Wesentliches von Unwesentlichem noch nicht unterscheiden und prägt sich daher alles ein.

Wenn es jedoch an Erfahrungen mangelt, kann das Gehirn nur wenige neue Netzwerke ausbilden.

Ein brutales Beispiel dafür hat der ehemalige rumänische Diktator Nicolae Ceausescu zu verantworten. Um die Größe seines Volkes künstlich wachsen zu lassen, erließ er das Dekret 770, das die schulische sexuelle Aufklärung, sämtliche Verhütungsmittel und Abtreibung unter Strafe stellte. Es drohten bis zu 25 Jahre Haft. Gebärfähige Frauen wurden systematisch überwacht, um erste Anzeichen einer Schwangerschaft zu erkennen. In der Folge wurden ungefähr 2 Millionen sogenannter Dekretkinder geboren, über 100 000 von ihnen wuchsen in überfüllten und personell unterversorgten Kinderheimen auf. Viele dieser Kinder verwahrlosten dort. Nach der Rumänischen Revolution im Jahr 1989 bildete sich ein Team von Wissenschaftlern verschiedener westlicher Krankenhäuser und Universitäten unter dem Namen »The Bucharest early intervention project«. In einer achtjährigen Langzeitstudie untersuchten sie, welche Auswirkungen die fehlenden Reize, die fehlenden Erfahrungen und die fehlenden sozialen Interaktionen auf diese Kinder hatten. Es gelang, für einige der Kinder Pflegefamilien zu finden. Andere verblieben im Heim. Mithilfe von Hirnscans konnte das Forscherteam die Auswirkungen der Verwahrlosung und die damit verbundenen fehlenden frühen Erfahrungen sichtbar machen: In den Gehirnen der Heimkinder fand das Forscherteam signifikant weniger graue Substanz vor. Das ist der Bereich des Gehirns, in dem sich die Nervenzellkörper befinden. Auch die weiße Substanz – der Bereich mit den Nervenzellverbindungen – war deutlich schwächer ausgeprägt als bei Vergleichsgruppen von Kindern, die von Geburt an in einer Familie aufgewachsen sind.

In einer im Jahr 2011 veröffentlichten Studie fassten die Wissenschaftler ihre Erkenntnisse zusammen. Die wahrscheinlichste Erklärung für diese Hirnentwicklung seien die fehlenden Erfahrungen, schrieben sie. Ermutigend war jedoch, dass das Volumen der weißen Substanz – also der Nervenzellverbindungen – sich bei den Kindern, für die ein Platz in einer Pflegefamilie gefunden wurde, nach einigen Jahren normalisiert hatte.

Das rumänische Erbe der Kinderheime ist erschütternd. Zugleich findet meist unbemerkt in vielen Elternhäusern etwas statt, das ebenfalls zu mangelnden Erfahrungen und damit messbarer Veränderung in der Hirnentwicklung führt: Überbehütung. Vielleicht fällt Ihnen aus Ihrem

Freundes- oder Bekanntenkreis jemand ein, der zu dieser Spezies Eltern gehört: Die ersten Monate darf niemand außer ihnen selbst das Neugeborene auf den Arm nehmen. Zu groß sei das Risiko eines Infekts. Besucht man diese Eltern, muss man flüstern, da das Neugeborene auch nach sechs Monaten noch so lärmempfindlich ist, dass es nicht im Schlaf gestört werden darf. Handys müssen bei einem Treffen ohnehin grundsätzlich in den Flugmodus oder ganz ausgeschaltet sein – der Strahlung wegen. Das Essen ist auf die Blutgruppe oder auf die Fünf-Elemente-Küche abgestimmt – bis zur Pubertät.

An der japanischen Gunma University hat der Forscher Kosuke Narita vom Department of Psychiatry and Human Behaviour sich mit acht seiner Kollegen aufgemacht, den Einfluss solcher Eltern auf ihre Kinder zu untersuchen. Frühere Studien zeigten bereits, dass Patienten mit psychiatrischen Problemen wie Schizophrenie, affektiven Störungen und Zwangsstörungen in ihrer Kindheit sehr wahrscheinlich entweder stark unter- oder überbehütet worden waren. Sie hatten Eltern, die ihnen das Leben vorenthielten. »Aktuelle bildgebende Verfahren haben gezeigt, dass Abnormalitäten des linken dorsolateralen präfrontalen Cortex (DLPFC) einen engen Zusammenhang mit affektiven Störungen, Schizophrenie und der Regulation von Emotionen haben«, schreibt das japanische Forscherteam zu Beginn seiner im Jahr 2010 erschienenen Studie. Die Wissenschaftler zählten eins und eins zusammen: Wenn eine Überbehütung zu bestimmten psychiatrischen Erkrankungen führen kann, und genau diese Erkrankungen wiederum mit Veränderungen eines bestimmten Hirnareals in Verbindung gebracht werden ... dann wäre es doch eine Überlegung wert, sich bei überbehüteten Kindern genau diesen Hirnteil ganz unmittelbar anzuschauen – selbst wenn keine psychischen Erkrankungen vorliegen.

Die Forscher rekrutierten daher 50 Japaner mit einem durchschnittlichen Alter von 25 Jahren und unterzogen sie sowohl einer Befragung als auch einem Hirnscan. Die Befragung – ein sogenanntes Parental Bonding Instrument (PBI) – zielte darauf ab, von den jungen Erwachsenen zu erfahren, wie sie die Erziehung bis zu ihrem 16. Geburtstag erlebt hatten. Mit dem Hirnscanner, einem funktionellen Magnetresonanztomografen, schauten sie sich zudem genau den linken DLPFC der Teilnehmer an. Der Abgleich von Befragungsergebnissen und Hirnscans bestätigte die

Vermutung der Forscher: »Unter- und Überbehütung scheint morphologische Abnormalitäten des DLPFC auszulösen«, fassen sie in ihrer Studie zusammen.

Die japanischen Wissenschaftler bestätigten damit zum einen eine strukturelle Veränderung des Gehirns als Folge von Unterbehütung. Genauso wie sie bei den Kindern in den rumänischen Heimen erkannt wurde. Darüber hinaus bewiesen sie jedoch auch, dass eine Überbehütung und somit das Vorenthalten von Erfahrungen ebenso zu strukturellen Veränderungen der Kindergehirne führten!

> **Die Erkenntnis:** Unsere Erfahrungen beeinflussen die Struktur unseres Gehirns. Besonders während unserer Kindheit ist unser Gehirn hochplastisch – nahezu jede Erfahrung führt zu einem korrespondierenden Netzwerk. Genauso führt jedoch ein Mangel an Erfahrungen dazu, dass sich bestehende neuronale Netzwerke wieder auflösen.

Upstalsboom | Wachstum in Kaskaden

»Ich finde es extrem schade, dass es jetzt schon vorbei ist«, erzählt mir Thomas Schwertfirm zu Beginn des Jahres 2015. Der 27-jährige Student hat mit zwei Kommilitonen des Fachbereichs Tourismusmanagement der Hochschule München sechs Monate auf Borkum verbracht. Das Dreiergespann hat gerade sein Praktikum im Upstalsboom-Seehotel beendet. Während dieser Zeit haben sie nicht nur das Hotel operativ mitbetreut, sondern auch eine neue Strategie inklusive Umbaumaßnahmen und dazugehöriger Finanzierung erarbeitet. »Jetzt sind wir kurz davor, dass der Umbau losgehen könnte, aber wir müssen zurück an die Universität«, bedauert Schwertfirm.

Die drei Studenten erlebten die Auswirkungen eines Erfahrungsimpulses, den Geschäftsführer Bodo Janssen an einer ganz anderen Stelle gesetzt hat. Begonnen hatte die Geschichte einige Jahre zuvor bei einem Hoteldirektor in Emden, Dennis Schweikard. »Ich bin seit 1993 im Unternehmen, und ich weiß, nach welchen Werten die Familie Janssen arbeitet. Sonst wäre ich in den Jahren 2010/2011 wohl nicht geblieben«, erzählt mir Schweikard. »Ich war gerade neu in meiner Rolle als Hoteldirektor und habe mit meinem direkten Vorgesetzen etwas erlebt, was ich so von Upstalsboom nicht kannte.« Bodo Janssen ergänzt: »Ich hatte früher oft den falschen Eindruck, dass Herr Schweikard als Hoteldirektor unproduktiv sei und im Grunde nur Handlungen ausführt.« Zwischen Janssen und Schweikard gab es bis zum Jahr 2011 noch eine weitere Führungsebene. Da Schweikard nicht direkt an Janssen berichtete, konnte der Unternehmenschef auch nicht genau benennen, wo er diese Unproduktivität vermutete. »Ich war damals mit einigen Verhaltensweisen der beiden Menschen in dieser den Hoteldirektoren übergeordneten Führungsebene unzufrieden«, erinnert sich Janssen. »Sie waren fachlich top, doch menschlich passten sie immer weniger zu unserer Kultur. Sie teilten die Vision von glücklichen Menschen nicht – ganz im Gegenteil.« Janssen hatte immer wieder den Dialog mit den beiden ihm direkt unterstellten Bereichsleitern gesucht, doch seinem Wunsch nach mehr Menschlichkeit gegenüber den Hoteldirektoren, denen sie vorgesetzt waren, konnten oder wollten sie nicht entsprechen.

Irgendwann platzte Janssen der Kragen und er setzte beide nach und nach vor die Tür. Seitdem berichten alle zehn Hoteldirektoren direkt an ihn. »Am erstaunlichsten war für mich die Entwicklung von Herrn Schweikard«, erzählt Janssen. »Da lag eine Menge ungenutztes Potenzial brach, da er meiner Meinung nach lange Zeit bewusst klein gehalten wurde.«

»Ich habe während jedes einzelnen Telefonats mit meinem Bereichsleiter gefühlt 500 Gramm abgenommen«, erzählt mir Dennis Schweikard. Er wird immer noch emotional, wenn er an die Zeit zurückdenkt. Schweikard musste jede Entscheidung von seinem direkten Vorgesetzen absegnen lassen – selbst wenn ein neuer Mitarbeiter eine Woche früher beginnen sollte, erzählt er. »Meine Mitarbeiter mussten mich oft aus internen Meetings herausrufen, da mein Chef regelmäßig anrief, mich ans Telefon zitierte und ich ihm Rede und Antwort stehen musste. Ich fühlte mich von oben herab behandelt.«

Erst nachdem Janssen diese Führungsebene ersatzlos aus dem Unternehmen gestrichen hatte, konnte Schweikard frei handeln – so, wie er es von Upstalsboom gewohnt war, und wie er es selbst für sinnvoll hielt. Bodo Janssen ließ dem Hoteldirektor alle Freiheiten, die er brauchte – Hauptsache, die Zahlen stimmten. Schweikard hatte endlich die Möglichkeit, sich selbst in seiner Rolle auszuprobieren. »Die Zufriedenheit der Mitarbeiter in meinem Haus stieg sprunghaft an«, freut sich der Hoteldirektor. Bereits nach wenigen Wochen erhielt ich die ersten positiven Feedbacks. Schriftlich bekam ich das in einer Mitarbeiterumfrage bestätigt. Sogar die Rückmeldungen unserer Kunden bei Portalen wie ›Holidaycheck‹ verbesserten sich. Und letztlich wuchsen auch unsere Umsätze.«

Unternehmen: Upstalsboom Hotel + Freizeit GmbH & Co. KG
Branche: Hotels und Ferienwohnungen
Sitz: Emden (Zentrale)
Gegründet: 1970
Mitarbeiter: 650
Webseite: www.upstalsboom.de
Bemerkenswert: Durch eine sogenannte »Glücksstrategie« konnten innerhalb von drei Jahren sowohl die Mitarbeiterzufriedenheit als auch der Umsatz verdoppelt werden. Im letzten Jahr stieg zudem die Gewinnmarge um 40 Prozent.

Heute ist Schweikard einer von Upstalsbooms vielseitigsten Direktoren. »Es ist ihm gelungen, eine Ertragssteigerung von 30 Prozent zu erwirtschaften, seit er die Rahmenbedingungen hat, die er braucht«, erzählt Janssen. »Vor allem aber ist es ihm gelungen, auch für andere Menschen die Rahmenbedingungen zu schaffen, die sie brauchen, um neue Erfahrungen zu machen und über sich hinauszuwachsen.«

Ein Beispiel für Schweikards erfolgreiche Mitarbeiterführung ist Yvonne Klein. Die Studentin hatte ihre Bachelorarbeit über Upstalsboom geschrieben, und sich später um eine Praktikumsstelle beworben. Anstatt eines Praktikums erhielt sie jedoch ein komplettes Hotel. »Wir hatten das Seehotel auf Borkum geschlossen, da es eigentlich nicht mehr zu unserer Gruppe passte und wirtschaftlich uninteressant geworden war«, erzählt Janssen. »Ich habe Frau Klein angeboten, dieses Hotel wiederzueröffnen und zu leiten.«

Dennis Schweikard übernahm für Yvonne Klein die Rolle eines Paten. Die Studentin verbrachte eine Woche in seinem Emder Hotel, um an der

Seite von Dennis Schweikard die grundlegenden Abläufe bei Upstalsboom kennenzulernen. Dann ging sie nach Borkum. Zwei Wochen später empfing Klein in dem wiedereröffneten Seehotel ihre ersten Gäste.

»Herr Schweikard hat mir nichts vorgeschrieben«, erinnert sich die 29-Jährige an ihren Paten. »Ich habe das früher anders erlebt. Während meines Studiums habe ich in den verschiedensten Hotels gearbeitet. Überall gab es klare Vorschriften und Richtlinien. Wenn ich mal eine Idee eingebracht habe, hieß es oft: ›Das haben wir schon immer so gemacht.‹ Mein Pate, Herr Schweikard, hat mich geradezu eingeladen, Ideen einzubringen. Wenn ich Fragen oder Probleme hatte, rief ich ihn an – anstatt mir Lösungen zu geben, ließ er mich erstmal meine Vorschläge präsentieren. Es gab ein großes Vertrauen zwischen uns.«

Ab Frühjahr 2013 führte die junge Frau ihr »eigenes« Hotel. »Von München nach Borkum war es ein unerwarteter und großer Schritt«, erzählt sie. »Aber mein Freund fand das Angebot auch einmalig. Ich konnte es nur annehmen, auch wenn es für uns eine Fernbeziehung bedeutete. So eine Chance erhält man nicht so oft im Leben.«

Dennis Schweikard hatte sich vorab mit Bodo Janssen zusammengesetzt. Gemeinsam hatten sie überlegt, wie man das Seehotel mit möglichst geringem Aufwand wiedereröffnen könnte. »Früher war es ein Hotel mit Restaurant. Das bedeutete eine Menge Personal«, erinnert sich Janssen. »Wir haben beschlossen, das Angebot auf Übernachtungen und Frühstück zu reduzieren – ein klassisches ›Hotel garni‹ also.« Die Reinigung der 39 Zimmer übernahm ein externer Dienstleister. Das interne Personal bestand aus fünf Mitarbeitern. »Frau Klein besitzt eine Eigenschaft, die ich mir von jedem Mitarbeiter wünschen würde: Sie hat den Mut, sich selbst einzugestehen, was sie kann und was sie nicht kann«, erzählt Bodo Janssen. »Sie empfindet die Unterstützung ihres Paten als Wertschätzung. Das ist keineswegs selbstverständlich: Gerade bei uns in der Hotellerie wird Unterstützung oft als Redelegation empfunden, oder aber als mangelndes Vertrauen in die Leistung des Einzelnen. Auch das ist eine Erfahrung, die viele von uns noch machen müssen: Manches geht nur in der Gemeinschaft.«

Wenn sie sich nicht gerade um Gäste oder um den laufenden Betrieb kümmert, fährt die Studentin auch mal selbst zum Baumarkt: Ein Hausmeister fehlt in dem kleinen Borkumer Hotel. Sie kauft Material, klettert auf das Hoteldach und führt kleinere Ausbesserungen selbst durch. »Sollte es beim Frühstück eng werden, räumt sie die Teller mit ab, oder sie spült in der Küche«, berichtet Schweikard. »Das ist eine Qualität, die man nicht so oft bei Menschen in ihrer Position erlebt.«

Inzwischen hat Yvonne Kleins dritte Saison begonnen. Im Winter hat das Hotel geschlossen. Wenn sie dann nicht daheim in Bayern ihren Urlaub genießt, dann hospitiert sie in der Zentrale oder in anderen Hotels der Upstalsboom-Gruppe, um neue Impulse für ihr Haus auf Borkum zu bekommen. Das Verhältnis zwischen dem Paten und der ehemaligen Studentin hat sich im Laufe der drei Jahren verändert. »Aus der Patenschaft ist ein Team auf Augenhöhe geworden«, erzählt Schweikard. »Es gibt inzwischen Themen, bei denen ich Frau Klein anrufe, um sie nach ihrer Meinung zu fragen. Ich habe sie in den vergangenen Jahren als sehr wissbegierig wahrgenommen. Heute steht sie mit ihrem Hotel vor einem wirtschaftlichen Durchbruch: Sie kann nun expandieren.«

»Ich bin viel gelassener geworden«, reflektiert die junge Hoteldirektorin selbst. »In der ersten Zeit habe ich mich oft verrückt gemacht. Durch die Erfahrung kann ich inzwischen vieles besser einschätzen.«

Nachdem Bodo Janssen eine Saison lang das Wirken der ehemaligen Studentin beobachtet hatte, kam ihm ein neuer Gedanke. Das Hotel hatte in der Saison 2013, dem ersten Jahr unter der Leitung von Yvonne Klein, eine Buchungsrate von 80 Prozent. Das war die beste in der Geschichte des Hauses. Das brachte Janssen auf eine Idee: »Wie wäre es, wenn Frau Klein ihre Erfahrung des Über-sich-hinaus-Wachsens an andere weitergibt?« Janssen rief die Hochschule München, Fakultät für Tourismus an, wo Yvonne Klein studiert hatte, und schlug eine langfristige Kooperation vor. Heute können pro Saison jeweils drei Studenten ihr Pflichtpraktikum auf Borkum verbringen – unter der Leitung von Frau Klein. Im Frühjahr 2014 machten sich Maralen Schießl, Jonas Fröhlich und Thomas Schwertfirm auf den Weg zu der kleinen Nordseeinsel, nordwestlich von Emden. »Eigentlich wären wir gerne schon früher gekommen«, erzählt Thomas Schwertfirm. »Wir hatten im Vorfeld bereits Informationen zu dem Hotel bekommen, und wir hatten uns viele Gedanken gemacht, was wir dort alles anpacken könnten.« Den Frühstücksraum und die Lobby hatte Yvonne Klein bereits in der Saison zuvor umgebaut. Doch immer noch gebe es eine Menge Dinge, die man verändern könnte, hatten sie im Vorfeld erfahren.

»Gleich in meiner ersten Woche meinte Frau Klein, dass ich meine Ideen und auch Veränderungen einbringen kann«, erzählt Maralen Schießl. »Das war vor allem in der ersten Zeit etwas seltsam für mich, da ich so was noch nicht erlebt habe. Schließlich wird man mit Anfang 20 nicht so oft in wichtigere Entscheidungen miteinbezogen.« Die Studierenden erhielten zunächst eine umfangreiche Einführungsphase in die Grundlagen des Hauses, dann durften sie sich in allen Bereichen ausprobieren: Das interne Buchungssystem ist selbst für Computererfahrene eine Herausforderung, und auch einen Tisch in zwei Minuten abzuräumen, will gelernt sein. »Die meisten Fragen lassen sich mit gesundem Menschenverstand lösen«, erzählt Yvonne Klein. Wenn ihre neuen Mitarbeiter einmal nicht weiterwissen, hält die Hoteldirektorin es genauso, wie sie es bei ihrem Paten aus Emden erlebt hat: »Wenn einer der drei mit einem Problem auf mich zukommt, stelle ich die Frage: ›Wie würdest du es denn machen?‹ Daran bin ich damals auch am meisten gewachsen.«

»Die Gäste mussten sich zunächst an die drei Bayern gewöhnen«, erzählt Yvonne Klein.

»Zur Fußball-WM haben wir damals das alte Restaurant ausgeräumt, einen Fernseher reingestellt und in Lederhosen serviert«, erzählt Schwertfirm lachend.

»Inzwischen gefällt vielen unserer Stammgäste die Idee, immer neue Studierende aus München bei uns zu haben«, ergänzt Klein. »Einige rufen sogar schon vorher an und fragen, wer von ihnen wann im Haus ist.«

Schießl, Fröhlich und Schwertfirm hatten schon in München erste Ideen für die Neuausrichtung des Seehotels auf Borkum entwickelt. »Vorher hatte ich Praktika in drei anderen Häusern gemacht«, erzählt Schwertfirm. »Doch das waren meist die üblichen Tätigkeiten. Hier, auf Borkum, haben wir erstmals tiefer reingeschaut.«

Die Münchner verbrachten 20 Prozent ihrer Zeit mit Fragen der strategischen Ausrichtung des Hotels. »Es war uns wichtig, dass die Studierenden eine hohe Eigenverantwortung spüren«, erzählt Janssen. »Sie hatten ursprünglich die Vorgabe, sämtliche Investitionen aus dem Ertrag des Hauses zu finanzieren. Doch ihre Ideen waren so gut, dass wir letztlich eine Bank mit an Bord holten.« Die Räumlichkeiten des ehemaligen Restaurants, so schlugen die Studierenden vor, sollten in einen »Living room« umgebaut werden, der im Sommer als Lounge-Bereich dient und im Winter zu einem Tagungsraum umfunktioniert wird. Denn auch das gehört zum neuen Konzept der drei: Das Seehotel soll nicht nur eine Sommer-, sondern auch eine Wintersaison haben. Bodo Janssen, Yvonne Klein und Dennis Schweikard stimmten dem Ausbau zu. Nachdem die Studierenden die Strategie und den Umbau geplant hatten, bereiteten sie die Finanzierungsdokumente für die Bank vor. Janssen gab den Papieren den nötigen Feinschliff, sodass die Bank dem Borkumer Hotel problemlos einen Kredit über 150 000 Euro als Zuschuss für die Umsetzung der Strategie gewährte.

»Auch wenn wir leider nicht mehr vor Ort sind, um den Umbau zu erleben, so sind wir doch mit unseren Nachfolgern in Kontakt«, erzählt Schwertfirm. »Am liebsten wäre es uns natürlich gewesen, wenn wir selbst den Umbau hätten machen können«, ergänzt er etwas wehmütig. Doch jetzt bereiten sich schon die nächsten drei Studierenden auf ihre Reise nach Borkum vor. »Sie können bei uns Erfahrungen machen, die sie in der freien Wirtschaft nicht so oft erleben würden«, freut sich Janssen. Er ergänzt: »Für uns als Unternehmen hat es sich letztlich auch gelohnt – wir haben zweistellige Umsatz- und Renditesteigerungen erreicht, als wir Menschen die Rahmenbedingungen gaben, in denen sie über sich hinauswachsen konnten.«

Neuroplastizität im erwachsenen Gehirn

Der Personalchef des skandinavischen Energiekonzerns eröffnete den weltweiten Change-Workshop, den ich inhaltlich begleitete, mit den Worten: »Wir sind Teil einer Industrie, die von Beginn an nur gewachsen ist. Erstmals in unserer Geschichte befinden wir uns in einer Krise, die so existenziell ist, dass niemand in unserem Unternehmen vorauszusagen vermag, womit wir in fünf Jahren unser Geld verdienen. Wenn wir unsere Mitbewerber anschauen, entsteht der Eindruck, dass es ihnen ähnlich ergeht.«

Nicht viele Branchen stehen vor so einer ausgeprägt ungewissen Zukunft wie die Energieindustrie. Doch auch in anderen Wirtschaftszweigen erlebe ich Unternehmenslenker und Führungskräfte, die bemerken, dass sie nicht (mehr) alle Antworten geben können. Sie sind immer mehr auf die Kreativität und Lösungsfindungskompetenz ihrer Mannschaft angewiesen. Eckes-Granini Deutschland und Heribert Gathof haben es in Kapitel 3 vorgemacht: Die Strategie wird dort nicht von der Geschäftsleitung, sondern von der Belegschaft erarbeitet. Dieser Trend ist global. Bereits im Jahr 2010 hat der Großteil der weltweit befragten 1 500 CEOs in einer IBM-Studie zugegeben: »Die wirtschaftlichen Rahmenbedingungen sind komplexer als je zuvor, und wir wissen nicht, wie wir diese Komplexität meistern werden. Doch wir wissen, dass wir die Kreativität unserer Mitarbeiter brauchen, um dieser Herausforderung Herr zu werden.«

Wenn Führungskräfte Zugang zu dem kreativen Potenzial ihrer Mitarbeiter möchten, hilft es zu verstehen, weshalb Erfahrungen und Neuroplastizität dabei eine so wichtige Rolle spielen.

1. Erfahrungen und Neuroplastizität erhöhen die Stressresistenz: Ein stärker vernetztes Gehirn verfügt über mehr Möglichkeiten, auf Stress zu reagieren. So haben die Erfahrungen der dm-Theaterworkshops bei den Lernlingen neuronale Verknüpfungen hinterlassen, auf die sie im Alltag wieder zugreifen können. Muss der Lernling sich in der Filiale überwinden, einen Kunden anzusprechen, helfen ihm die neuronalen Netzwerke, die sich ausgebildet haben, als er auf der Bühne vor mehreren Hundert Menschen sprach. Kommt es vielleicht zu Problemen mit einem Kunden, kann der Lernling sein Netzwerk zur Bewältigung von Krisen nutzen, das sich in den Konfliktsituationen mit den anderen Workshop-Lernlingen entwickelt hat. Wenn die ehemaligen englischen Soldaten eine knallharte Deadline von ihrem Chef gesetzt bekommen, greifen sie auf die stressregulierenden Netzwerke zurück, die sie während ihres Kampfeinsatzes entwickelt haben.

Herausfordernde Erfahrungen formen durch Neuroplastizität unser Gehirn. Die Verbindungen zwischen einzelnen Nervenzellen können sich durch die sogenannte synaptische Plastizität erhöhen – dadurch stabilisieren sich bestehende Netzwerke. Durch die kortikale Plastizität hingegen bilden sich komplett neue Netzwerke. In schwierigen Situationen können wir damit auf stabile neuronale Strukturen zurückgreifen. Das hilft einem Mitarbeiter auf zwei Ebenen: Erstens trägt er durch gemeisterte Erfahrungen tatsächlich bereits viele stabile synaptische Verbindungen und hilfreiche neuronale Netzwerke in sich, die ihm bei der Bewältigung von Problemen helfen. Zweitens entwickelt er durch die vielen Erfahrungen einen starken Glauben an die eigenen Fähigkeiten. Selbst wenn er für ein Problem unmittelbar keine Lösung findet, bewertet er es durch den Glauben an sich oftmals als lösbar. Dadurch bleibt sein Gehirn in Stresssituationen gelassener und er kann weiterhin auf seine höheren geistigen Fähigkeiten zugreifen.

2. Erfahrungen und Neuroplastizität erhöhen die Kreativität: Kreative Lösungen und Ideen entstehen, wenn Inhalte auf eine neue, ungewohnte Art und Weise miteinander verknüpft werden. Menschen verbinden in solchen Momenten neuronale Netzwerke miteinander, die bisher keine Verbindung hatten. Allerdings braucht es zuvor Erfahrungen, damit diese Netzwerke überhaupt entstehen können.

Würden Sie sich zutrauen, aus einem DVD-Player, einem Laserdrucker und einer Webcam eine Anti-Moskito-Vorrichtung in Malariagebieten zu bauen? Nun – wenn Sie Erfahrung mit Technik haben und die Grundbausteine der drei Geräte kennen, könnten Sie auf eine Idee kommen, die der ehemalige Computerhacker Pablos Holman mit seinen Freunden vor einigen Jahren hatte. Die Gruppe nutzte das Fotomodul der Kamera, um die Moskitos zu entdecken. Anhand der Flügelschlagfrequenz konnte sie die harmlosen männlichen von den malariaübertragenden weiblichen Moskitos unterscheiden. Der blaue Laser aus dem DVD-Player wird von den hochpräzisen Spiegeln des Laserdruckers auf die Flügel des weiblichen Moskitos ausgerichtet. In einer Zehntelsekunde verdampft der energiereiche blaue Laser die Flügel des Moskitos. Dieser kann keine weiteren Menschen mit Malaria infizieren. Hätte Pablos Holman in einem Unternehmen gearbeitet, in dem er fünf Jahre lang jeden Tag die gleiche Tätigkeit ausführen müsste, hätte er nicht genügend Erfahrungen gemacht und die entsprechenden neuronalen Netzwerke aufgebaut. Doch Holman hat eine abwechslungsreiche Karriere hinter sich, und verknüpfte so eines Tages Gedanken in seinem Kopf, durch die er inzwischen einen vollautomatischen digitalen Moskitojäger vor jedes Krankenhaus in einem malariagefährdeten Gebiet stellen könnte.

Um die Neuroplastizität in Bewegung zu halten und dadurch die Basis für Kreativität zu erschaffen, setzen Unternehmen gezielt auf neue Erfahrungen. Der amerikanische Gemischtwarenkonzern 3M sorgt dafür, dass viele Mitarbeiter alle fünf bis sieben Jahre in einem anderen Unternehmensbereich arbeiten. Der Safthersteller Eckes-Granini Deutschland lässt in sogenannten Enterprise-Gruppen (siehe Kapitel 3) Mitarbeiter aus der Logistik- und IT-Abteilung Probleme der Verkaufskollegen lösen. Die Drogeriemarktkette dm entsendet ihre Lernlinge regelmäßig in neue Filialen, damit sie verschiedenste Arten des Arbeitens kennenlernen. »Ich bin immer wieder überrascht, wie unterschiedlich meine Kollegen in den anderen Filialen Dinge angehen«, erzählt mir ein Lernling im zweiten Lehrjahr, nachdem er in drei Filialen gearbeitet hat. »Es zeigt mir, wie unterschiedlich wir hier arbeiten dürfen.«

Ein kurzes Video von Pablos Holman finden Sie unter fuehren-mit-hirn.de/pablos

3. Erfahrungen und Neuroplastizität erhöhen die Exekutivfunktionen: Legen Sie bitte für einen Moment Ihre Hand auf Ihre Stirn. Hinter der Haut und den Knochen verbirgt sich ein ganz besonderer Teil Ihres Gehirns: der präfrontale Cortex. Wenn es einen Ort in unserem Gehirn gibt, der das Äquivalent des Wortes »Potenzial« aus dem Potenzialkreis darstellt, dann ist es dieser präfrontale Cortex (PFC). Darin sind all die höheren geistigen Fähigkeiten beherbergt, die Sie im Laufe Ihres Lebens bereits entwickelt haben oder noch entfalten werden: vorausschauende Handlungsplanung, Empathie, die Fähigkeit, Wichtiges von Unwichtigem zu unterscheiden, die Impulskontrolle oder auch die Fähigkeit des kreativen Denkens.

Bereits im Jahr 1848 vermuteten Wissenschaftler, dass dieser Teil des Gehirns für so etwas wie die höheren geistigen Fähigkeiten verantwortlich sein muss. Der tragische Protagonist des damaligen Ereignisses war der Urahn des heutzutage bekannten Neurowissenschaftlers Fred Gage: der Bahnarbeiter Phineas Gage. Durch einen unglücklichen Unfall schoss Gage eine Eisenstange durch das linke Auge, durchstieß seinen PFC, trat oben aus dem Kopf wieder aus und flog noch gut zwei Meter weit. Wie durch ein Wunder überlebte Phineas Gage. Doch unmittelbar nachdem seine schweren Fleischwunden verheilt waren, zeigte Gage Wesensveränderungen. Der zuvor umgängliche Zeitgenosse wurde zu einem aufbrausenden Mann, dem es schwerfiel, die eigenen Impulse und Emotionen zu kontrollieren. »Dieser Teil des Gehirns ist der Ort der Moral«, schlossen die Wissenschaftler aus den damaligen Beobachtungen. Ganz falsch lagen sie damit nicht. Mit modernen bildgebenden Verfahren, wie etwa mithilfe funktioneller Magnetresonanztomografen, lässt sich inzwischen sehr präzise zeigen, dass unser PFC genau dann aktiv ist, wenn wir unsere höheren geistigen Fähigkeiten, unsere Exekutivfunktionen, nutzen.

Während ich diese Zeilen schreibe, höre ich im Nebenraum meinen kleinen Sohn glucksen, der vor zehn Tagen zur Welt gekommen ist. Ich spüre den Impuls, zu ihm gehen und ihn auf den Arm zu nehmen. Da ich das heute jedoch schon mehrfach getan habe, kontrolliere ich diesen Impuls und schreibe weiter. Diese Impulskontrolle ermöglicht mir mein PFC. Wenn ich ihn heute Abend ins Bett bringe und er einige Minuten weint, werde ich mir etwas Neues einfallen lassen, um ihn zu beruhigen. Auch dann greife ich auf meinen PFC zurück und nutze seine kreativen Netzwerke. Bevor ich mich morgen früh wieder an meinen Schreibtisch setze, werde ich meiner Frau einen Stilltee kochen, während sie mit unserem Baby im Bett bleibt. Das tue ich, da die für Empathie verantwortlichen Netzwerke meines PFC mich mitfühlen lassen, wie sehr mein Sohn in den letzten Tagen unter Bauchschmerzen gelitten hat. Und die vorausschauende Handlungsplanung meines PFC lässt mich heute schon überlegen, dass ich morgen früh einen Tee zubereiten werde, damit er weniger leiden muss.

Im März erwartet mein Verlag von mir das fertige Manuskript für dieses Buch, und ich habe mir vorgenommen, keine weiteren Aufträge anzunehmen. Ich kenne meine Kunden jedoch gut. Bis dahin werden mich mehrere angerufen haben, weil etwas »sehr Wichtiges« ansteht. Jedes Mal werde ich abwägen und entscheiden müssen, ob ich den Auftrag übernehme, oder ob ich einen Berater meines engeren Netzwerks empfehle, damit ich mich meinem Manuskript und meinem Baby widmen kann. Auch die Abwägung von »wichtig« und »weniger wichtig« findet in meinem PFC statt.

Denken Sie für einen Moment an Ihre Mitarbeiter. Vielleicht gibt es unter ihnen solche, von denen sie sich wünschen, dass sie Wichtiges von Unwichtigem unterscheiden können. Möglicherweise fällt Ihnen auch jemand ein, dem etwas mehr Empathie und Zugewandtheit guttäte. Wünschen Sie sich bei einigen vielleicht mehr Lösungsfokus anstatt einer »Kultur der Schuldzuweisung«? Die Grundlage, auf diese Fähigkeiten zuzugreifen oder noch mehr davon zu entfalten, ist bei jedem Menschen neurobiologisch vorhanden. Die dazu notwendigen Netzwerke können sich jederzeit formen und strukturieren – so wie bei Hoteldirektor Dennis Schweikard, der jungen Hotelleiterin Yvonne Klein, den drei Studenten der Münchner Hochschule oder den Lernlingen der Drogeriemarktkette dm. Unternehmen müssen dafür die Rahmenbedingungen erschaffen, in denen Menschen neue Erfahrungen sammeln, damit das Gehirn sich neu vernetzen kann.

Warum nicht jede Erfahrung zu neuroplastischen Veränderungen führt

Fred Gage, der Nachfahre des Unfallopfers Phineas Gage, dem eine Eisenstange durch seinen PFC schoss, gehört zu den führenden Forschern einer Unterkategorie der Neuroplastizität: der adulten Neurogenese – der Fähigkeit des erwachsenen Gehirns, neue Nervenzellen zu produzieren. Er war Teil einer kleinen Gruppe ausgewählter Wissenschaftler, die den Dalai Lama in seinem indischen Exil in Dharamsala besuchen durften. Im Jahr 2004 lautete das Hauptthema dieser jährlichen Zusammenkunft zwischen Seiner Heiligkeit und der Wissenschaft: Neuroplastizität. Gage hatte bereits im Jahr 1997 eine Studie veröffentlicht, in der er über die Auswirkung sogenannter Enriched Environments auf die Gehirne von Nagetieren berichtete.

Er hatte dazu Mäuse in zwei Gruppen aufgeteilt. Gruppe 1 lebte in einem normalen Versuchstierkäfig ohne jede Ausstattung. Für Gruppe 2 gab es die Enriched Environments: Laufräder, Tunnel, Spielzeuge, genügend Platz für andere Mäuse, und damit viele Möglichkeiten zur sozialen Interaktion. Nach 40 Tagen in diesem Umfeld konnten Gage und seine Kollegen zeigen, dass die Mäuse aus den Käfigen mit mehr Erfahrungsmöglichkeiten eine um 15 Prozent höhere Neurogenese im Hippocampus aufwiesen. So wurde Gage zu einem der führenden Wissenschaftler auf dem Gebiet der Auswirkung von Erfahrungen auf unser Gehirn.

Im Jahr 2004 berichtete er jedoch von einer weiteren Studie, die den Dalai Lama und die anwesenden Mönche aufhorchen ließ. Gage hatte herausgefunden, dass neben den Enriched Environments auch einfachste körperliche Bewegung positiven Einfluss auf die Neubildung von Nervenzellen haben kann. Die Wissenschaftler hatten genetisch identische Mäuse in Käfigen ohne und mit Laufrädern gehalten. Eine aktive Maus legt an einem Tag – oder oft auch in der Nacht – problemlos mehrere Kilometer auf ihrem Laufrad zurück. Die aktiven Mäuse zeigten nach kurzer Zeit eine gesteigerte Neubildung von Nervenzellen im Vergleich zu den Mäusen ohne Laufrad. Ein kleines Zusatzexperiment interessierte die buddhistischen Zuhörer besonders: Die Forscher hatten bei einigen der aktiven Mäuse durch eine technische Vorrichtung verhindert, dass die Tiere aus dem Laufrad aussteigen können: Sie mussten immer weiterrennen. Als Gage die Gehirne der freiwilligen und der unfreiwilligen Läufer verglich, stellte er fest: Die Mäuse, die laufen mussten, hatten keinen Zuwachs an Hirnmasse. Die Neurogenese blieb aus, wenn die Tätigkeit unfreiwillig war. Hingegen hatten die Tiere, die sich freiwillig bewegten, nicht nur messbar mehr Hirnzellen produziert, sie waren auch klüger. Bei einem anschließenden Lerntest erreichten die freiwilligen Läufer bessere Ergebnisse als ihre Artgenossen, die zu ihrer Erfahrung gezwungen wurden.

Die Erkenntnis dieses Experiments: Erfahrungen führen im Gehirn nur zu Veränderungen, wenn sie freiwillig gemacht werden. Unfreiwillige Erfahrungen lösen Stress aus und verhindern oft eine Neustrukturierung des Gehirns!

Inzwischen weiß man, dass der Einfluss von Stress auf unsere Gehirne noch schlimmer ist als 2004 vermutet: Wenn Menschen über einen zu langen Zeitraum unfreiwillige Handlungen durchführen und starkem Stress ausgesetzt sind, kann es zu einer besonderen, beängstigenden Form der Neuroplastizität kommen: einer Dekonstruktion. Manche neuronale Netzwerke beginnen sich dann aufzulösen. So zersetzen sich beispielsweise einige Bereiche des Hippocampus – des »Bibliothekars« unseres Gehirns. Wenn diese Netzwerke beginnen zu schrumpfen, hat das unangenehme Folgen: Der »Bibliothekar« kann Informationen nur noch schlecht ablegen und abrufen. Der betroffene Mensch spürt das, indem sich seine Lernfähigkeit reduziert und auch das Erinnerungsvermögen beeinträchtigt ist. Man spricht dann von einer stressbedingten Vergesslichkeit.

Menschen brauchen kontrollierbare Stresserfahrungen

Es gibt kaum ein Wort im beruflichen und privaten Umfeld, das für die Beschreibung des persönlichen Wohlbefindens so oft verwendet wird, wie der Begriff »Stress«. Die Bundesregierung hat sogar einen Stressreport veröffentlicht, mit dem sie die Bürger darüber informiert, wie es um uns und unseren Stress steht. Versicherungen rechnen zudem regelmäßig hoch, wie viele Milliarden Euro an Kosten jedes Jahr durch stressbedingte Arbeitsausfälle entstehen.

All das stimmt. Und zugleich brauchen wir Stress. Ähnlich wie im Falle von Medizin entscheidet die Dosis, ob Stress uns guttut oder schädigt. Wir sind ständig kleinen und großen Stressoren, also stressverursachenden Reizen ausgesetzt: das am Morgen nicht startende Auto; die Frau, die gerade »noch etwas Schminke« auftragen will, obwohl Sie seit zehn Minuten loswollen; der Mann, der das Essen nicht zurück in den Kühlschrank geräumt hat; der Stau auf dem Weg zur Arbeit; der medizinische Befund vom Hausarzt; aber auch die Beförderung; die lange erhoffte Projektverantwortung oder die Geschäftsreise nach Asien.

Jeder dieser Stressoren führt in Ihrem Gehirn zu einer Aktivierung Ihres zentralen noradrenergen Systems – einem Netzwerk neuronaler Strukturen, das für die Herstellung, Speicherung und Ausschüttung von Noradrenalin verantwortlich ist. Wenn der Stressor zudem etwas ist, worüber wir uns freuen, schüttet unser Gehirn zusätzlich zum Noradrenalin auch noch Dopamin aus. Wenn Sie beispielsweise einem Mitarbeiter ein sehr wichtiges Projekt übertragen, das er schon lange übernehmen wollte, werden in ihm das noradrenerge und das dopaminerge System aktiv: Er freut sich und spürt die große Verantwortung. Klopft bei einem anderen Mitarbeiter dagegen die interne Revisionsabteilung an und möchte innerhalb von Wochenfrist Unterlagen aus dem vorletzten Geschäftsjahr geliefert haben, aktiviert sich das noradrenerge System – das dopaminerge bleibt mutmaßlich aus. Sie haben also zwei Mitarbeiter mit zwei Stressoren. Einer der Stressoren ist eher angenehm: die gewünschte Projektverantwortung. Der andere eher unangenehm: die Revisoren machen Druck.

Lassen Sie uns die Möglichkeiten betrachten, die für das Gehirn zu einer guten neuroplastischen Lösung führen. Vorweg: Nicht alle für das

Hirn akzeptable Lösungen sind auch für das soziale Umfeld optimal. Doch dazu gleich mehr …

Ihr Mitarbeiter, der mit der Revisionsanfrage zu kämpfen hat, könnte sich mit dem internen Revisor zu einem Mittagessen verabreden, die Beziehung zu ihm stärken und in dieser ungezwungeneren Atmosphäre darüber sprechen, welche der angeforderten Unterlagen tatsächlich relevant sind, und ob die genannte Deadline etwas nach hinten verschoben werden könnte. Sollte ihm diese Strategie gelingen, reduziert sich in seinem Gehirn die unspezifische noradrenerge Erregung und wird dazu genutzt, die neuronalen Netzwerke zu stabilisieren, die er zur Lösung des Problems genutzt hat. Bei der nächsten Anfrage aus der Revisions- oder Compliance-Abteilung erinnert er sich: Mit den Menschen persönlich zu sprechen, hilft, das Problem zu lösen.

Sozial unverträglicher, jedoch hirntechnisch genauso wirksam wäre folgende Alternative: Ihr Mitarbeiter ruft den Kollegen aus der Revisionsabteilung an, beschimpft ihn am Telefon, dass er ihm die Zeit stehlen würde: »Ich bin hier, um Geld zu verdienen und nicht, um euch Erbsenzählern zuzuarbeiten!« Dann eskaliert die Situation: Der Chef der Revision ruft Sie an, um sich über Ihren Mitarbeiter zu beschweren. Sie stellen Ihren Mitarbeiter zur Rede. Dieser jammert, dass er aufgrund der hohen Arbeitsbelastung einfach keine Zeit für diesen administrativen Mehraufwand habe. Sie entscheiden sich, ihn zu entlasten und delegieren die Arbeit für die Revisionsabteilung an einen anderen Mitarbeiter. Im Gehirn Ihres Mitarbeiters sinkt daraufhin die unspezifische noradrenerge Erregung, und stabilisiert die Netzwerke, die zur Lösung des Problems beigetragen haben. In einer ähnlichen zukünftigen Situation aktiviert Ihr Mitarbeiter sie wieder: Erst schreien und dann jammern. Hirntechnisch funktioniert das wunderbar, um den eigenen Stress zu reduzieren. Wenn Sie als Chef dann jedes Mal mitspielen, braucht Ihr Mitarbeiter gar nicht erst nach einer anderen Lösung zu suchen: Auf einer neuronalen Ebene ist es für ihn ohnehin energiesparender, die existierenden Netzwerke zu nutzen, anstatt neue Netzwerke auszubilden.

Wenn wir einem Stressor ausgesetzt sind und eine Lösung für ihn finden, erleben wir eine kontrollierbare Stressreaktion. Wenn wir das Problem gemeistert haben, schüttet unser Gehirn Botenstoffe aus, die die neuronalen Netzwerke stabilisieren, die zur Lösung des Problems verwendet worden sind. Das ist ein idealer Ablauf eines neuroplastischen Prozesses.

Der Vollständigkeit halber sollten wir uns jedoch auch die zweite Möglichkeit ansehen: die unkontrollierbare Stressreaktion. Ob eine Stressreaktion kontrollierbar oder unkontrollierbar ist, hängt immer davon ab, wie die Person, die den Stress erlebt, damit umgeht (siehe Kapitel 3: Drei Wege zu mehr Stressresistenz).

Bleiben wir bei dem Mitarbeiter, dem Sie das langersehnte Projekt übergeben haben. Seine Erstreaktion aktiviert die noradrenergen und dopaminergen Systeme – Letzteres, da er sich freut und das Projekt für ihn bedeutungsvoll ist. Gerade das dopaminerge System verleiht ihm das Durchhaltevermögen und die Motivation, die kommenden Wochen Tag und Nacht an dem Projekt zu arbeiten, denn bereits nach einem Monat soll der erste Zwischenbericht an den Vorstand gesendet werden. Die Tag- und Nachtarbeit fordert nach einiger Zeit ihren Tribut: Die Motivation durch das Dopamin ist stark, doch die höheren geistigen Leistungen seines PFC sind ohne die wichtigen Ruhephasen bei weitem nicht mehr so hoch, wie sie sein könnten. Ihr Mitarbeiter beginnt, sich in Details des Projekts zu verlieren, die im Moment wenig relevant sind. Sein PFC kann durch die Übermüdung nicht mehr zuverlässig zwischen wichtig und unwichtig differenzieren. Ihr Mitarbeiter registriert, dass er hinter dem Zeitplan liegt: Die anfangs hilfreiche unspezifische noradrenerge Erregung wird nun zu einer Übererregung. Dadurch fallen einige der jüngeren präfrontalen Netzwerke aus. Nun übernehmen ältere, stabilere Netzwerke des PFC, die Ihr Mitarbeiter im Alter von zehn, sieben oder fünf Jahren entwickelt hat. Er ist nicht mehr die beste und »erwachsenste« Version seiner selbst. Ihr Mitarbeiter bemerkt, dass ihm das Projekt entgleitet. Doch anstatt zu schlafen, um seine Energiereserven wieder aufzufüllen, schaltet er einen Gang hoch und arbeitet noch mehr. Ohne neue Energiereserven kann der PFC die wachsende Angst vor der nahenden Deadline und dem möglichen Versagen nicht mehr kontrollieren. Der zweite Weg der Stressresistenz, die darin besteht, Hilfe von außen zu holen, kommt Ihrem Mitarbeiter nicht mehr in den Sinn. Aus der kontrollierbaren ist inzwischen eine unkontrollierbare Stressreaktion geworden. Der Hypothalamus hat über die Hypophyse die Nebennieren aktiviert, und diese haben mit der

Produktion des Stresscocktails von Adrenalin und Cortisol begonnen. Der Körper Ihres Mitarbeiters reagiert mit schnellerem Herzschlag und einer Veränderung des Verdauungssystems. Er befindet sich biologisch im Alarmzustand. Sein Hippocampus, der »Bibliothekar« des Gehirns, wird von dem Stresscocktail aus den Nebennieren attackiert. Geschieht das über einen langen Zeitraum, beginnt der Hippocampus seine Verbindungen zu den anderen Hirnteilen zurückzuziehen. Dass der »Bibliothekar« des Kopfes nicht mehr in der Lage ist, Informationen abzulegen oder abzurufen, ist eine beunruhigende Vorstellung. Ihr Mitarbeiter ist nun merklich überfordert.

Erfahrungen brauchen das rechte Maß: Sind sie nicht fordernd genug, gönnt sich Ihr noradrenerges System gerade mal ein müdes Lächeln, und bleibt inaktiv: Das Gehirn ist weit von einer neuroplastischen Erfahrung entfernt. Ist die Erfahrung dagegen zu fordernd, und es gelingt Ihrem Mitarbeiter nicht, an sich, an Hilfe von anderen oder an ein »Es wird schon gut werden« zu glauben, führt die Übererregung in seinem Kopf zu einer vorübergehenden Unterfunktion seines PFC. Er rutscht in einen neuronalen Alarmmodus und – wenn dieser Zustand über einen zu langen Zeitraum anhält – in eine Symptomatik, die man Burnout nennt.

Essenz für Eilige
Erfahrungen – Menschen wachsen, wenn sie gefordert sind

- Erfahrungen formen neuronale Netzwerke und damit die inneren Bilder von Menschen. Positive innere Bilder beeinflussen die Entfaltung des in ihnen liegenden Potenzials. Menschen können über sich hinauswachsen.
- »Wir haben zweistellige Umsatz- und Renditesteigerungen erreicht, nachdem wir Rahmenbedingungen geschaffen hatten, durch die unsere Mitarbeiter über sich hinauswachsen konnten«, erzählt Upstalsboom-Geschäftsführer Bodo Janssen.
- Erfahrungen müssen freiwillig gemacht werden. Sobald Menschen unter Zwang agieren, finden nur geringe Neustrukturierungen der neuronalen Netzwerke, geringes Lernen und kaum persönliches Wachstum

statt. Schlimmstenfalls werden neuronale Netzwerke durch den erlebten Stress zerstört.

- Bei der Drogeriemarktkette dm nehmen alle Lernenden an achttägigen Theaterworkshops teil. Dort machen sie Erfahrungen, die weit über den Arbeitsalltag hinausgehen, um dadurch später gegenüber den Kunden selbstbewusster auftreten zu können. »Manche von uns sind schon extrem über sich hinausgewachsen«, erzählt Lernling Felix Woller.

- Wenn Menschen regelmäßig Aufgaben meistern, steigert das den Glauben an die eigene Lösungskompetenz und erhöht ihre Resilienz.

- Es braucht das rechte Maß an Erfahrungen: Sind Herausforderungen zu wenig fordernd, findet keine Neuroplastizität statt. Fühlt sich der Mensch langfristig überfordert, wird neuronal eine sogenannte unkontrollierbare Stressreaktion ausgelöst und der Zugriff auf die eigenen höheren geistigen Leistungen sinkt.

Kapitel 6

Sinnhaftigkeit – Menschen erhalten Zugriff auf ihre Ressourcen

»Ich verkaufe nicht nur unser Brot, sondern den ganzen Geist unseres Unternehmens.«

Sabine Jansen, Verkaufsleiterin, Märkisches Landbrot

Am 27. September 1973 um 22:45 Uhr klingelte das Telefon bei Siegfried Steiger. Der Anruf kam aus Bonn. Am anderen Ende der Leitung sprach Prof. Dr. Horst Ehmke, Bundesminister für Post und Fernmeldewesen. »Ich sitze gerade noch beim Bundeskanzler. Wir hatten die Sitzung mit den Ministerpräsidenten. Es wird Sie freuen zu hören, dass wir den Notruf beschlossen haben – Ihr Dickschädel hat sich durchgesetzt!«

Endlich war die langersehnte und hart erkämpfte Entscheidung getroffen. Siegfried Steiger hatte gemeinsam mit seiner Frau Ute über Jahre hinweg viele Politiker auf Bundes- und Länderebene auf Trab gehalten. Schließlich gelang es dem Architektenehepaar, einen politischen Entschluss zu erwirken, der die Chance auf Überleben und körperliche Unversehrtheit für alle Bürger deutlich steigern würde: eine einheitliche Notrufnummer für die gesamte Bundesrepublik. Was heutzutage ganz normal erscheint, war damals viele Jahre nicht möglich, da es auf politischer Ebene als »nicht finanzierbar« galt: Im Jahr 1973 gab es gerade mal in 150 von über 3 700 Ortsnetzen eine einheitliche Notrufnummer. Wohnte man außerhalb dieser 150 Netze – meist waren die größeren Städte besser versorgt – und wollte einen Notruf absetzen, musste man zuerst im Telefonbuch nach der Nummer des nächstgelegenen Krankenhauses oder einer Polizeistation suchen. Jedes Mal verloren Menschen wertvolle Zeit, die über Leben und Tod entscheiden konnte. Ute Steiger hatte bereits eigenhändig über 6 000 Briefe auf ihrer Schreibmaschine an die politisch Verantwortlichen verfasst. Für den Regierungsbezirk

Nord-Württemberg war es dem Ehepaar gemeinsam mit Lokalpolitikern gelungen, die Finanzierung zu stemmen und die Notrufnummern 110 und 112 einzuführen – damit widerlegten sie das Argument der fehlenden Finanzierbarkeit. Im übrigen Deutschland aber stellten sich Politiker immer noch quer. Nachdem sich Landes- und Bundespolitiker immer wieder gegenseitig die Verantwortung zugeschoben hatten und sich weiterhin weigerten, die lebensrettende Entscheidung zu treffen, verklagte Siegfried Steiger kurzerhand stellvertretend für den Rest der Republik das Land Baden-Württemberg.

Dr. Siegfried Kasper, der verantwortliche Richter am Verwaltungsgericht Stuttgart, war dazu gezwungen, die Klage aus formaljuristischen Gründen abzuweisen, auch wenn er persönlich gerne anders entschieden hätte. Jahrzehnte später erinnert er sich: »Als junger Richter war ich der Meinung, dass das Thema wichtig ist. Deswegen habe ich damals eine mündliche Verhandlung durchgeführt, zu der ich erstmals die Presse eingeladen habe.« Kasper hatte vor seiner offiziellen richterlichen Entscheidung, in der er die Klage abwies, ein langes Plädoyer für die Notwendigkeit der Notrufnummer gehalten – für die anwesenden Journalisten ein gefundenes Fressen. »Der dadurch entstandene Medienrummel führte dazu, dass letztlich die 110 eingeführt wurde«, erzählt Kasper. Die Politik konnte sich schließlich dem öffentlichen Druck nicht mehr lange widersetzen: Sechs Monate nach dem Gerichtsprozess war der politische Entschluss getroffen. »Er hat uns zwar sehr genervt, aber genau damit hatte er Erfolg«, erinnert sich Minister A. D. Horst Ehmke. Der lange, steinige Weg hatte sich gelohnt.

Was hatte das Ehepaar Steiger dazu bewogen, sich mit Politikern sämtlicher Couleur anzulegen, um ihr Anliegen durchzusetzen? Friedrich Nietzsche erklärt es mit den Worten: »Hat man sein Warum des Lebens, so verträgt man sich fast mit jedem Wie.« Das »Warum« hatten die Steigers auf tragische Weise gefunden, als ihr Sohn Björn eine Woche vor seinem neunten Geburtstag auf dem Heimweg von einem Auto erfasst wurde. Wäre das Rettungssystem im Jahr 1969 bereits besser gewesen, hätte Björn Steiger überlebt. Die eigentliche Verletzung war nicht lebensbedrohlich. Da jedoch erst nach knapp einer Stunde der Krankenwagen eintraf, verstarb Björn an dem erlittenen Schock. »Er hätte nur etwas Sauerstoff gebraucht, um zu überleben«, erinnert sich sein Vater.

Stellen Sie sich vor, Sie würden im Jahr 1970 verunfallen. Wenn Sie auf einer Landstraße wären, müssten Sie warten, bis ein anderer Autofahrer vorbeikäme. Dieser würde in den nächsten Ort fahren, um dort per Telefon einen Krankenwagen zu rufen. Er bräuchte genügend Kleingeld für die Telefonzelle, denn er müsste – nachdem er im Telefonbuch die passenden Nummern gefunden hätte – mehrere Krankenhäuser anrufen. Nur wenige Kliniken verfügten über passende Transportfahrzeuge. Das, was dann geschähe, nannte man damals »Rückspiegelrettung«: Ein einzelner Fahrer, der wahrscheinlich nur eine klassische Erste-Hilfe-Ausbildung absolviert hat, würde zum Unfallort gefahren kommen, Sie auf eine Trage verfrachten und dann in ein Krankenhaus bringen. Während der Fahrt würde er Sie und Ihren Zustand im Rückspiegel beobachten.

»Wir wussten – genauso wie die meisten anderen Menschen, die wir fragten – damals nicht, dass es in Deutschland keinen Rettungsdienst gab«, erzählt Siegfried Steiger. »Erst am Tag nach dem Unfall haben wir davon erfahren, und waren uns sofort einig: Wir müssen etwas tun.« Das Ehepaar gründete die Björn Steiger Stiftung und revolutionierte das deutsche Rettungssystem. »Sie müssen sich vorstellen, dass es damals nicht einmal Funkgeräte in den Krankenwagen gab«, erzählt er. »Eines unserer ersten Anliegen war es, das zu ändern. Wir sammelten bundesweit Altpapier, um mit den Verkaufserlösen Funkgeräte finanzieren zu können. So ein Gerät hat damals 7 500 DM gekostet.« Die Björn Steiger Stiftung setzte nicht nur einheitliche Notfallnummern und Krankenwagen mit Funkgeräten durch, sie sammelte auch genügend Geld, um den ersten Notarztwagen der Republik zu finanzieren. »Wir wollten damals per *Bild-Zeitung* diesen Notarztwagen verschenken«, erinnert sich Steiger. »Die einzige Bedingung, die wir hatten: Er muss rund um die Uhr besetzt werden. Nicht eine einzige Gemeinde im ganzen Land hat sich gemeldet.« Schließlich schlossen sich eine Handvoll Stuttgarter Krankenhäuser zusammen. Jedes verpflichtete sich, an einem anderen Tag des Monats einen Arzt für den Wagen zu stellen.

Die Björn Steiger Stiftung kaufte schließlich auch den ersten Rettungshubschrauber des Landes, und trug durch finanzielle Unterstützung und zahlreiche politische Kampagnen dazu bei, dass Deutschland heute als eines der notfallmedizinisch am besten abgesichertsten Länder der Welt gilt. Dass andere Menschen nicht dasselbe Schicksal erleiden sollten wie sie, wurde zur sinngebenden treibenden Kraft für das Ehepaar. Diese Kraft ist so groß, dass die beiden seit über 40 Jahren für die Sicherheit anderer Menschen kämpfen.

Wenn Menschen Sinnhaftigkeit erleben, ertragen sie herausfordernde Umstände leichter. Auch im Alltag erhöht erlebte Sinnhaftigkeit den Zugang zu eigenen Ressourcen, und sie ist ein Ansporn zur Leistungssteigerung, wie uns der Verhaltensökonom Dan Ariely und der Psychologieprofessor Adam Grant mit ihren Forschungen im Anschluss beweisen werden. Besonders im Arbeitsumfeld erhält die Suche nach Sinn einen immer größeren Stellenwert. Ein fortschreitender Bewusstseinswandel, ein neues Wertesystem der Generation Y und sinkende existenzielle Bedrohungen mögen die Triebfedern dafür sein.

Vor 150 Jahren war für viele Menschen das (Arbeits-)Leben bedeutend härter. Zugleich erlebten sie eine Symbiose von Arbeit und gesellschaftlichem Umfeld, wie es in der westlichen Welt heute kaum noch existiert: In der damaligen Gemeinschaft war es für den Bäcker und den Müller die alltägliche Erfahrung, dass sich die Menschen ihres Dorfes von dem ernähren, was sie produzieren. Der Zimmermann konnte beim Spaziergang durch die Gemeinde das Ergebnis seiner Arbeit sehen, und der Schneider erfreute sich an der von ihm erschaffenen Kleidung, die seine Mitbürger trugen. Mit dem Beginn der Industrialisierung wandelte sich dieses funktionierende Konzept. Arbeitete ein Mensch in einer Fabrik, kam das Ergebnis seiner Arbeit nicht mehr unmittelbar dem eigenen sozialen Umfeld zugute. Ein ursprünglich wichtiger Aspekt von Arbeit, der darin bestand, zur eigenen Lebensgemeinschaft etwas beizutragen, verschwand damit zunehmend.

Dabei ist das »Beisteuern« und »anderen Menschen etwas geben« eine Qualität des Menschseins, die uns tief befriedigt. Lara Aknin von der Universität von British Columbia in Kanada hat in einer im Jahr 2012 veröffentlichten Studie bewiesen, dass dieses Verhalten bereits bei zweijährigen Kleinkindern zu einem Zuwachs persönlicher Zufriedenheit führt. Gut ausgebildete Versuchsassistenten beobachteten während eines Experiments die Gesichtsausdrücke der Kinder und konnten ableiten, wie glücklich die Kleinen waren. Erhielten die Kinder Süßigkeiten, freuten sie sich. Konnten sie jedoch einen Teil ihrer Süßigkeiten an einen Stoffaffen verschenken, war ihr beobachtbares Glück deutlich größer. Ähnliche Experimente mit Erwachsenen führten zu vergleichbaren Ergebnissen. Lara Aknin befragte mit ihrer Kollegin Elisabeth Dunn Menschen nach ihrem persönlichen Glücksempfinden. Die Befragten konnten ihre Antworten in einem Skalensystem angeben, sodass sich Veränderungen leichter messen ließen. Im Anschluss gaben die beiden Forscherinnen jedem Befragten einen Umschlag mit einer kleinen Summe Geld. Die eine Hälfte der Geldempfänger sollte den Betrag für sich ausgeben. Die andere Hälfte wurde gebeten, das Geld für andere Menschen auszugeben und ihnen etwas Gutes zu tun. Die Wissenschaftler interviewten am Abend alle Teilnehmer telefonisch. Diejenigen, die das Geld für andere Menschen ausgegeben hatten, berichteten auf der Glücksskala von einem deutlich höheren Zuwachs als die Teilnehmer, die das Geld für sich selbst ausgegeben hatten.

Märkisches Landbrot | Backen mit Brüderlichkeit

Neuköllns Bürgermeister Heinz Buschkowsky hatte dem Geschäftsführer von Märkisches Landbrot, Joachim Weckmann, das Bundesverdienstkreuz verliehen und das Unternehmen teilweise mit öffentlichen Geldern unterstützt. Ich bat Heinz Buschkowsky, mir in ein paar Zeilen zu erklären, weshalb ihm Märkisches Landbrot so sehr am Herzen lag. Die Länge seiner Antwort überraschte – Buschkowsky hatte eigentlich jede Menge anderer Dinge zu tun, denn er hatte wenige Tage zuvor seinen Rücktritt aus der Politik bekannt gegeben:

Spricht man über das Unternehmen Märkisches Landbrot, so kann man dies nicht losgelöst von ihrem Spiritus Rector, dem überaus sympathischen und charismatischen Joachim Weckmann tun. Er verkörpert die Bio-Philosophie auch in seiner Person authentischer als jeder Werbespot mit blühenden Feldern. Man glaubt ihm blind, dass es die Qualität steigere, wenn das regionale Getreide auf Steinmühlen frisch vermahlen wird und das Wasser aus eigenem Brunnen kommt. »Brot ist ein Prozess und kein fertiges Produkt«, so beginnt stets seine Erklärung für Besuchergruppen, was beim Märkischen Landbrot anders ist. Wenn man dann noch den Enthusiasmus spürt, mit dem er selbstverständlich den Nachweis führt, dass die bei der Herstellung des Teiges angewendete Wasserenergetisierung nach der Feng-Shui-Lehre eben zu einem anderen Ergebnis führt, als die inzwischen übliche Aufblastechnik der sogenannten Frischbackstuben, dann weiß man Qualität vom tiefgefrorenen Teigling aus Indonesien zu unterscheiden. Zu den Billig-»Bäckereien« findet er klare Worte: »Wenn die Menschen wüssten, was sie da in ihren Körper hinein tun, dann wäre das von einem Tag auf den anderen das Ende dieser Branche.« Sicher, seine Brote kosten ein paar Cent mehr. Dafür schmecken sie besser und die Menschen leben etwas gesünder, schmunzelt er vor sich hin. Übrigens, mein Geheimtipp lautet Möhre-Walnuss. Da müssen Sie fast nix mehr drauf tun.

Selbstverständlich bei einem Mann wie Joachim Weckmann ist, dass er längst das Bundesverdienstkreuz hat und dass es keine soziale Veranstaltung in seinem Bezirk gibt, der er eine angefragte Unterstützung verweigert hat. Er ist schon ein toller Typ.

Bereits im Jahr 2007 hatte Heinz Buschkowsky öffentlichkeitswirksam Geld investiert, damit die Biobäckerei ihr vorbildliches Wirken besser öffentlich bekannt machen konnte. Mit dem damaligen Zuschuss von 8 000 Euro baute das Unternehmen ein kleines Besucherzentrum auf, um Führungen durch den Betrieb anzubieten. »Inzwischen zählen wir knapp 8 000 Besucher pro Jahr«, erzählt mir Jürgen Baumann, der diese Menschen durch den 50-Mann-Betrieb führt. »Zu den Gästen gehören Kitas, die sich mit gesunder Ernährung beschäftigen; Schüler, deren Lehrer im Bioladen kaufen und das Wissen gesunder Ernährung hautnah vermitteln möchten; bis hin zu Unternehmensvertretern, die genauer wissen wollen, wie wir hier miteinander arbeiten. Wir spüren einen gesellschaftlichen Wandel, weil insbesondere die Besuchergruppe der jungen Erwachsenen stark wächst. Dass auch immer mehr Unternehmen zu den Führungen kommen, zeugt von einem wachsenden Bewusstsein für anderes Wirtschaften.« Betriebsrat Patrick Hannemann erzählt: »Wenn man am Ende so einer Führung der Gruppe nochmal begegnet, ist das schon ein schönes Gefühl. Denn man sieht nie ein unzufriedenes Gesicht. Besonders aufregend war der Besuch des japanischen Staatsfernsehens.« Manchmal übernimmt Betriebsleiterin Katja Pampel auch die Führungen. Sie ist die Spezialistin für den »Carbon-Footprint«-Rechner, den man auf der

Webseite des Unternehmens findet, und mit dem jeder Kunde selbst ausrechnen kann, welches Brot welchen CO_2-Verbrauch hat. Die Ergebnisse unterscheiden sich von Jahr zu Jahr, beispielsweise wegen schwankender Erntemengen oder nassen Jahren, in denen das Getreide nach der Ernte getrocknet werden muss. »Ich bin stolz, dass wir von vielen Menschen und Besuchern als nachhaltig wirtschaftendes Unternehmen wahrgenommen werden«, erzählt sie mir.

Unternehmen: Märkisches Landbrot GmbH
Branche: Biobäckerei
Sitz: Berlin
Gegründet: 1930
Mitarbeiter: 49
Webseite: www.landbrot.de
Bemerkenswert: Das Unternehmen engagiert sich für höchste soziale und ökologische Standards. Übersteigt der Unternehmensgewinn eine festgelegte Quote, wird das Geld verwendet, um Mitarbeiterlöhne zu erhöhen, Produktpreise niedrig zu halten oder Lieferanten noch besser zu entlohnen.

Geschäftsführer Joachim Weckmann ergänzt: »Für uns ist das eine Form von Achtung, dass so viele Menschen sehen wollen, was wir hier tun. Es ist eine Wertschätzung für das, wofür wir uns seit Jahrzehnten einsetzen.« Viele der Mitarbeiter sind es inzwischen gewohnt, dass ihnen während der Arbeit neugierige Blicke über die Schulter geworfen werden. »Wenn nicht gerade Hochbetrieb ist, freuen sich die Kollegen oft, Fragen beantworten zu können«, erzählt Jürgen Baumann.

Das Firmenmotto »Es gibt immer einen Anfang für das Bessere« prägt seit drei Jahrzehnten nicht nur die mehrfach prämierten Brote der Biobäckerei, sondern auch ihr Wirken auf der menschlichen Ebene – sowohl nach innen als auch nach außen. Es ist einige Jahre her, dass einer der Müller, ein Zulieferbetrieb von Märkisches Landbrot, kurz vor der Insolvenz stand. Er hatte seinen Firmenstandort in einer strukturell schwachen Region. Weckmann überwies ihm die Summe, die er brauchte, um seine Außenstände zu zahlen, und stellte ihn kurzerhand bei sich ein. »Wir können natürlich nicht ständig Kredite vergeben – wir hatten ja selbst bis vor kurzem noch eine größere Summe bei der GLS-Bank abzuzahlen«, erzählt Weckmann. Trotzdem vergibt er ein weiteres Darlehen an einen Mitbewerber – einen Biobäcker aus Berlin – der für eine Übergangsfinanzierung von den Banken im Stich gelassen wurde. »Brüderlichkeit ist für mich ein wichtiger Teil der Haltung, der wir uns als Demeter-Betrieb verpflichtet fühlen«, begründet Weckmann die Entscheidungen inbrünstig. »Schließlich habe ich auch schon viele Situationen in meinem Leben durchgestanden, in denen Menschen an mich geglaubt und mir geholfen haben.«

Der Sauerländer Weckmann kam 1976 nach Westberlin. Das abgeschlossene Wirtschaftsstudium in der Tasche, war er sehr durch die 68er geprägt. »Ich habe wie viele Menschen damals in meinem Umfeld einfach Essen gekocht und es verkauft«, erinnert er sich an die erste Zeit in der Stadt, die damals noch von der DDR umgeben war. Gemeinsam mit einigen Gleichgesinnten gründete er ein Bäckerkollektiv – zum Sozialistischen empfand er schon immer eine große Nähe – und wurde zum Mitgründer der ersten Berliner Biobäckerei. Er wechselte in ein weiteres Kollektiv, von dem er sich jedoch kurz darauf wieder trennte. »1981 bin ich raus, weil das KaDeWe nicht beliefert werden sollte. ›Gutes Brot dient jedem Menschen – egal wo er es kauft‹ war meine Haltung dazu. Doch die anderen Mitglieder des Kollektivs sahen das anders.« Ich ahne, was er meint, frage jedoch explizit nach: »Was wäre daran so schlimm gewesen, das KaDeWe zu beliefern?« Inzwischen sind schon über 30 Jahre vergangen, doch wie aus der Pistole geschossen erwidert Weckmann: »Großkapital. Das war der Klassenfeind.« Dann muss er über sich selbst lachen. Seine klaren Wertvorstellungen hat er bis heute behalten. Bei einem unserer Gespräche Anfang Januar 2015 ermuntert mich der 62-Jährige mit Rauschebart: »Sie kommen doch am Samstag auch zur Demo gegen Gentechnik und TTIP, oder?«

Nachdem er sich 1981 von seinem alten Kollektiv getrennt hatte, weil es dem »Klassenfeind« kein Brot liefern wollte, stellte er sich auf eigene Beine. Mithilfe eines Kredits kaufte er die seit 1930 in Neukölln ansässige Bäckerei »Märkisches Landbrot« auf, und übernahm die beiden verbliebenen Mitarbeiter. »Ich war hochpolitisch gesinnt«, erinnert sich Weckmann. »Mit dem eigenen Unternehmen konnte ich konsequent meine

Haltung ausleben und Produkte auf eine Art herstellen, die zu diesen Werten passt: Solidarität und Nachhaltigkeit.«

Weckmann gestaltete nicht nur die eigene Bäckerei nach seinen Wertvorstellungen, sondern versammelte zahlreiche gleichgesinnte Unternehmer um sich. Auf diese Weise setzte Märkisches Landbrot die Grundpfeiler für die ganze Branche. Gemeinsam entwickelten sie ein spezielles Angebot von biologischen Nahrungsmitteln für die wachsende Menge an Konsumenten, die für Gesundheit und Nachhaltigkeit zu zahlen bereit waren. Zudem begann das Führungsteam von Märkisches Landbrot für sich und seine Partnerbetriebe Arbeitsumfelder zu gestalten, die es als lebenswerter erachtete als die des »Großkapitals«. »Ich war anfangs sehr kritisch«, erzählt mir Betriebsleiterin Katja Pampel. »Ich dachte, all das, was ich über Märkisches Landbrot gelesen habe, ist nur reines Marketing. Trotzdem habe ich neugierig begonnen, dort zu arbeiten – und letztlich festgestellt, dass eine Menge Substanz hinter all diesen Initiativen steckt. Gerade das Umweltmanagement geht weit über das hinaus, was man von einer Bäckerei erwarten würde.«

»Wir haben als Betriebsrat nicht wirklich viel zu tun«, erzählt mir Patrick Hannemann. »Man muss aber auch ehrlich sein. Nach außen sieht es in unserem Betrieb immer so aus, als wenn wir sehr strukturiert an alles herangehen. Intern sind wir jedoch oft ganz schön chaotisch.« Hannemann ist einer von drei Mitarbeitern, die im Jahr 2015 ihr 25-jähriges Jubiläum begehen. »Ich habe immer gesagt, dass ich gehe, wenn mir die Arbeit mehr als drei Monate am Stück keinen Spaß mehr macht. Bisher ist das aber nicht geschehen.«

Was einige Unternehmen heutzutage als Corporate-Social-Responsibility (CSR)-Strategie etablieren, ist bei Märkisches Landbrot seit 1981 Teil der Unternehmens-DNA. Bereits 1992 erstellte die Großbäckerei ihre erste betriebliche Ökobilanz, ein Jahr später reduzierte sie ihre CO_2-Emmissionen um 60 Prozent. 1994 erhielten die Neuköllner als erstes Unternehmen der Lebensmittelbranche ein Öko-Audit-Zertifikat und verpflichteten sich damit, unter dem Leitbild der Nachhaltigkeit einen kontinuierlichen Verbesserungsprozess zu verfolgen. Bereits drei Jahre später erhielt die Bäckerei den Berliner Umweltpreis. »Joachim probiert wirklich viel aus«, erzählt Mitarbeiter Jürgen Baumann. »Der Sinn meiner Arbeit wird durch vieles davon spürbar gestärkt. Wir sind ein Brotproduzent, und Brot ist eines der wichtigsten Grundnahrungsmittel im Brotland Nummer eins. Allein damit fühlt man sich schon gut.«

Im Jahr 2008, als immer mehr mittelständische und börsennotierte Unternehmen CSR systematisch zum Teil ihrer Unternehmensstrategie machten, veröffentlichten die Neuköllner ihr CSR-Konzept – als erste deutsche Bäckerei. »Das soziale Engagement gefällt mir hier besonders gut«, erzählt Katja Pampel. »Außerdem kann ich sehr hinter dem stehen, was wir als Unternehmen und ich als Mitarbeiterin tue. Diesen Sinn im Handeln zu finden, ist mir sehr wichtig.«

»Welche Ihrer zahlreichen Bioinitiativen liegt Ihnen denn besonders am Herzen?«, frage ich Weckmann während einer Zugfahrt.

»Der Märkische Wirtschaftsverbund e. V. mit seiner Initiative ›fair & regional‹ ist mir besonders wichtig«, erwidert er. »Es gibt immer noch viel Ausbeutung und wir müssen endlich wieder beginnen, uns als Brüder und Schwestern zu sehen und zu behandeln.«

Fair & regional ist eine Initiative, die inzwischen zum Vorbild für ähnliche Verbände im gesamten Bundesgebiet geworden ist. Zu den 48 sich gegenseitig zertifizierenden Mitgliedern der Region Berlin-Brandenburg gehören Erzeuger (Landwirte), Verarbeiter (z. B. Bäckereien) und Händler. Sie treffen sich regelmäßig zu runden Tischen, um Lieferungen und Preise, aber auch etwaige Probleme und solidarische Lösungen zu besprechen. Im Jahr 2009 beschlossen die Mitglieder des »Runden Tisches Getreide«, ihre untereinander zu vereinbarenden Preise von den schwankenden Weltmarktpreisen abzukoppeln. Die ständigen Börsenspekulationen auf Rohstoffe hatten ohnehin nichts mit der Realität im Märkischen Land zu tun. Durch die Ablösung von spekulativen Preisen erhielten alle Beteiligten ökonomische Sicherheit und konnten langfristig planen. »Wenn es für einige Mitglieder aus irgendeinem Grund eng wird, dann zahlen wir auch schon mal früher. Es gibt Geldfluss auch unabhängig vom Warenfluss«, erzählt Weckmann. »Für uns in der Backstube bedeutet das einen Mehraufwand. Wir hätten weniger Probleme, wenn wir das Getreide dort kaufen würden, wo es die beste Qualität hat – und das wäre von Jahr zu Jahr woanders. Immer in der gleichen Region zu kaufen, bedeutet, dass wir immer wieder mit schwankender Qualität zu kämpfen haben.«

Ein Verbraucher, der sich für Produkte mit dem Siegel »fair & regional« entscheidet, kann sich jederzeit über alle Absprachen der Mitglieder informieren. Auf der Webseite des Verbands werden sämtliche Gesprächsprotokolle veröffentlicht. Im Protokoll vom 11. Juni 2014 kann man beispielsweise lesen, dass das Führungsteam von Märkisches Landbrot über neue Absatzwege nachdenkt, dass einige Landwirte Probleme mit Pflanzenkrankheiten hatten, und dass eine weitere Biobäckerei gerade umstrukturiert und plant, Silos zu kaufen. Die 25 Teilnehmer des Treffens diskutierten laut Protokoll zudem über Qualitätsprobleme bei Roggen, das aktuell knappe Angebot an Dinkel und über die gute Kundenresonanz beim Champagnerroggen. Man erfährt, dass die verarbeitenden Betriebe den Landwirten die im Jahr 2013 zugesicherten Mengen abgenommen haben, auch wenn der eigene Bedarf geringer ausgefallen ist. Die abgenommenen Überchargen haben die Bäckereien weiterverkauft. Zu guter Letzt haben die Betriebe die Vereinbarung veröffentlicht, die Abnahmepreise um fünf Prozent zu erhöhen. »Ich empfinde ein freundschaftliches Verhältnis, das wir miteinander pflegen«, sagt Katja Pampel. »Es gibt auch immer wieder Situationen, in denen die Landwirte das Getreide woanders teurer hätten verkaufen können. Wir begegnen einander auf Augenhöhe.« Sabine Jansen, Verkaufsleiterin im Außendienst ergänzt: »Die meisten unserer Kunden kaufen unser Brot wegen seiner Qualität. Ich glaube, dass der Einfluss all unserer Initiativen auf die Kaufentscheidung vielleicht bei 20 Prozent liegt. Umso größeren Einfluss haben sie auf uns Mitarbeiter. Ich verkaufe beispielsweise nicht nur unser Brot, sondern den ganzen Geist unseres Unternehmens!«

Einen weiteren Teil sozialer Verantwortung erfüllt Märkisches Landbrot seit dem Jahr 2002 mit der »Bio-Brotbox«. Die Neuköllner Bäckerei ist Mitinitiator einer Idee, die bundesweit inzwischen über 170000 Schüler erreicht. »Anfangs kam das Brot in der Brotbox nur von uns«, erzählt Bäckermeister Hannemann. »Inzwischen beteiligen sich alle anderen Berliner Biobäckereien auch daran.« Begonnen hat alles in Berlin: Um Schülern und Eltern ein besseres Verständnis für gesunde Ernährung zu vermitteln, erhalten alle Berliner Erstklässler zum Schulanfang eine mit Biolebensmitteln gefüllte Brotbox. Der englische Starkoch Jamie Oliver hat einige Jahre später in England eine ähnliche Initiative begonnen, in der er konsequent den Speiseplan von Schülern in ausgewählten Schulen verbesserte. Aufgrund seiner Popularität und entsprechender Medienpräsenz haben sich auch Wissenschaftler seines

Projekts angenommen – und konnten aufzeigen, dass die gesündere Ernährung nicht nur die Krankentage, sondern auch die Noten der Schüler positiv beeinflusste.

»Lohnt sich denn all das Engagement für Ihr Unternehmen auch wirtschaftlich?«, will ich von Joachim Weckmann wissen.

»Wir denken da anders«, antwortet er mir. »Wir wollen gar nicht die Riesengewinne machen, sondern deckeln unseren operativen Cashflow bei 15 Prozent. Dazu haben wir uns schriftlich verpflichtet – das kann jeder auf unserer Webseite nachlesen. Es gibt Bäckereien, die landen bei 30 Prozent – wenn wir bei 15 Prozent ankommen, dann steuern wir gegen. Das bedeutet: Wir investieren das Geld, damit das Brot günstig bleibt. Oder wir bezahlen unsere Lieferanten besser, oder wir erhöhen die Löhne. Diese liegen ohnehin bereits im oberen Drittel der Branche«, erzählt mir Weckmann bei einem unserer letzten Gespräche. Und dann eröffnet er mir plötzlich einen ganz anderen Bereich: »Für unsere Mitarbeiter wird es immer schwieriger, Wohnungen in Firmennähe zu finden.« Der Neuköllner Kiez wird immer attraktiver, und die Gentrifizierung – die Abwanderung ärmerer und der Zuzug wohlhabender Bevölkerung – macht auch hier keinen Halt.

»Ich bin seit 100 000 Jahren Ur-Neuköllner«, erzählt mir Betriebsrat Hannemann. »Doch was seit einigen Jahren in dem Kiez geschieht, ist für viele Menschen nicht gut. Man zahlt hier inzwischen Kaltmieten von bis zu 13 Euro pro Quadratmeter. Wer soll sich das denn leisten?« Auch der Unternehmensleitung gefiel es nicht, dass die Mitarbeiter – gerade in der Nachtschicht – wegen der hohen Mietpreise weite Anfahrten in Kauf nehmen müssen. Daher kaufte Joachim Weckmann zusammen mit zwei Mitstreitern einen klassischen Berliner Altbau mit hohen Decken in direkter Nähe des Neuköllner Schiffahrtskanals, nur wenige Minuten von der Bäckerei entfernt. Wann immer in dem Haus eine Wohnung frei wird, erhalten die Mitarbeiter von Märkisches Landbrot ein Angebot – zu einem Mietpreis von rund 6 Euro pro Quadratmeter. »Ich wohne selbst seit kurzer Zeit in so einer Wohnung«, erzählt mir Sabine Jansen. »Zu so einem Mietpreis würde ich hier sonst nichts finden. Wenn wir jedoch die gleichen hohen Standards wie im Unternehmen halten wollen, müssen wir in dem Haus noch ein paar ökologische Umbauten vornehmen«, ergänzt sie lachend. »Ick find das Bombe«, kommentiert

Hannemann in reinstem Berliner Dialekt. »Wenn ein Arbeitgeber so was tut, ist das Weltklasse!«

»Wer nichts für andere tut, tut nichts für sich«
(Johann Wolfgang von Goethe)

Dass Unternehmer Gutes tun und Gutes tun wollen, ist nicht neu. Bereits im Jahr 1953 fand ein Gerichtsprozess vor dem New Jersey Supreme Court statt, der Firmen die rechtliche Basis verschaffte, sich gemeinnützig einbringen zu dürfen. Ein Aktionär der Standard Oil Company hatte den Konzern verklagt, da er Geld durch eine millionenschwere Spende an die Princeton University »verschwendet« habe, so sein Vorwurf. Standard Oil hatte die Universität finanziell unterstützt, um die Qualität der Ausbildung auf einem Niveau zu halten, das die Firma von zukünftigen Absolventen und potenziellen Mitarbeitern erwartete. Das Risiko, dass Princeton-Studenten auch für andere Unternehmen arbeiten könnten, nahm Standard Oil billigend in Kauf. Daher war für den Aktionär kein unmittelbarer Nutzen durch die Zuwendung erkennbar. Der Supreme Court entschied damals zugunsten von Standard Oil, und erlaubte die hohe Spende für philanthropische Zwecke an die Princeton University. Der Gerichtsentscheid ebnete den Weg für unzählige weitere Unternehmen, die nun auf ähnliche Art hohe Summen ohne einen direkt erkennbaren Gegenwert spenden durften.

In den 70er Jahren plädierte auch der bekannte Ökonom und Managementlehrer Peter Drucker dafür, dass Unternehmen sich zu sozialen Aktivitäten zum Wohle der Gesellschaft verpflichten sollten. Denn viele klassische Theorien über Motivation und menschliche Entwicklung des letzten Jahrhunderts (von Wissenschaftlern wie dem Psychologen Abraham Maslow in den 50ern und 70ern, dem MIT-Professor Douglas McGregor und dem Verhaltens- und Sozialpsychologen David McClelland in den 60ern sowie dem Begründer der Dritten Wiener Schule der Psychotherapie, Viktor Frankl, in den 60er und 70er Jahren) legen nahe, dass Menschen nach mehr suchen, als nur nach finanzieller Sicherheit und sozialer Anerkennung. Insbesondere Frankl hat die Suche des Menschen nach Sinn zum Kern seiner »sinnzentrierten Psychologie« gemacht.

Die kanadischen Babys in Lara Aknins Studie untermauern, wie tief das Streben nach sozial sinnvoller Handlung in uns verankert ist: Das eigene Essen an einen Plüschaffen zu verschenken, erhöhte messbar das empfundene Glück der Kleinkinder.

Im Jahr 2008 nahmen zwei Forscher das inzwischen große Feld wissenschaftlicher Abhandlungen über CSR genauer unter die Lupe. Herman Aguinis, Professor für Organisational Behaviour & Human Resources, und sein Kollege Ante Glavas von der University of Notre Dame analysierten 588 Fachartikel und 102 Buchkapitel, die sich dem Thema widmeten. Die Definition für CSR war dabei sehr klar umschrieben: Es ist die Selbstverpflichtung einer Firma, mögliche schädliche Einflüsse auf die Gesellschaft zu reduzieren und die langfristigen positiven Einflüsse auf die Gesellschaft zu erhöhen. Neben all den offensichtlichen und inzwischen auch beweisbaren Auswirkungen wie einem verbesserten Image, höheren Umsätzen und zufriedeneren Aktionären konnten die Wissenschaftler etwas Weiteres erkennen: In Unternehmen mit einer klaren CSR-Strategie ließ sich eine messbare positive Veränderung von Haltungen und Einstellungen der Mitarbeiter gegenüber ihrem eigenen Unternehmen feststellen.

Der Schweizer Stefan Raub von der École hôtelière de Lausanne veröffentlichte eine dazu passende Studie, die noch einen Schritt weiter ging. Raub zeigte, dass Mitarbeiter nicht nur ihre Einstellungen, sondern messbar auch das eigene Verhalten veränderten. Insgesamt nahmen 211 Mitarbeiter aus vier Hotels in mehreren englischen Großstädten an Raubs Studie teil. Zu den wichtigsten Fragestellungen des Schweizer Forschers zählte, wie sehr die Mitarbeiter sich der CSR-Aktivitäten ihres Unternehmens bewusst waren. Denn nur wenn die Mitarbeiter wissen, dass ihr Arbeitgeber Gutes tut, können sie darauf reagieren. Nach all seinen Umfragen, Auswertungen und Interpretationen kam Raub zu folgendem Ergebnis:

> **Mitarbeiter,** die sich der CSR-Aktivitäten des eigenen Unternehmens und deren positive Auswirkungen bewusst sind, zeigen erstens eine höhere Bereitschaft, den Kollegen zu helfen, machen zweitens deutlich öfter konstruktive Vorschläge, um Arbeitsprozesse zu verbessern, und fühlen zum Dritten weniger Erschöpfung als die Kollegen, die nichts über die CSR-Aktivitäten des Unternehmens wissen.

Auch in Ländern außerhalb der westlichen Hemisphäre untersuchen Wissenschaftler inzwischen die Auswirkungen des sozialen Engagements eines Unternehmens auf die eigenen Mitarbeiter. Der Managementwissenschaftler Imran Ali von der IQRA University Islamabad in Pakistan hat im Jahr 2010 eine Studie mit dem Titel »Corporate social responsibility influences employee commitment and organisational performance« veröffentlicht. In seinem im *African Journal of Business Management* erschienenen Bericht schreibt er: »Forscher empfehlen inzwischen Unternehmen, die Ausgaben für CSR nicht mehr als Kostenfaktor, sondern als eine Investition zu betrachten.«

In fünf Minuten zu mehr Sinnhaftigkeit – und mehr Leistung

Adam Grant war mit Ende 20 der jüngste Professor für Psychologie an der Wharton-Universität in Pennsylvania. Er ist von der *Business Week* in die Liste der »Favorite Professors« und vom englischen *HR Magazine* unter die »Most Influential International Thinkers« gewählt worden. Der Hobbymagier überrascht immer wieder mit seinen Forschungen. Bereits im Jahr 2006 führte er eine Studie durch, die eindrucksvoll beweist, wie Sinnhaftigkeit innerhalb weniger Minuten die Leistungsbereitschaft eines Menschen mehr als verdoppeln kann. Grant ging dafür nicht ins Labor, sondern in ein ganz normales Unternehmen. Er und seine wissenschaftlichen Kollegen begannen mit der Hypothese: Die Ausdauer eines Mitarbeiters lässt sich erhöhen, wenn dieser auf eine respektvolle Art mit dem Menschen in Kontakt kommt, der einen unmittelbaren Nutzen von der geleisteten Arbeit hat.

Grant wählte für seine Studie Mitarbeiter aus einem Callcenter. Dieses Berufsbild hat ein hohes Frustrationspotenzial, denn die Mitarbeiter werden von den Gesprächspartnern teilweise unfreundlich behandelt. Die Aufgabe der Angestellten bestand darin, bei ehemaligen Studenten und möglichen weiteren Gönnern für eine öffentliche Universität Spenden zu sammeln. Da sie die Menschen überwiegend in den Abendstunden anriefen, fühlten sich manche in ihrer Privatsphäre gestört und ließen die Callcenter-Mitarbeiter das umgehend wissen.

Die Wissenschaftler teilten die Mitarbeiter ohne deren Wissen in drei Gruppen ein. Sie wollten untersuchen, welchen Einfluss es auf diese Menschen haben würde, wenn sie einen Studenten träfen, der durch die mit ihrer Hilfe eingeworbenen Gelder ein Stipendium von der Universität erhalten hatte. Grant und sein Team suchten dafür einen echten Studenten mit einem echten Stipendium. Gruppe 1 des Experiments sollte unmittelbar Kontakt zu dem Studenten erhalten, Gruppe 2 nur indirekt, und Gruppe 3 gar keinen.

Gruppe 1 wurde eines Tages vom Teamleiter zu einem kurzfristigen Meeting einberufen. Der Teamleiter eröffnete seinen Mitarbeitern, dass »durch einen glücklichen Zufall« ein Stipendiat der Universität, für die sie Spenden einsammelten, heute im Haus sei. Der Teamleiter war im Gegensatz zu den Mitarbeitern in das Experiment eingeweiht. Der Stipendiat wurde in das Meeting gebeten, und die Mitarbeiter konnten sich gemeinsam fünf Minuten lang mit ihm unterhalten. So entwickelte sich eine Situation, in der er den Mitarbeitern berichten konnte, welch positiven Einfluss ihre Arbeit auf ihn hat – denn ohne sie hätte er kein Stipendium erhalten können.

Den Teilnehmern von Gruppe 2 erzählte der Teamleiter hingegen, dass ein Stipendiat einen Brief geschrieben hätte, um sich für die Arbeit der Mitarbeiter und sein dadurch ermöglichtes Stipendium zu bedanken. Die Mitarbeiter bekamen den Brief zu lesen und erhielten im Anschluss fünf Minuten Zeit, um sich über den Inhalt des Briefs zu unterhalten.

Adam Grant hatte mit dem Unternehmen im Vorfeld vereinbart, dass zwei Kennzahlen dokumentiert werden sollten: 1. In dem Zeitraum von zwei Wochen vor dem Experiment bis vier Wochen danach wurde die von den Mitarbeitern am Telefon verbrachte Zeit gemessen. 2. Auch die Höhe der eingesammelten Spenden wurde im gleichen Zeitraum genau gemessen. Das glasklare Ergebnis: Gruppe 2, die einen Dankesbrief gelesen hatte, schien keinen Impuls dadurch erhalten zu haben, denn die beiden Kennzahlen veränderten sich

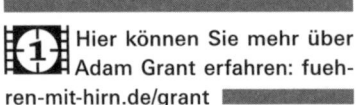
Hier können Sie mehr über Adam Grant erfahren: fueh-ren-mit-hirn.de/grant

nicht im Geringsten. In Gruppe 3 als Vergleichsgruppe waren ohnehin keine Veränderungen zu erwarten. Die Kennzahlen von Gruppe 1 machten hingegen einen Riesensprung. Der Fünf-Minuten-Sinnhaftigkeitsimpuls aus dem Treffen mit dem Stipendiaten führte dazu, dass die Mitarbeiter aus dieser Gruppe 1 142 Prozent mehr Zeit am Telefon verbrachten und 171 Prozent mehr Geld sammelten!

Dornseif | Ein gemeinsamer Traum

»Wolfgang Schäuble ist der Einzige in Berlin, der von uns Salz bekommt«, erzählt Markus Dornseif. »In der gesamten Stadt besteht auf öffentlichen und privaten Flächen ein absolutes Verbot, im Winter Salz zu streuen. Für die wenigen Meter zwischen der hinteren Autotür und der Tür des Bundesfinanzministeriums aber gibt es eine Sondergenehmigung für den Rollstuhl des Ministers. Dort streuen wir Salz. Für den Chauffeur gilt die Sondergenehmigung bereits nicht mehr: Auf der Seite der Fahrertür gibt's kein Salz.« Markus Dornseif ist Teil der Unternehmensleitung des gleichnamigen Winterdienstleisters Dornseif e. Kfr. – dem mit Abstand größten Anbieter der Branche mit über 19 000 zu betreuenden Grundstücken.

Unternehmen: Dornseif e.Kfr.
Branche: Winterdienstleister
Sitz: Münster
Gegründet: 2001
Mitarbeiter: 40
Webseite: www.dornseif.de
Bemerkenswert: Dornseif hat die eigene Unternehmenskultur zu einem Produkt gemacht: Dreamwork. Alle Mitarbeiter gestalten Dreamwork gemeinsam und arbeiten mit einem hohen Maß an emotionaler Bindung beim Winterdienstleister.

Der Chef scheint Kälte gut zu vertragen. »Stört Sie das offene Fenster?«, fragt er zu Beginn unseres Treffens in seinem Büro. Es ist Februar 2015, und die Außentemperatur liegt bei knapp über null Grad. Die erste halbe Stunde unseres Gesprächs halte ich durch, dann bitte ich Dornseif doch, es zu schließen.

Eine Mitarbeiterin von Dornseif hatte mich bereits im Jahr 2013 angeschrieben, als Gerald Hüther und ich die ersten Ergebnisse unserer gemeinsamen Arbeit über bemerkenswerte Unternehmenskulturen veröffentlicht hatten. »Wir sind auch ein besonderes Unternehmen«, schrieb sie mir. »Aber wenn ich alle Gründe aufschreibe, würde das ein ganzes Buch füllen.« Achtzehn Monate später kam ich endlich dazu, mir die Firma in einem Außenbezirk von Münster genauer anzusehen. Inzwischen hatten sich schon Liz Mohn – die graue Eminenz des Bertelsmann-Konzerns – und Bundesarbeitsministerin Andrea Nahles mit Markus Dornseif getroffen und Dornseif als einem von bisher nur sieben Unternehmen in Deutschland die frisch gegründete Zertifizierung INQA – Initiative neue Qualität in der Arbeit – überreicht. Von diesen sieben Unternehmen war Dornseif das Einzige, das die komplette Zertifizierung durchlaufen und bestanden hat.

»Ich habe in dieser Firma das gleiche Gefühl wie in meiner Familie«, erzählt mir Ömer Tekin. Er arbeitet in der Disposition und beginnt meist um 2 Uhr nachts, damit morgens die 11 Millionen Quadratmeter Gesamtfläche schneefrei sind, die Dornseif deutschlandweit betreut. Er ist Moslem und betet fünf Mal pro Tag. Tekin arbeitet mit seinen Kollegen aus der Disposition in der Einsatzleitzentrale, das ist ein großer Raum mit vielen kleinen und großen Monitoren, der an ein Börsenparkett erinnert – ein recht ungeeigneter Platz zum Beten. »Bei meinem alten Arbeitgeber musste ich zum Beten immer ins Treppenhaus gehen, obwohl genügend Räume frei gewesen wären«, erzählt er. »Hier kann ich mich im Sommer oben ins Archiv zurückziehen. Aber im Winter ist es dort zu kalt. Jetzt hat mir die Assistentin der Unternehmensleitung ein Schild geschrieben, auf dem ›MESCID islamischer Gebetsraum‹ steht. Zwischen 6:30 Uhr und 7:30 Uhr steht mein Morgengebet an«, erzählt er. »In der Disposition geht es gerne auch mal sehr hektisch zu, sodass ich manchmal nicht daran denke. Dann kommt mein Teamleiter zu mir und erinnert mich: ›Ömer, es ist Zeit!‹« Tekin sucht sich dann ein leeres Büro und hängt sein Gebetsschild an die Tür. Seine Kollegen wissen, dass sie ihn nicht stören dürfen.

»Lächeln« steht auf dem Display des Tischtelefons. Ich unterhalte mich gerade mit Ralf Stückenschneider. Er arbeitet in der Buchhaltung und wirkt etwas schüchterner als die lachenden Kollegen, die ich noch durch die verschlossene Tür im Flur vorbeilaufen höre. »Ich habe das

Gefühl, dass ich hier willkommen bin«, erzählt er mir. »Ich habe in der Disposition gearbeitet – doch es passte nicht so richtig. Das Unternehmen hätte mich dann in der Probezeit einfach entlassen können, aber sie haben mir die Stelle in der Buchhaltung angeboten. Das ist das Beste, was mir passieren konnte.«

Stückenschneider ist seit fast drei Jahren im Unternehmen, und er freut sich immer noch, wie »superlocker« seine Kollegen im Umgang miteinander sind. Wenn er mal ein Problem hat, wendet er sich an den Ethikbeauftragten des Unternehmens. Einen Betriebsrat hat Dornseif nicht, doch damit die Mitarbeiter einen Ansprechpartner für eigene Belange haben, an den sie sich wenden können, hat die Unternehmensleitung die Stelle eines Ethikbeauftragten vorgeschlagen. Der Ethikbeauftragte erhielt die notwendigen Verschwiegenheitsrechte und -pflichten, damit seine Kollegen sich ihm anvertrauen können. »Ich habe damals unseren Ethikbeauftragten tatsächlich schon mal gebraucht«, erinnert sich Ralf Stückenschneider. »Er hat mir bei einem Problem geholfen, mit dem ich nicht unbedingt gleich zum Chef gehen wollte.«

Als Markus Dornseif mit seiner Frau im Jahr 2001 nach Münster zog, machte sich das Ehepaar mit einem Betrieb für Hausmeisterdienstleistungen selbstständig. Sie erhielten einen Auftrag der britischen Streitkräfte zur Schneeräumung. »Was die Schneeräumung angeht, sind wir wie die Jungfrau zum Kinde gekommen«, erinnert sich Markus Dornseif. Es gibt zwar an jedem Ort Deutschlands eigene Winterdienste, doch kein Unternehmen deckt das gesamte Spektrum ab.

Nach zwei Jahren im Geschäft erkannten die Dornseifs, dass sie mit einem deutschlandweiten Angebot eine Nische besetzen würden. Sie begannen, sich strategisch zu positionieren. Bereits im Jahr 2005 hatte das Ehepaar Aufträge aus dem gesamten Bundesgebiet akquiriert. Anstatt die Aufträge durch eigenes Personal ausführen zu lassen, suchten sie in mühevoller Kleinarbeit Netzwerkpartner für die operative Umsetzung vor Ort. Inzwischen haben sie mehrere Tausend dieser Partner unter Vertrag – fällt einer aus, kann schnell ein anderer einspringen. Das Netzwerk muss groß genug sein, dass es redundant arbeiten kann. »Wenn Tchibo früher für alle Filialen einen Winterdienst benötigte, musste die Handelskette mit vielen lokalen Unternehmen Verträge abschließen«, erklärt Markus Dornseif sein Geschäftsmodell. »Heute ist das viel einfacher: Unsere

Kunden haben mit uns nur einen Kontaktpartner. Wir kümmern uns um den Rest. Wir sorgen mit unseren Netzwerkpartnern dafür, dass immer jemand ausrückt, wenn Schnee im Verzug ist.« Dornseif als zentraler Ansprechpartner kümmert sich um die Schulung, die Disposition, das Qualitätsmanagement. Er ist der einzige und zentrale Rechnungssteller für den Kunden.

Katharina Gisbrecht zählt zu Dornseifs langjährigen Mitarbeiterinnen. »Ich erinnere mich noch an die Anfangstage«, erzählt die Personalleiterin. »Als wir noch im alten Gebäude waren und ich zum Vorstellungsgespräch kam, dachte ich mir: ›Was ist das denn für ein Verein?‹ Denn die ersten Netzwerkpartner, die damals im Eingangsbereich auf einen Termin warteten, waren harte Jungs mit vielen Tätowierungen. Aber das Gespräch mit Herrn Dornseif gefiel mir. Und schon nach einer Woche wusste ich, dass es die beste Entscheidung meines Lebens war.«

Im Jahr 2009 forderte ein potenzieller Großkunde von Dornseif eine Zertifizierung, andernfalls käme das Unternehmen als Dienstleister nicht infrage. »Ich begann mich also mit der ISO 9001 zu beschäftigen, der Qualitätsmanagementnorm«, erzählt Markus Dornseif. »Und da ich einmal dabei war, schaute ich mir auch die ISO 14001 – Umweltmanagement – und ISO 18001 – Arbeitsschutz – an. Dabei fiel mir auf: ›Alles, was man für diese ganzen Zertifizierungen braucht, machen wir doch längst!‹« Das Unternehmen lebte bereits vieles von dem, auf das andere Firmen noch hinarbeiten. Es musste nur dokumentiert und zertifiziert werden. Für das Zertifikat »Beruf und Familie« der Hertie-Stiftung konnte Dornseif beispielsweise mit einem Home-Office-Koffer aufwarten: Wenn ein Mitglied der Familie krank wird, können die Mitarbeiter zu Hause bleiben und sich um den Angehörigen kümmern. »Wir definieren den Begriff Familie jedoch etwas weiter, als andere das tun«, erzählt Markus Dornseif. »Wenn ein Mitarbeiter in einer WG wohnt und der WG-Mitbewohner krank wird, zählt das für uns auch als Familienmitglied. Meistens ist man dann aber nicht rund um die Uhr mit der Pflege beschäftigt, das kenne ich von meiner Mutter, die ich pflegte. Es bleibt immer noch viel Leerlauf.« Dann kommen die Home-Office-Koffer zum Einsatz. Damit können die Mitarbeiter relativ problemlos bezahlt zu Hause bleiben und in der verbleibenden freien Zeit arbeiten. Der Koffer ist mit einem Laptop, einer UMTS-Internetkarte, einem kleinen Drucker und unzähligen weiteren Utensilien für den Schreibtisch daheim gefüllt. Wenn nötig, bekommen sie den Koffer sogar nach Hause geliefert. »Meine Katze musste operiert werden«, erzählt mir Jenny Kalbitz. »Ich musste sie nicht wirklich pflegen, aber ich fühlte mich wohler, in ihrer Nähe zu sein. Also habe ich nachgefragt, wie weit die ›erweiterte Familie‹ denn ginge … und konnte mit dem Koffer von zu Hause aus arbeiten«, freut sich die Projektmanagerin.

Wenn für die Betreuung eines Kindes daheim kurzfristig niemand zur Verfügung steht, können die Mitarbeiter es ins Unternehmen mitbringen. Dornseif hat viel Zeit und Geld in die Sicherheit seiner Mitarbeiter investiert: In vierzehn Jahren ist es noch zu keinem einzigen Betriebsunfall gekommen. Trotzdem ist es gut, vorbereitet zu sein. Für die Kinder der Mitarbeiter steht daher neben dem »normalen« Erste-Hilfe-Kasten ein spezieller Erste-Hilfe-Koffer für Kinder: Im Fall der Fälle verschwindet Kinderschmerz mit einem bunten Pflaster einfach schneller.

Über diese und weitere Wege des Miteinanders hat das Unternehmen zahlreichen Auditoren berichtet. Heute, nach mehreren Jahren, hat Dornseif sechzehn verschiedene Zertifikate gesammelt – angefangen mit dem Zertifikat »Beruf und Familie« über »Altersgerechte Personalentwicklung« bis hin zu »Ethics in Business«, dazu kommen natürlich alle einschlägigen TÜV-zertifizierten ISO-Normen. »Man kann diese ganzen Dinge nicht separat betrachten«, dachte sich Markus Dornseif. Und so begannen Mitarbeiter und Unternehmensleitung, aus der gelebten Firmenkultur etwas Eigenes zu gestalten. Sie nennen es »Dreamwork«.

Ich lerne das Konzept bereits morgens um 8:00 Uhr kennen – fünf Minuten nachdem ich das Gebäude betreten habe. Während ich auf mein erstes Gespräch in dem Unternehmen warte, beobachte ich die stark gestikulierenden Arme von Denise Blaschek. Eigentlich wollte die Assistentin der Unternehmensleitung mir nur einen grünen Tee bringen. Doch da in dem Wartebereich eine zwei mal zwei Meter große Stellwand steht, auf der das Projekt Dreamwork beschrieben ist, erklärt sie sie mir mit Begeisterung und vollem Körpereinsatz. »Meine Kollegin Frau König und ich gießen das Ganze sprachlich und grafisch in eine Form«, erzählt sie mir. »Inhaltlich steckt in dem Projekt eine Menge von unseren Kollegen und unserem Chef. Dreamwork fasst im Grunde zusammen, wie wir hier alle miteinander arbeiten. Es ist das Ergebnis vieler Jahre gemeinsam erschaffener Unternehmenskultur.« Ich frage Frau Blaschek, weshalb eine gelebte Unternehmenskultur überhaupt schriftlich zusammengefasst werden muss. »Wir stellen regelmäßig neue Mitarbeiter ein. Und mit dieser schriftlichen Zusammenfassung können wir ihnen noch einfacher vermitteln, wie wir hier arbeiten.« Markus Dornseif erklärt mir später: »Wie sollte sich jeder von uns verhalten, damit wir Traumchefs und Traummitarbeiter in einer Traumfirma sind? Darum geht's. Außerdem können wir durch Dreamwork auch anderen Unternehmen erklären, was wir hier genau machen.«

Für die Dornseif-Mitarbeiter ist Dreamwork die Zusammenfassung dessen, warum sie gerne in dem Unternehmen arbeiten und oftmals außerordentlichen Einsatz leisten. Anders als bei dem Ehepaar Steiger, das auf dramatische Weise zu seinem »Warum« gelangte, haben die Menschen bei Dornseif mit Dreamwork einen starken positiven Anker gefunden. »Dass ich morgens gerne zur Arbeit gehe – das ist für mich Dreamwork«, erzählt Ömer Tekin.

»Dreamwork ist der Grund, weshalb die Kollegen hier in den Hochphasen, wenn bundesweit Schnee liegt, teilweise an sieben Tagen pro Woche zur Arbeit kommen«, erzählt Katharina Gisbrecht. »Dann werden hier traumhafte Arbeitsergebnisse möglich. Das gelingt aber nur, wenn der Rest ebenfalls traumhaft ist.« Magdalena Sroka, die die Kundenbetreuung leitet, ergänzt: »Für mich steht Dreamwork für eine besondere Art der Menschlichkeit, die hier gelebt wird. Für uns ist das inzwischen fast schon normal. Aber unsere Kunden erzählen uns immer wieder, dass sie diese Menschlichkeit spüren, wenn sie uns besuchen.«

Die gelebte Unternehmenskultur zeigt Wirkung: »Die Reklamationsquote beträgt 0,4 Promille«, erzählt Markus Dornseif. »Das ist extrem niedrig für die Branche. Wenn es vor Ort mal zu Problemen kommt, haben wir hier ein ganzes Team von Menschen. Dieses kümmert sich darum, dass unser Partner vor Ort das Problem löst oder ein anderer Netzwerkpartner kurzfristig einspringt. Wir erhalten pro Jahr Dutzende qualifizierte Referenzschreiben.« Die Krankenquote bei dem 40-Mann-Unternehmen liegt gerade mal bei 1,3 Prozent – der Umsatz wächst seit 2009 um jährliche 15 bis 20 Prozent. »Ich glaube, dass die guten Ergebnisse, die wir hier alle erreichen, auch daher kommen, dass sich Chef und Mitarbeiter immer auf Augenhöhe begegnen – und dass wir das alles gemeinsam so gestaltet haben, wie es heute ist«, erzählt Ömer Tekin. »Dafür macht man seine Arbeit sehr gern und sehr gut.«

Nach mehreren Gesprächen mit Dornseif-Mitarbeitern treffe ich schließlich Markus Dornseif selbst. Fast erwarte ich einen Mann mit verzücktem Lächeln, sanftem Händedruck und Räucherstäbchen, als ich sein Büro betrete. Das Gegenteil ist der Fall. Anstatt der Räucherstäbchen gibt es Zigaretten – daher auch das offene Fenster. Er redet viel, schnell und eindringlich. Er ist ein lautes und zugleich liebenswürdiges Alphatier, und er weiß um seine Wirkung. »Obelix ist in einen Kessel mit Zaubertrank gefallen. Bei mir war es wohl eine Schüssel mit Speed«, lacht er, als wir über ihn sprechen. »Meine Frau würde auch über mich sagen, dass ich ruhiger werden müsste. Dabei meditiere ich schon seit 15 Jahren«, erzählt der 47-jährige dreifache Vater. Vor dem offenen Fenster steht ein Feldbett. »Wir machen 10 Millionen Euro Umsatz im Laufe der 40 Tage im Jahr, an denen Schnee liegt. In diesen Hochphasen ist es wichtig, dass ich rund um die Uhr hier bin.«

»Warum diese ganze Idee von ›Dreamwork‹? Warum all das, wovon Ihre Mitarbeiter so begeistert erzählen?«, frage ich ihn ganz zum Schluss.

»Arbeit ist Teil des Lebens, diese beiden Dinge kann man nicht voneinander trennen«, erzählt er. »Ich möchte, dass die Menschen um mich herum ein gutes Leben haben. Daher haben wir hier gemeinsam ein Arbeitsumfeld gestaltet, das wir nach all den Jahren unter dem Namen Dreamwork zusammengefasst haben.«

Dafür sorgt er nicht nur im Unternehmen allein. Einen seiner Mitarbeiter hat er schon morgens um 6 Uhr bei der Polizei ausgelöst, weil dieser seine Steuerschuld nicht gezahlt hatte. Seinen Auszubildenden zahlt er 20 Prozent mehr als üblich, weil sie »von weniger nicht leben können«. Ein Mitarbeiter, der bei der Personalleiterin am Freitag 50 Euro Gehaltsvorschuss für Benzin erbittet, erhält 150 Euro und gleich noch einen Firmenwagen für das Wochenende dazu.

»Ich glaube intuitiv, dass alles, was wir hier tun, auch für das Unternehmen lohnenswert ist. Aber ich versuche jetzt nicht zu messen, was einzelne Maßnahmen bringen.« Bei einer anonymen externen Mitarbeiterbefragung für ein Zertifikat lieferten ihm seine Mitarbeiter kürzlich ein weiteres Ergebnis von Dreamwork: 100 Prozent der Befragten gaben an, dass sie ihren Arbeitgeber uneingeschränkt weiterempfehlen würden.

»Das«, sagte später ein externer Auditor, »gab es bisher noch bei keinem Unternehmen.«

Gestaltbarkeit und Sinnhaftigkeit

Das Unternehmen Dornseif beschäftigt eine hochmotivierte und loyale Belegschaft, die in einer außergewöhnlichen Kultur arbeitet. Bemerkenswert für den Aspekt der Sinnhaftigkeit ist jedoch, dass diese Unternehmenskultur nicht vorgegeben, sondern von den Mitarbeitern bewusst erschaffen wurde. Das Projekt Dreamwork ist das Ergebnis eines hohen Maßes an gemeinschaftlicher Gestaltung – und diese sollte in einem Unternehmen immer Hand in Hand mit Sinnhaftigkeit erlebt werden. Würde ein Geschäftsführer seine Mitarbeiter die Firmenstrategie erarbeiten lassen, die Ergebnisse jedoch danach verwerfen, würden seine Mitarbeiter sich fragen, warum sie sich überhaupt die Mühe gemacht haben. Ein weiteres Mal würde es dem Chef nicht gelingen, dass seine Mitarbeiter sich voller Inbrunst auf einen solchen Prozess einlassen. Diesen Kardinalsfehler beging auch der Geschäftsführer der regierungsnahen Organisation aus Kapitel 3. Wenn Sie Gestaltbarkeit ermöglichen, muss diese auch einen erkennbaren Einfluss haben und zu Veränderungen führen. Das ist bei Dornseif auf beispielhafte Weise geschehen. Das Dreamwork-Projekt ist ein für alle Beteiligten sichtbares und spürbares Ergebnis gemeinsamer Bemühungen. »Meine Kollegin Frau König und ich gießen das Ganze sprachlich und grafisch in eine Form«, erzählte Denise Blaschek. »Inhaltlich steckt in dem Projekt eine Menge von unseren Kollegen.« Weshalb die Dornseif-Mitarbeiter so viel Sinnhaftigkeit erleben und ein solch hohes Maß an Engagement zeigen, verdeutlichen die folgenden Experimente.

Sinnhaftigkeit ganz pragmatisch

Wenn Sie glauben, dass es zur Verbreitung der Sinnhaftigkeit in einem Unternehmen immer einen Geschäftsführer wie Joachim Weckmann oder Markus Dornseif braucht, kann ich Sie ermutigen: Führungskräfte können auch ohne eine firmenweite CSR- oder Dreamwork-Strategie Einfluss nehmen. Sie müssen auch nicht unbedingt Eigentümer oder Geschäftsführer sein, damit Ihre Mitarbeiter Sinnhaftigkeit in der Arbeit erleben. Eigentlich ist es ganz einfach ...

Erinnern Sie sich noch an das Ikea-Experiment aus Kapitel 3? Das war die Untersuchung, bei der die Teilnehmer für das gleiche Produkt deutlich mehr Geld zu zahlen bereit waren als die Vergleichsgruppe – nur weil sie das Produkt zuvor selbst zusammengebaut hatten. Dan Ariely, einer der leitenden Wissenschaftler dieses Experiments, erforschte im Jahr 2008, welchen Einfluss Sinnhaftigkeit auf unsere Leistungsbereitschaft und Arbeitsergebnisse hat. Ariely und seine Kollegen hielten es mit der oftmals sehr philosophisch abgehandelten Sinnhaftigkeit bewusst einfach. »Wir glauben, dass die beiden Themen ›Beachtung‹ und ›Verständnis vom Zweck der Arbeit‹ zwei der versteckten Motivationsgrundlagen für Sinn in der Arbeit sind«, erzählen die Forscher zu Beginn ihrer Studie. Um diese Hypothese zu untermauen, führten sie zwei einfache und sehr erhellende Experimente durch.

Stellen Sie sich vor, ich würde Ihnen ein DIN-A4-Blatt, gefüllt mit unzusammenhängenden Buchstaben, vorlegen. Irgendwo zwischen Dutzenden von Zeichen habe ich zehn Buchstabenpaare versteckt. Beispielsweise zwei L (LL), zwei P (PP) oder ein Paar aus den übrigen Buchstaben des Alphabets. Ich bitte Sie nun, diese zehn Paare zu finden und zu unterstreichen. Nachdem Sie das getan und mir das Blatt ausgehändigt haben, erhalten Sie von mir ein weiteres, das ebenfalls mit Buchstaben gefüllt ist. Für das erste bearbeitete Blatt erhalten Sie 55 Cent, für das zweite 50 Cent, für das dritte 45 Cent. Das ginge linear so weiter bis zum elften Blatt, für dessen Fertigstellung Sie nur noch 5 Cent erhielten. Ab dem zwölften Blatt gäbe es kein Geld mehr. »Es war unsere Intention, so wenig Sinnhaftigkeit wie möglich in dieser Tätigkeit zu kreieren«, erzählt Ariely dazu. Der entscheidende und mit Sinn behaftete Teil des Experiments kam nun: Stellen Sie sich vor, zwei Ihrer Kollegen oder Freunde würden ebenfalls an diesem Experiment teilnehmen. Beide erhalten die gleiche Aufgabe. Der Unterschied zwischen Ihnen wäre folgender: Sie selbst dürfen auf Ihr Blatt Ihren Namen schreiben und es mir direkt überreichen. Ich schaue mir das Ergebnis

Ihrer Arbeit kurz an, und lege es dann sauber ab, bevor ich Ihnen ein weiteres überreiche.

Ihr erster Kollege hingegen wird ganz bewusst *nicht* darum gebeten, seinen Namen auf das fertige Blatt zu schreiben. Wenn er mir das Ergebnis seiner Arbeit überreichen will, zeige ich mit dem Kopf auf einen großen Haufen Papiere und sage: »Legen Sie es dort ab.« Im Anschluss erhält er ein neues Blatt zur Bearbeitung. Ihr zweiter Kollege wird nun eine ganz besonders erinnerungswürdige Erfahrung machen: Auch er wird ganz bewusst *nicht* darum gebeten, seinen Namen auf das fertige Blatt zu schreiben. Sobald er mir das Ergebnis seiner Arbeit übergibt, stecke ich das Blatt ungelesen und unmittelbar vor seinen Augen in einen Schredder.

Überlegen Sie: Ihre Kollegen könnten sehr schnell den höchstmöglichen Betrag bei diesem Experiment verdienen. Da das Ergebnis ihrer Arbeit nicht geprüft wird – im Falle des Schredderns sogar nicht mehr über-prüfbar wäre –, bräuchten sie einfach nur 10 Striche auf dem Blatt Papier machen, es mir überreichen und sie würden den jeweiligen Geldbetrag erhalten. Es wären schnelle elf Runden! Hingegen wird das Ergebnis Ihrer Arbeit von mir sorgfältig inspiziert. Sie sind der Einzige der drei Teilnehmer, der sauber arbeiten muss.

Das Ergebnis des Experiments fiel anders aus, als mancher vermuten würde. In Arielys Versuch wurden nicht 3, sondern über 100 Teilnehmer in drei gleich große Gruppen aufgeteilt. Gruppe 1 machte – wie Sie – die Erfahrung der »Anerkennung«, Gruppe 2 machte die Erfahrung von »Ignoranz«, Gruppe 3 erlebte das »Schreddern«. Jeder der über 100 Teil-nehmer nahm allein an dem Experiment teil, sodass keine Beeinflussung des eigenen Verhaltens durch andere Versuchsteilnehmer möglich war. In der ersten Gruppe waren 49 Prozent der Teilnehmer bereit, alle elf Runden durchzuarbeiten, so lange, bis kein Geld mehr ausgezahlt wurde. Ein Teilnehmer ging sogar in eine zwölfte, unbezahlte Runde. Die Teil-nehmer der dritten Gruppe, die das Schreddern erlebten, hatten deutlich weniger Interesse daran, die Aufgaben durchzuführen. Nur magere 17 Prozent von ihnen – also ungefähr ein Drittel im Vergleich zu Gruppe 1 – hielten elf Runden durch. Selbst die Möglichkeit des Schummelns war für die verbleibenden 83 Prozent nicht interessant genug, um bis Runde elf durchzuhalten und das schnelle Geld mitzunehmen. »Das Schreddern des Arbeitsergebnisses ist so eine eklatante unnatürliche Gewalt gegen das Arbeitsergebnis, dass man hier die stärkste Reaktion aller Versuchsteilnehmer erwarten könnte«, mutmaßten die Wissenschaftler. Doch sie irrten sich: Die zweite Gruppe, deren Arbeitsergebnisse ignoriert worden waren (»Schreiben Sie Ihren Namen nicht auf das Blatt und legen Sie es einfach auf den Papierstapel«), reagierte genauso stark wie die Gruppe mit der Schredder-Erfahrung. Auch hier arbeiteten nur 17 Prozent alle elf Runden durch. Zur Überraschung der Wissenschaftler hatte nicht ein einziger Teilnehmer der »ignorierten« Gruppe versucht, zu schummeln – Ariely und sein Team hatten nach Abschluss der Untersuchung alle verbleibenden Zettel daraufhin untersucht.

> **Die Erkenntnis:** Einem Mitarbeiter Anerkennung zu schenken, verdreifacht die Leistungsbereitschaft. Ignorieren Sie ihn und sein Arbeitsergebnis jedoch, demotiviert das genauso stark, als wenn Sie das Arbeitsergebnis des Mitarbeiters zerstören würden.

Im Unternehmen Märkisches Landbrot beispielsweise kann man den Aspekt der von Ariely untersuchten »Anerkennung« besonders ausgeprägt finden. Die zahlreichen Besuchergruppen und Medienvertreter, die den Bäckern bei der Arbeit über die Schulter schauen, erfüllen dieses Bedürfnis. Geschäftsführer Weckmann fasste es im Gespräch zusammen: »Für uns ist es eine Form von Achtung, dass so viele Menschen sehen wollen, was wir hier tun. Es ist eine Wertschätzung für das, wofür wir uns seit Jahrzehnten einsetzen.«

In einem weiteren Experiment konnte Ariely den Einfluss der Sinnhaftigkeit auf die Leistungsbereitschaft bestätigen, und er kam zudem zu zwei weiteren Erkenntnissen. Die neu rekrutierten Teilnehmer wurden in zwei Gruppen unterteilt. Jeder von ihnen bekam die Aufgabe, aus 40 Einzelteilen Lego-»Bionicles« zu bauen – kleine Fantasiefiguren des Spieleherstellers. Für die erste dieser Figuren erhielten die Teilnehmer 2 Dollar, für die zweite 1,89 Dollar, für die dritte 1,78 Dollar – Sie kennen das lineare Muster bereits aus dem Experiment mit den Buchstabenpaaren auf dem Papier. Der Unterschied zwischen den beiden Versuchsgruppen: Während für Gruppe 1 jede Menge Kartons mit Bionicle-Figuren bereitstanden, die zusammengebaut werden konnten, gab es bei Gruppe 2 nur zwei dieser Kartons. Die Versuchsleiter in Gruppe 2 bauten jeweils ein Bionicle wieder auseinander, während der Versuchsteilnehmer die andere Figur zusammensetzte. Bei Gruppe 1, die Ariely die »sinnhafte Gruppe« nannte, konnten die Teilnehmer eine immer länger werdende Reihe von fertig zusammengesetzten Bionicles vor sich auf den Tisch stellen. Die Teilnehmer von Gruppe 2, die Ariely die »Sisyphosgruppe« nannte, mussten mitansehen, wie das Ergebnis ihrer Arbeit unmittelbar wieder auseinandergerissen wurde.

Die Forscher hatten jedoch noch eine dritte Gruppe rekrutiert, die keine Bionicles zusammenbauen musste. Ariely erklärte ihr jedoch den Versuchsaufbau für Gruppe 1 und 2, und bat sie im Anschluss um ihre Einschätzung, wie sich die Teilnehmer beider Gruppen verhalten würden. Die befragten Teilnehmer von Gruppe 3 waren sich einig: Die »Sinnhaftigkeits«-Gruppe würde mehr Bionicles zusammenbauen als die Sisyphosgruppe, deren Arbeitsergebnis zerstört wird. Gruppe 3 glaubte, dass die Teilnehmer der sinnhaften Gruppe durchschnittlich ein Bionicle mehr bauen würde als die Sisyphosgruppe.

Wie ergeht es Ihnen – was glauben Sie? Welchen messbaren Unterschied vermuten Sie zwischen diesen beiden Gruppen? »Die befragten Teilnehmer hatten tendenziell in die richtige Richtung gedacht«, erzählt Ariely. »Aber sie haben das Ausmaß komplett unterschätzt.« Tatsächlich hatte die sinnhafte Gruppe mehr Bionicles zusammengesetzt als die Sisyphosgruppe (deren Figuren bereits auseinandergenommen wurden, während sie die andere Figur neu zusammensetzten). Doch der Unterschied bestand nicht in einer, sondern durchschnittlich in vier Figuren! Die sinnhafte Gruppe setzte durchschnittlich elf Figuren zusammen, bevor die Teilnehmer das Interesse verloren – damit lag der messbare Unterschied zur Sisyphosgruppe bei 47 Prozent. Die Arbeit war identisch, die Bezahlung war gleich. Der einzige Unterschied bestand darin, dass die Sisyphosgruppe erkannte, dass das Ergebnis der Arbeit keinen Zweck erfüllte.

Beim Winterdienstleister Dornseif erlebten die Mitarbeiter mit ihrem Projekt Dreamwork, dass die eigenen Ideen nicht verworfen oder zerstört werden. Die gemeinsame Arbeit der Dornseif-Mitarbeiter an der Unternehmenskultur führte zu einem sichtbaren Ergebnis: dem Dreamwork-Projekt. Das Ergebnis ist eine sehr hohe Leistungsbereitschaft, die Ariely auch in der sinnhaften Gruppe seines Experiments messen konnte. »Dreamwork ist der Grund, weshalb die Kollegen hier in den

Hochphasen, wenn bundesweit Schnee liegt, teilweise an sieben Tagen pro Woche zur Arbeit kommen«, erzählt Dornseif-Mitarbeiterin Katharina Gisbrecht.

Ariely und seine Kollegen befragten die Teilnehmer im Anschluss: »Wer von Ihnen liebt Lego?« Sie glichen die Antworten mit den Versuchsergebnissen ab, und stellten fest, dass es einen unmittelbaren Zusammenhang zwischen der »Liebe zu Lego« und der Anzahl gebauter Bionicles gab. Je mehr Teilnehmer angegeben hatten, Lego zu lieben, desto mehr Bionicles wurden gebaut. Das galt jedoch nur für Teilnehmer der sinnhaften Gruppe. Waren Lego-Liebhaber in der Sisyphosgruppe, hatte ihre Zuneigung zum Produkt keinen Einfluss auf ihre Leistung.

> Hier können Sie Dan Ariely sehen, wie er seine Experimente erklärt: fuehren-mit-hirn.de/ariely

> **Arielys Erkenntnis des Experiments:** »Wir sind in der Lage, die bestehende Freude an etwas zu zerstören, wenn Mitarbeiter keine Sinnhaftigkeit in ihrem Tun erkennen.«

Essenz für Eilige

Sinnhaftigkeit – Menschen erhalten Zugriff auf ihre Ressourcen

- Wenn Menschen Sinnhaftigkeit im eigenen Handeln finden, fällt es ihnen leichter, sich mit schwierigen Rahmenbedingungen zu arrangieren.
- Das Ehepaar Steiger revolutioniert seit Jahrzehnten mit ihrer gleichnamigen Stiftung das gesamte deutsche Notrettungssystem. Und das gegen massive Widerstände. Der vermeidbare Tod des eigenen Sohnes ist die Kraft, die sie antreibt, allen Widerständen zu trotzen.
- Tief in uns tragen wir das Bedürfnis zu geben. Bereits bei Kleinkindern lässt sich in einem Experiment feststellen: Ein Kind freut sich, wenn es Süßigkeiten geschenkt bekommt. Es freut sich jedoch messbar mehr, wenn es einen Teil der Süßigkeiten weiterverschenkt.
- Wenn Mitarbeiter sich der CSR-Maßnahmen (und damit des positiven Einflusses auf die Gesellschaft) ihres Arbeitgebers bewusst sind, verändern sie ihr Verhalten. Sie zeigen eine messbar höhere Bereitschaft,

Kollegen zu helfen, sie machen häufiger konstruktive Vorschläge und sie berichten von geringerer Erschöpfung.

- Bereits ein einmaliger Sinnhaftigkeitsimpuls von 5 Minuten hat in einem untersuchten Unternehmen die Leistungsbereitschaft von Mitarbeitern um 142 Prozent und ihre Ergebnisse sogar um 171 Prozent erhöht.
- Einem Mitarbeiter Anerkennung für seine Arbeit zu schenken, erhöht einer bekannten Studie zufolge die persönlich empfundene Sinnhaftigkeit und somit die Leistungsbereitschaft des Mitarbeiters um den Faktor drei.
- Verlieren Menschen den Glauben an den Sinn einer bestimmten Tätigkeit, kann dies selbst zuvor bestehendes Interesse und Begeisterung zerstören.

Kapitel 7

Achtsamkeit – Menschen finden zu sich zurück

»Ich bin auf Ideen gekommen, die ich zuvor in dieser Klarheit nicht hatte.«

Heribert Gathof, Geschäftsführer Eckes-Granini
Deutschland von 2000 bis 2014

»Mein linker Arm fühlt sich an, als würde er brennen«, erzählt Mark Bertolini. Er wird von neuropathischen Schmerzen gequält – eine besonders unangenehme Form des Schmerzes, die durch eine direkte Schädigung von Nervengewebe entsteht. »Es hört nie auf, ich spüre es auch jetzt im Moment«, fügt er hinzu. Bertolini ist Chairman und CEO von Aetna, einem amerikanischen Krankenversicherer mit einem Jahresumsatz in Höhe von 58 Milliarden Dollar und 46 Millionen Kunden. Im Jahr 2004, in den Bergen, hat seine Schmerzodyssee begonnen: Bei einem Skiunfall brach er sich das Genick. Er hatte Glück im Unglück: Inzwischen kann er sich wieder nahezu normal bewegen. Doch die schwere Rückenmarksverletzung beschert seinem linken Arm bis heute einen »hartnäckigen Schmerz«, wie Bertolini erzählt. »Ich habe anfangs täglich bis zu sieben unterschiedliche Medikamente zu mir nehmen müssen, um diese Schmerzen zu kontrollieren«, erinnert er sich. »Einige davon waren Betäubungsmittel. Mit solchen Drogen war das Arbeiten für mich unmöglich.« Die Ärzte empfahlen ihm, das Geld aus der Berufsunfähigkeitsversicherung anzunehmen, zu Hause zu bleiben und für den Rest seines Lebens hochdosierte Medikamente einzunehmen. Doch Bertolini hörte aus gutem Grund nicht auf sie.

Einige Jahre zuvor hatte er schon einmal die Aussagen von Ärzten hinterfragt und damit das Leben seines Sohnes Eric gerettet. Im Jahr 2001 war bei Eric ein unheilbarer Krebs im Endstadium diagnostiziert worden. Mark Bertolini hängte seinen Job für 18 Monate an den Nagel und kämpfte sich durch das amerikanische Gesundheitssystem. Die Mediziner gaben Bertolinis Sohn noch sechs Monate. »Bisher hat noch kein Mensch diese Krebsform besiegt«, erinnert er sich an ihre Aussagen. Dass Mark Bertolinis Sohn Eric heute immer noch lebt, verdankt er der Hartnäckigkeit seines Vaters. Dieser fand eine Kombination von lebensrettenden Therapien. »Bis heute ist Eric der einzige mir bekannte Fall, der diese Art von Krebs überlebt hat«, erzählt der Vater. »Allerdings sind seine Nieren von der Therapie zerstört worden. Darum habe ich ihm meine linke Niere gespendet.«

Als Mark Bertolini durch seinen Skiunfall nochmals vom Leben geprüft wurde, entschied er sich für einen Weg frei von Schmerz- und Betäubungsmitteln. Er wollte wieder arbeiten. Da er sich von der Schulmedizin keine nützliche Hilfe versprach, begann er sich mit alternativen Heilmethoden zu beschäftigen.

»Heute stehe ich jeden Morgen um 5:30 Uhr auf, um zu meditieren«, berichtet der Konzernführer. »Asanas, Pranayama und vedische Gesänge helfen mir, meinen Geist zu beruhigen und auf die Achtsamkeitsmeditation vorzubereiten. Dann kann ich mich hinsetzen, um mich innerlich auf die Suche zu begeben.« Die Elemente aus hinduistischen und buddhistischen Lehren sind ein Teil seines »Cocktails«: So nennt Bertolini den Methodenmix, der es ihm ermöglicht, anders mit den starken Nervenschmerzen umzugehen. »Craniosacraltherapie, Akupunktur, Achtsamkeit und Yoga helfen mir, ohne Schmerzmittel zu leben«, erzählt er mit entspannter Stimme.

Inspiriert von seinen persönlichen Erfahrungen, beschloss Aetna-CEO Mark Bertolini, die Ansätze von Yoga und Achtsamkeitsübungen auch seinen 48 000 Mitarbeitern näherzubringen. Um sein Managementteam von der Wirksamkeit zu überzeugen, finanzierte er ein Forschungsprojekt, das die Auswirkung dieser Methoden auf Menschen im Arbeitsumfeld untersuchte. »Ich wollte nicht, dass meine Mannschaft denkt: Nur weil Mark jetzt Yoga macht, müssen wir das auch tun. Die Analyse unserer Belegschaft hat im Vorfeld klar gezeigt: Das obere Fünftel unserer Mitarbeiter, die den größten persönlichen Stress empfinden, verursachen pro Person durchschnittlich um 2 000 Dollar höhere medizinische Kosten als die Mitarbeiter im untersten Fünftel der Stressskala«, erzählt Bertolini. Im Jahr 2010 begann das von seinem Unternehmen gesponserte Forschungsprojekt an der Duke University. 239 Aetna-Mitarbeiter nahmen freiwillig an der Studie teil. 90 von ihnen wurden einem Yogaprogramm zugeteilt. 96 Mitarbeiter absolvierten ein speziell für Menschen im Arbeitsumfeld designtes Achtsamkeitsprogramm mit dem Namen »Mindfulness at Work.« Die verbleibenden 53 Mitarbeiter bildeten die Kontrollgruppe.

Das Yogaprogramm bestand aus zwölf Einzelstunden in zwölf Wochen, das Achtsamkeitstraining aus vierzehn Stunden im gleichen Zeitraum. Forschungsdirektorin Ruth Wolever von der Duke University untersuchte mit ihrem Team die subjektiv angegebenen und objektiv messbaren Veränderungen. »Wir konnten statistisch signifikante Verbesserungen des persönlichen Stressempfindens und der Schlafqualität feststellen«, schreibt die Wissenschaftlerin in ihrer im Jahr 2012 veröffentlichten Studie. Zudem stellte sie eine »signifikante Verbesserung der Herzrhythmusvariabilität« bei den Teilnehmern der Yoga- und Achtsamkeitskurse fest. Das ist die Fähigkeit unseres Herzens, sich schnell an verschiedene Herausforderungen wie Sport oder Ruhephasen anzupassen.

Die Führung von Aetna ließ die Veränderung der wirtschaftlichen Kennzahlen analysieren. »Wir können sehen, dass die Teilnehmer der Yoga- und Achtsamkeitskurse im Anschluss eine um 62 Minuten höhere Produktivität erreichten«, erzählt Mark Bertolini. »Das ist ein Produktivitätsgewinn von jährlich 3 000 Dollar. Wir haben dieses Programm nun allen Aetna-Mitarbeitern zur Verfügung gestellt. 13 000 von ihnen haben bereits daran teilgenommen.« Der jährliche rechnerische Produktivitätsgewinn von Aetna liegt dadurch bei 39 Millionen Dollar. Hinzu kommen die reduzierten medizinischen Kosten pro Jahr. »In den meisten Fällen hat Aetna 80 Prozent dieser Kosten getragen«, erzählt mir Ruth Wolever im Gespräch. Das sind die typischen Vereinbarungen in den USA.« Zu Beginn hatte Aetna seiner Belegschaft die Yoga- und Achtsamkeitskurse in den Randzeiten sehr früh morgens oder am Abend angeboten. »Doch die Mitarbeiter wünschten sich auch 55-Minuten-Lunch-Angebote«, erzählt Wolever. »Inzwischen sind das die meistbesuchten Kurse.« Die Mitarbeiter schienen diese Lunch-Termine nicht nur besser in den Tag integrieren zu können, sondern spürten dadurch auch eine unmittelbare Auswirkung auf ihren Arbeitsalltag.

Während die Mitarbeiter bei den Yogakursen persönlich anwesend sein mussten, testete Aetna bei den Achtsamkeitskursen zwei Möglichkeiten:

Die Teilnehmer konnten an einem Kurs persönlich teilnehmen oder sich mit ihrem Computer in einen Onlinekurs einloggen. Die Onlinekurse bestanden aus dem Livestreaming eines Kursleiters, der in Echtzeit mit allen Onlineteilnehmern sprach. Sie führten zu den gleichen positiven Veränderungen im persönlichen Empfinden und in der Produktivität der Teilnehmer wie die Kurse mit persönlicher Anwesenheit. Manche Werte, wie beispielsweise der persönlich wahrgenommene körperliche Schmerz, gingen bei den Onlinekursen sogar noch stärker zurück. »Heutzutage werden fast nur noch Onlinekurse angeboten«, erzählt mir Elisha Goldstein. Er hat das »Mindfulness-at-Work«-Programm entwickelt und ist einer von mehreren Lehrern, die die Onlinekurse durchführen.

»Zu vielen Achtsamkeitsübungen gehören ja auch Yogaelemente. Werden diese auch in den Onlinekursen umgesetzt?«, frage ich ihn.

»Ja. Und die Teilnehmer lieben es, aus ihren ungesunden Bürohaltungen herauszukommen«, erzählt er. »Es sind Übungen darunter, bei denen die Menschen vor ihrem Laptop den Oberkörper drehen oder die Finger lockern können, mit denen sie sonst den ganzen Tag nur tippen.«

Goldstein hat in den Dotcom-Jahren zum Jahrtausendwechsel für verschiedene Telekom-Unternehmen gearbeitet. Dann ließ er diese Welt hinter sich, promovierte in Psychologie und verfasste mehrere Bücher über Achtsamkeit. »Aetna hat inzwischen eine Menge interessanter Kennzahlen über die Auswirkungen von Achtsamkeit auf die Belegschaft veröffentlicht. Doch wie sind die unmittelbaren Rückmeldungen der Teilnehmer?«, frage ich Goldstein.

»Das Feedback, das ich von den Teilnehmern am häufigsten erhalte, lautet: ›Ich habe die Kontrolle über mich selbst und mein Leben wieder‹«, antwortet er. Christine Beaird, Sales Support Consultant bei Aetna, bestätigt das. Die 44-Jährige hat vor einigen Jahren ihren Mann verloren. Sie versank in Trauer und Depression, und aß zudem zu viel. »Inzwischen empfehle ich das Achtsamkeitsprogramm all meinen Kollegen«, erzählt sie. »Es war mir eine große Hilfe, daran teilzunehmen. Ich verstehe mich selbst besser. Dadurch habe ich viel mehr Kontrolle über mich selbst.« Ihre Kollegin Kellie Gregg ist seit 34 Jahren bei Aetna. Sie arbeitet von zu Hause, und hat ebenfalls an den Online-Achtsamkeitskursen teilgenommen. »Ich verbringe viele Stunden pro Tag mit Arbeit, und es ist extrem stressig«, erzählt sie. »Nach drei Wochen in diesem Kurs habe ich bereits festgestellt, dass mein Schlaf besser und mein Stress geringer wurde. Ich erlebe meine Arbeit als viel effizienter, seit ich an dem Achtsamkeitstraining teilgenommen habe. Ich bin produktiver, weil ich mich nicht mehr so schnell aufrege. Wenn ich morgens aufwache, fokussiere ich mich zunächst auf meinen Atem, anstatt mir Gedanken zu machen, was ich den ganzen Tag zu tun habe.«

»Aetna will demnächst noch einen Schritt weitergehen und spezielle mobile Angebote zur Verfügung stellen«, erzählt mir Ruth Wolever. »Mit dem Smartphone und Kopfhörern im Ohr kann man sich dann auch von unterwegs in Liveangebote einloggen.«

Nach Ende des zwölfwöchigen Kurses entschieden sich die meisten Teilnehmer jedoch, den »formellen« Teil der Achtsamkeitsübungen alleine zu praktizieren – und das nicht mehr in der Mittagspause, sondern lieber frühmorgens oder am Abend. Den »formlosen« Teil praktizierten sie inzwischen ohnehin immer wieder während des Tages. Das Mindfulness-at-Work-Programm, das von Goldstein entwickelt wurde, und jetzt vom Anbieter eMindfulness technisch umgesetzt wird, ist inzwischen auch für Mitarbeiter weiterer Organisationen verfügbar. Seit kurzem bietet es sogar der US-Bundesstaat Arizona seinen 62 000 Mitarbeitern an.

Unternehmen: Aetna Inc.
Branche: Krankenversicherer
Sitz: Hartford, Connecticut (USA)
Gegründet: 1853
Mitarbeiter: 48 000
Webseite: www.aetna.com
Bemerkenswert: Mehr als 13 000 Mitarbeiter nahmen an Yoga- und Achtsamkeitskursen teil. Neben subjektiv berichteten Verbesserungen der Lebensqualität der Teilnehmer beziffert CEO und Chairman Mark Bertolini den kumulierten Produktivitätsgewinn dieser Mitarbeiter mit über 30 Millionen Dollar.

»Meine persönliche Reise hat auch Aetnas ›Organisational Wellness‹ beeinflusst«, resümiert Bertolini. »Die Entwicklung von Yoga und Achtsamkeit bei Aetna erhält meine uneingeschränkte Unterstützung.« Für Bertolini ist das Ganze zu einem Herzensthema geworden. Bei einem Gespräch mit Journalisten erlebe ich ihn gewohnt zurückhaltend und kontrolliert in allen unternehmensstrategischen Fragen. Auf sein Achtsamkeitsprogramm angesprochen, erlebt man den anderen Mark Bertolini. Er zeigt eine entspanntere Körperhaltung und redet wie ein Wasserfall. Der immer noch bullig wirkende Bertolini erzählt dann auch gern von den 24 Kilo, die er inzwischen abgenommen hat, und darüber, dass er selbst seinem Arzt das Abnehmen nahelegt. Damit Achtsamkeit nicht nur in den Zwölf-Wochen-Programmen gelebt, sondern auch struktureller Teil der Führungskultur wird, hat Bertolini die Bezahlung seiner Manager angepasst. 50 Prozent des Gehalts sind nun davon abhängig, wie die Chefs ihre Mitarbeiter behandeln. »You can't behave like a jerk and expect to get paid«, fasst Bertolini das Entlohnungssystem zusammen: »Sie können sich nicht wie ein Idiot verhalten und erwarten, dass man sie dafür auch noch bezahlt.«

Ein Geist auf Wanderschaft

Stellen Sie sich ein mit Wasser gefülltes Glas vor. Schütten Sie in Gedanken zwei bis drei Teelöffel Sand in das Glas, und beginnen Sie zu rühren. Wenn Sie in Ihrer Vorstellung nun ganz nah an dieses Glas herangingen und versuchten, hindurchzuschauen – was geschähe? Durch die ständige Rührbewegung würde der Sand aufgewirbelt, und das Wasser wäre trüb. Das ist der Geist der meisten Menschen im Normalzustand. So wie der Sand im Wasserglas wirbeln uns unsere Gedanken ständig durch den Kopf. Wenn Ihnen das bisher noch nicht bewusst war, dann machen Sie ein kleines Experiment: Lesen Sie am Ende des Satzes für einen Moment nicht weiter, nehmen Sie ganz langsam zehn tiefe Atemzüge, und achten Sie während dieser Zeit einzig und allein auf Ihren Atem.

Den wenigsten ungeübten Menschen gelingt es, den Geist vollkommen auf eine Sache zu fokussieren – und sei es nur zehn Atemzüge lang. Ganz automatisch wandern unsere Gedanken in die Vergangenheit (»Was meinte mein Kollege vorhin damit, als er sagte …«), in die Zukunft (»Ich muss unbedingt nachher noch daran denken, Spargel zu kaufen …«) oder einen anderen Ort.

Zahlreiche wissenschaftliche Abhandlungen beschäftigen sich mit diesem wandernden Geist. In den 80 Jahren von 1920 bis 1999 wurden 25 Artikel dazu verfasst. In den Jahren 2000 bis 2013 stieg das Interesse sprunghaft, sodass in nur 13 Jahren 355 wissenschaftliche Texte erschienen. Einen großen Teil unserer wachen Zeit befinden wir uns mit den Gedanken irgendwo – nur nicht da, wo wir gerade sind. Seit es Smartphones gibt, lässt sich das wunderbar beobachten. Wie oft ertappen Sie sich selbst oder wie oft beobachten Sie bei anderen Menschen den regelmäßigen Blick auf das Telefon, selbst wenn keine neue Nachricht eingegangen ist. Im Jahr 2010 haben die Wissenschaftler Matthew Killingsworth und Daniel Gilbert von der Harvard-Universität eine Studie mit 5 000 Menschen aus 83 Ländern veröffentlicht. Die Teilnehmer hatten sich zuvor eine App auf ihr iPhone heruntergeladen, über die sie mehrfach pro Tag nach ihrer Zufriedenheit (»Auf einer Skala von 0 bis 100: Wie glücklich sind Sie gerade?«), nach ihren Gedanken (»Denken Sie gerade an etwas anderes, als an das, was Sie gerade tun?«) und nach ihren Aktivitäten gefragt wurden. Eine gewisse Paradoxie lässt sich nicht leugnen: dass die Wissenschaftler ausgerechnet die kleinen Geräte, die uns ständig ablenken, in diesem Experiment dazu verwendeten, um herauszufinden, ob die Probanden gerade abgelenkt waren …

In 47 Prozent der abgefragten Momente gaben die Teilnehmer an, mit ihren Gedanken woanders gewesen zu sein. Beispielsweise hatten Sie gerade ein leckeres Gericht vor sich, und dachten an etwas ganz anderes. Die große Ausnahme war: Sex. Da waren die Teilnehmer tatsächlich auch gedanklich bei der Sache … zumindest so lange, bis Killingsworth und Gilberts iPhone-App piepte und nachfragte, was sie gerade taten.

Je öfter die Teilnehmer jedoch in der App anklickten, mit ihren Gedanken woanders gewesen zu sein, desto geringer waren ihre durchschnittlichen Werte auf der Glücksskala – auch dann, wenn sie angaben, gerade mit angenehmen Gedanken beschäftigt gewesen zu sein. Die Wissenschaftler werteten die Daten der Teilnehmer über einen längeren Zeitraum aus, und kamen zu der Erkenntnis: Wenn Menschen in Gedanken abschweifen, dann ist das nicht die Folge davon, dass sie gerade unglücklich sind, sondern das Gegenteil ist der Fall: Das ständige Abschweifen in Gedanken macht uns unglücklich!

Stellen Sie sich noch einmal das Glas Wasser vor. Was würde geschehen, wenn Sie aufhörten zu rühren? Der Sand könnte langsam absinken, und das Wasser würde klar. Das wäre Ihr Geist in einem Zustand der Achtsamkeit, wenn die Gedanken weniger durch den Kopf wirbeln. Wenn es Ihnen gelingt, zehn Atemzüge lang ausschließlich bei Ihrem Atem zu bleiben, dann sinkt in Ihrem Geist der Sand. Damit ist aber nicht gemeint, dass Sie sich dafür anstrengen müssten. Es geht um ein inneres »Sich-Niederlassen« auf den Atem.

»Viele Menschen verwenden das Wort Achtsamkeit fälschlicherweise synonym mit dem Wort ›Aufmerksamkeit‹«, erzählt mir Lienhard Valentin. Valentin gehört seit 25 Jahren zur Avantgarde der Menschen in Deutschland, die sich mit Achtsamkeit beschäftigen. In seinem kleinen Freiburger Verlag Arbor veröffentlicht Valentin regelmäßig deutsche und internationale Literatur zu dem Thema. »Bei der Achtsamkeit geht es um eine ganz spezielle Form der Aufmerksamkeit. Es ist eher so etwas wie eine ›wohlwollende, nicht beurteilende Präsenz‹ im Hier und Jetzt, eine Offenheit für unser gegenwärtiges Erleben«, resümiert Valentin.

Wenn Sie sich jetzt noch einmal auf Ihren Atem konzentrieren würden und versuchten, ganz fokussiert zu bleiben (sodass der Sand in Ihrem Geist sinken kann) … treten vermutlich körperliche Empfindungen, Gedanken oder Emotionen in Ihr Bewusstsein. Für gewöhnlich lassen wir uns von den »Geschichten« all dieser Impulse forttragen und verlieren den Fokus auf den Moment und den Atem. Die von Valentin beschriebene »Wertfreiheit« bedeutet, dass wir Körper, Gedanken und Emotionen ausschließlich wahrnehmen, ohne sie gleich in eine Schublade zu stecken, sie also als angenehm oder unangenehm zu bewerten. Wenn Sie beispielsweise ein Stechen im Rücken spüren, könnte Sie ein Gedanke wie: »Ich muss unbedingt einen Termin bei der Massage machen« forttragen. Ein wertfreies Verweilen sähe so aus: »Interessant: Ich spüre ein Stechen im Rücken. Wie fühlt sich das genau an? Kann ich mich den auftretenden Empfindungen öffnen, sie erforschen?« Kommt Ihnen ein Gedanke wie: »Ich muss meinen Chef noch anrufen«, könnte ein natürlicher Folgegedanke sein: »Wie bekomme ich ihn davon überzeugt, dass …«. Ohne dass Sie es bemerken, befinden Sie sich schnell in einer Geschichte, die mit dem Hier und Jetzt gar nichts mehr zu tun hat. Wenn Sie Achtsamkeit praktizieren, beobachten Sie den Gedanken jedoch nur kurz und wertfrei (»Interessant: Ich habe an meinen Chef gedacht.«) und kommen dann wohlwollend zurück zu Ihrem Atem.

Jeder Mensch ist in der Lage, das zu tun. Was uns unterscheidet, ist die Zeitdauer, die wir in so einem Achtsamkeitszustand verbringen können. Für manchen Ungeübten liegt diese Dauer bei unter einer Sekunde, doch jeder kann es trainieren.

Das Training der Achtsamkeit wird in eine formelle und eine formlose Praxis unterschieden. Die formelle Praxis ist beispielsweise die von mir gerade skizzierte: Sie setzen sich ruhig an einen Ort, fokussieren Ihren Atem und achten darauf, dass Ihr Geist sich nicht von körperlichen Empfindungen, Emotionen oder Gedanken forttragen lässt. Diese Übungen praktiziert Aetnas CEO Mark Bertolini jeden Morgen, und viele seiner Mitarbeiter während der Lunchsessions. In dieser formellen Praxis trainieren Sie Ihren Geist und bilden neue neuronale Netzwerke in Ihrem Gehirn aus, die Ihnen dabei helfen, den Zustand der Achtsamkeit länger zu halten.

Den Rest des Tages können Sie die formlose Achtsamkeit trainieren, indem Sie immer wieder innehalten und sich fragen: Bin ich im Hier und Jetzt oder gerade in Gedanken ganz woanders? Die Aufgabe in der formlosen Achtsamkeitspraxis besteht darin, wieder in den gegenwärtigen Moment zurückzukommen und den wandernden Geist einzufangen.

»Auch wenn es Achtsamkeitsmethoden schon seit Jahrtausenden gibt, und auch wenn seit einigen Jahrzehnten durch Methoden wie MBSR (Mindfulness-Based Stress Reduction – Stressbewältigung durch Achtsamkeit) für die westliche Welt auch leicht erlernbare Techniken entwickelt wurden«, resümiert Lienhard Valentin, »hat das Thema erst durch die Erkenntnisse der modernen Hirnforschung große Popularität erlangt.«

Die Neurowissenschaft der Achtsamkeit

Erinnern Sie sich noch an den Besuch des Dalai Lama in den amerikanischen neurowissenschaftlichen Laboratorien aus Kapitel 1? Während einer Demonstration der technischen Geräte bewegte der Proband einen Finger, kurz darauf zeigte der Hirnscanner eine Aktivierung des dazugehörigen motorischen Bereichs in seinem Gehirn. Der Dalai Lama bat den Mann, seinen Finger nur in Gedanken zu bewegen. Als dieser dem Wunsch entsprach, zeigte der Hirnscanner abermals eine Aktivierung des gleichen motorischen Bereichs. »Unsere Gedanken beeinflussen die Aktivität des Gehirns«, konnte der Dalai Lama seinerzeit erkennen. Ein wichtiger Moment, denn er beobachtete mit eigenen Augen den wissenschaftlichen Beweis für etwas, woran die Buddhisten schon lange glauben: Unsere Gedanken sind in der Lage, Einfluss auf uns und unseren Körper – in diesem Fall auf unser Gehirn – zu nehmen.

Der Forscher, der beim damaligen Besuch des Dalai Lama im Jahr 2001 dieses Labor an der Universität von Wisconsin in Madison leitete, hieß Richard Davidson. Er gilt heutzutage als einer der weltweit bekanntesten Hirnforscher und gelangte nicht zuletzt durch die Zusammenarbeit mit dem Dalai Lama und den Forschungen mit buddhistischen Mönchen zu seiner Popularität. Das Besondere an seinen Untersuchungen war, dass Davidson in den Gehirnen dieser Mönche niemals zuvor gemessene Aktivitäten nachweisen konnte.

Dabei hatte seine Forschung ziemlich holprig, sehr aufwändig und absolut ergebnislos begonnen. Im Jahr 1992 hatte Davidson all seinen Mut zusammengenommen und einen Brief an den Dalai Lama verfasst, in dem er um Fürsprache bat. Das tibetische Oberhaupt lebte bereits in seinem indischen Exil in Dharamsala. In der bergigen Region rund um die neue Heimat Seiner Heiligkeit hatten sich Dutzende von meditierenden Mönchen bereits seit vielen Jahren als Einsiedler zurückgezogen. Davidson wollte die Auswirkung der jahrelangen Meditation untersuchen. Daher bat er den Dalai Lama, ein gutes Wort für ihn und seine Untersuchungen einzulegen. Er stieß auf offene Ohren: Seine Heiligkeit war den westlichen Wissenschaften gegenüber immer schon sehr aufgeschlossen. Falls Sie den Film *Sieben Jahre in Tibet* über das Leben des Österreichers Heinrich Harrer (gespielt von Brad Pitt) gesehen haben, wissen Sie: Der Dalai Lama liebt es, sich mit technischen Dingen auseinanderzusetzen. Er wäre wahrscheinlich Ingenieur geworden, erzählt Seine Heiligkeit. Aber dann sei »die ganze Sache mit der Reinkarnation des letzten Dalai Lama« dazwischengekommen, scherzt er gerne.

Um Richard Davidsons Anliegen zu unterstützen, bat er einen Mittelsmann, mit den meditierenden Männern in den Bergen Kontakt aufzunehmen und den Wunsch des Dalai Lama zu übermitteln, sich von einem westlichen Wissenschaftler untersuchen zu lassen. Zehn Männer stimmten zu. Davidson machte sich mit seinen Kollegen Cliff Saron,

Francisco Valera und Allan Wallace sowie mehreren Tonnen technischer Ausrüstung und einem Forschungsbudget von 120 000 Dollar auf den Weg nach Dharamsala – und kehrte unverrichteter Dinge wieder zurück. Gemeinsam mit lokalen Helfern war es den Wissenschaftlern zwar gelungen, 210 Kilo der »wichtigsten« Geräte über die Gebirgspfade zu schleppen, um nach und nach jeden der zehn Männer aufzusuchen. Es war ihnen in den zehn Einzelgesprächen jedoch nicht gelungen, nur einen Einzigen davon zu überzeugen, sich auf wissenschaftliche Untersuchungen einzulassen. Die anfängliche Bereitschaft war wohl nur entstanden, um der Bitte des Dalai Lama zu entsprechen. Der eigene Fortschritt in der Meditation sei noch nicht ausreichend, um bemerkenswerte Ergebnisse präsentieren zu können, lauteten sinngemäß einige Antworten. Bescheidenheit ist eine der höchsten tibetischen Tugenden. Den Wissenschaftlern wurde sie in diesem Fall zum Verhängnis. Am Ende der beschwerlichen Reise erhielt der niedergeschlagene Davidson vom Dalai Lama jedoch das Versprechen, dass dieser nach Mönchen Ausschau halten werde, die sich bereit erklärten, in die Laboratorien nach Wisconsin zu kommen.

Die in Kapitel 1 beschriebene Begebenheit war die Einlösung dieses Versprechens: Es hatte zwar neun weitere Jahre gedauert, doch im Mai 2001 besuchte der Dalai Lama mit einem engen Vertrauten das Labor von Richard Davidson in Wisconsin. Dieser Vertraute war ein ehemaliger französischer Wissenschaftler, der sein weltliches Leben bereits in jungen Jahren gegen ein Leben als Mönch im Himalaya in der Nähe des Dalai Lama eingetauscht hatte: Matthieu Ricard. Die Begegnung zwischen Ricard und Davidson war der Beginn einer langen, fruchtbaren Zusammenarbeit, die nicht nur deutliche Spuren in der wissenschaftlichen Welt hinterlassen sollte, sondern auch auf die Wirtschaft ausstrahlte. Im Jahr 2014, dreizehn Jahre nach dem ersten Zusammentreffen, waren die beiden gefragte Teilnehmer des Weltwirtschaftsforums in Davos.

Ricard wird in den Medien oftmals als »glücklichster Mensch der Welt« bezeichnet, da Davidson besonders hohe Aktivitäten in genau den Teilen seines Gehirns nachgewiesen hat, die für das persönliche Wohlbefinden verantwortlich gemacht werden. Insbesondere der linke präfrontale Cortex (PFC) von Ricard zeigt eine ungewöhnlich hohe Betriebsamkeit.

> **1** Hier können Sie Matthieu Ricard über »Glück« sprechen sehen: fuehren-mit-hirn.de/ricard ∎

Davidson hatte bereits in den 80er Jahren mit einfachen Messgeräten in mehreren Experimenten gezeigt: Eine erhöhte Aktivität des linken PFC kann mit angenehmen Gefühlen in Verbindung gebracht werden. Die erhöhte Aktivität des rechten PFC ist hingegen mit der Empfindung unangenehmer Gefühle verbunden.

Im Jahr 1986 veröffentlichte Davidson einen Forschungsbericht, in dem er nachwies, dass die dafür notwendigen neuronalen Verknüpfungen bereits bei Neugeborenen bestehen. Davidson träufelte dazu Babys im Alter von zwei bis drei Tagen etwas Zuckerwasser auf die Lippen. Die winzigen auf der Kopfhaut angebrachten Elektroden seiner Messgeräte konnten eine signifikante Steigerung der Aktivität im linken PFC zeigen. Träufelte Davidson den Säuglingen hingegen Zitronenwasser auf die Lippen, verschob sich die Aktivität vom linken zum rechten PFC.

In weniger »invasiven« Experimenten war Davidson im Jahr 1982 bereits zu gleichen Ergebnissen gekommen. Zehn Monate alte Babys, die angenehme Videoclips mit lachenden Menschen sahen, ließen die gleiche linksseitige Aktivierung des PFC erkennen wie die Neugeborenen, denen Zuckerwasser auf die Lippen geträufelt wurde. Sahen die Babys jedoch ein trauriges Video mit einer weinenden Frau, verschob sich die präfrontale Aktivierung in den rechten Bereich – so wie bei den Neugeborenen mit Zitronenwasser auf den Lippen.

Der buddhistische Mönch Matthieu Ricard mit seinem durch regelmäßige Meditation hochaktiven linken PFC nennt die Bezeichnung »glücklichster Mensch der Welt« gerne »schmeichelhaft«. Er verweist jedoch schnell darauf, dass das nicht belastbar sei. Schließlich wurde bisher nur ein kleiner Teil der Menschheit mit den aufwändigen Methoden untersucht, die Davidson an ihm angewendet hat. Zugleich wusste Ricard als ehemaliger Wissenschaftler um die Notwendigkeit, dass Davidson die ersten Untersuchungsergebnisse durch weitere Forschungen mit anderen Mönchen untermauern musste. Also half er Davidson, Mönche zu finden, die zu wissenschaftlichen Untersuchungen bereit waren. Nach aufwändigen achtzehn Monaten war es Davidson gelungen, acht Mönche mit Meditationserfahrungen zwischen 10 000 und 50 000 Stunden in seinen Laboratorien zu untersuchen. Alle waren zugleich Meister in Achtsamkeitsmeditation. Als er im Jahr 2004 endlich das Ergebnis seiner Arbeit veröffentlichte, schrieb Davidson: »Wir haben bei allen Mönchen eine stärkere Gammaaktivität nachgewiesen, als sie je zuvor in der wissenschaftlichen Literatur dokumentiert wurde.«

Wenn man Menschen wie Ihnen oder mir eines dieser EEGs (Netze aus 256 Elektroden, mit denen Wissenschaftler die Aktivität von Gehirnen messen) aufsetzen würde, könnte man wohl ab und an eine kleine Gammawelle finden. Gammawellen entstehen, wenn Menschen in einer Handlung sehr konzentriert und fokussiert sind. Sie zeigen sich auch kurz in »Einsichtsmomenten«, über die Sie später noch mehr erfahren werden. Diese Wellen sind recht flüchtig. Selbst wenn eine dieser Wellen entsteht, verschwindet sie recht schnell. Bei den von Davidson untersuchten Mönchen waren die Gammawellen jedoch nicht nur konstant sichtbar – sie waren auch 30 Mal intensiver als bei Menschen wie uns. Tausende von Stunden in Meditation haben messbar die Art und Weise verändert, wie die Gehirne dieser Mönche funktionieren.

Parallel zu seinen Forschungen mit den Mönchen wollte Davidson wissen, welchen Einfluss Meditation auf normale Menschen ohne jegliche Achtsamkeitserfahrung haben würde. Im Jahr 1999 begann er eine gemeinsame Studie mit dem bedeutendsten westlichen Protagonisten in Achtsamkeitsmeditation: Jon Kabat-Zinn. Kabat-Zinn, von Haus aus Molekularbiologe, hatte im Jahr 1979 eine Methode mit dem Namen MBSR (»Mindfulness-Based Stress Reduction« – achtsamkeitsbasierte Stressreduktion) entwickelt. Die Methode verwendet unter anderem Elemente von buddhistischer Vipassana, Zen sowie des hinduistischen Yoga. Den spirituellen Überbau des alten fernöstlichen Wissens hatte er bewusst außen vorgelassen, um MBSR für westliche Menschen leichter zugänglich zu machen. MBSR wurde bereits als Therapieform an einigen amerikanischen Kliniken eingesetzt, um Menschen mit stressbedingten Symptomatiken zu helfen. Aufgrund der hohen Wirksamkeit empfehlen Ärzte diese Achtsamkeitsmethode mit ebenso überragenden Ergebnissen an Menschen mit chronischen Schmerzen, Essstörungen und einer Vielzahl weiterer psychischer und körperlicher Erkrankungen. Gustav Dobos, Chefarzt der Abteilung Naturheilkunde und Integrative Medizin an der Klinik Essen-Mitte, bringt die Wirkung von MBSR auf den Punkt: »Wenn man solche Effekte wie bei MBSR mit Medikamenten erreichen würde, gälte es als Kunstfehler, diese Technik nicht einzusetzen.«

Jon Kabat-Zinn war damals hellauf begeistert, dass ein Neurowissenschaftler seine inzwischen an vielen Tausend Menschen erfolgreich angewendete Methode untersuchen wollte. Obwohl es bereits einige ausgebildete MBSR-Lehrer gab, ließ Kabat-Zinn es sich nicht nehmen, den von Davidson ausgewählten Teilnehmern MBSR persönlich zu vermitteln. Der klassische MBSR-Kurs dauert acht Wochen. Einmal pro Woche treffen sich die Kursteilnehmer für drei Stunden, um die Methode zu erlernen und zu praktizieren. Nach der sechsten Woche wird zusätzlich ein ganzer »Achtsamkeitstag« durchgeführt. In den Tagen zwischen den Treffen sind die Teilnehmer angehalten, täglich 30 bis 45 Minuten die erlernten Übungen zu praktizieren. All das ist der »formelle« Teil des Programms. Den sogenannten formlosen Teil des MBSR praktiziert der Teilnehmer ohne zusätzlichen Zeitaufwand während des Tages. Beispielsweise wird er gebeten, eine Mahlzeit pro Tag achtsam einzunehmen oder andere Tätigkeiten achtsam auszuführen. Immer wieder hält er inne und prüft: »Bin ich im Hier und Jetzt? Nehme ich wahr, was gerade geschieht? Oder bin ich mit meinen Gedanken wieder einmal ganz woanders?«

Davidson untersuchte bei den Teilnehmern mehrere Aspekte: Zum einen setzte er jedem von ihnen sowohl vor als auch unmittelbar nach dem Acht-Wochen-Programm die haarnetzähnlichen Gebilde (EEGs) mit Hunderten Elektroden auf, um die Aktivität des Gehirns zu beobachten. Vier Monate nach Ende des Trainings untersuchte er Ihre Gehirne ein weiteres Mal. Zusätzlich bekam jeder Teilnehmer vor und nach dem MBSR-Kurs einen Fragebogen, um das subjektive Empfinden von Angst und Stress zu dokumentieren. Da das Ende des Kurses mit dem Beginn der Grippesaison zusammenfiel, erhielt jeder Teilnehmer eine Grippeimpfung. Mit Blutproben vor und nach der Impfung untersuchte Davidson die Anzahl der durch die Impfung gebildeten Antikörper. Wie in jeder Studie gab es eine Kontrollgruppe, die alle Untersuchungen ebenfalls über sich ergehen ließ, jedoch während dieser Zeit an keinem MBSR-Kurs teilnahm.

Die im Jahr 2002 veröffentlichte Studie mit dem Namen »Alterations in Brain and Immune Function Produced by Mindfulness Meditation« zeigte verblüffende Ergebnisse: Die von den Teilnehmern subjektiv beschriebenen Angstsymptome hatten sich um zwölf Prozent reduziert, die Antikörperproduktion als Folge der Grippeimpfung war bei den MBSR-Teilnehmern um fünf Prozent höher, und auch die Aktivität des linken präfrontalen Cortex hatte sich signifikant gesteigert. Bei den Teilnehmern des MBSR-Kurses war die Aktivität dieses Bereichs sogar nach vier Monaten noch dreimal so hoch wie zu Beginn der Untersuchung.

> **Die Erkenntnis:** Regelmäßige Achtsamkeitspraxis verändert die Funktion des menschlichen Gehirns.

Eine höhere Aktivität könnte man mit einem Straßennetz vergleichen, auf dem plötzlich mehr Betriebsamkeit zu erkennen ist, da mehr Autos auf den Straßen fahren. Eine Neuvernetzung wäre vergleichbar mit der Verbreiterung oder dem Neubau von Straßen, damit der Verkehr schneller und effizienter wird. Um herauszufinden, ob Achtsamkeit auch eine Neuvernetzung zur Folge hat, brauchte die Wissenschaft eine andere Form der Untersuchungsmethode. Die von Davidson verwendeten EEGs reichten dafür nicht aus: Zwar lassen sich mit einem EEG Aktivierungsmuster und Wellen messen, und es ist erkennbar, ob mehr Aktivität in einem bestimmten Teil des Gehirns herrscht. Jedoch lassen sich keine strukturellen Veränderungen und somit auch keine Neuroplastizität nachweisen – um im Bild zu bleiben: der Aus- und Neubau von Straßen. Um das herauszufinden, braucht man Magnetresonanztomografen (MRT). Zwar verfügte Davidson in seinen Laboratorien auch über solche Geräte: Er untersuchte damit jedoch eher die bereits veränderten Gehirne der buddhistischen Mönche mit ihren 10000 bis 50000 Stunden Meditationserfahrung. Welche Auswirkungen hätten jedoch Achtsamkeitsübungen auf die Hirnstrukturen von Menschen, wie Sie und ich es sind?

Die deutsche Psychologin Britta Hölzel kann uns mit einer im Jahr 2011 veröffentlichten Studie die Antwort geben. Hölzel forschte einige Jahre an der Harvard Medical School in Boston und untersuchte in dieser Zeit hauptsächlich menschliche Gehirne mithilfe von MRTs. Sie konzentrierte sich in ihren Studien auf die Veränderungen der Gehirne meditierender Menschen. Zwar gab es bisher sogenannte Querschnittstudien, die die Unterschiede der neuronalen Struktur der Gehirne verschiedener Menschen untersuchten – so als würde man Mönche mit Managern vergleichen. Das Problem bei Querschnittstudien ist allerdings, dass beispielsweise das Gehirn eines Mönchs bereits vor den 10000 Stunden Meditation anders strukturiert gewesen sein könnte. Hölzel führte daher eine sogenannte

Längsschnittstudie durch: Sie wollte wissen, wie sehr sich die Struktur des Gehirns eines Durchschnittsmenschen durch regelmäßige Achtsamkeitsübungen verändert.

Hölzels Studien werden inzwischen sehr häufig im Kontext der westlichen MBSR-Methode erwähnt. Sie selbst hatte Achtsamkeit und weitere traditionelle hinduistische und buddhistische Methoden jedoch noch direkt in Indien und Thailand gelernt. »Von MBSR hatte ich damals noch nichts gehört«, erzählt die gebürtige Wiesbadenerin. Nach ihrer Zeit in Boston und einem Jahr an der Charité erreiche ich sie im Februar 2015 in ihrer Elternzeit in München. »Nach dem Abitur war ich für sechs Monate in Indien. Dort bin eher durch Zufall in einem Yoga-Ashram gelandet«, erinnert sie sich. »Ich war ganz begeistert von den Erfahrungen, die ich dort gemacht habe. Doch leider hatte dieses Wissen keinen Platz in meinem darauffolgenden Psychologiestudium.«

Beruflich konnte Britta Hölzel an diese Themen anknüpfen, als sie ihre Doktorarbeit schrieb. An der Justus-Liebig-Universität in Gießen lernte sie den Psychologen und Meditationsforscher Ulrich Ott kennen. »Damals habe ich mich erstmals mit MBSR beschäftigt«, erzählt sie. »Die Technik ist sehr klar, es fehlt das Religiöse, wie ich es aus Asien kannte. Jon Kabat-Zinn hat das Vipassana im eigentlichen Sinne übernommen, wie ich es selbst auch im thailändischen Kloster gelernt habe.«

Als Hölzel klar wurde, welchen Wirkungskreis MBSR inzwischen in der westlichen Welt erreicht hatte, wollte die inzwischen promovierte Psychologin genauer verstehen, welche Auswirkungen diese Achtsamkeitsmethode auf unsere Gehirne hat. Dafür ging sie nach Boston.

Wenn Sie zuvor noch nie MBSR oder eine andere Achtsamkeitstechnik ernsthaft praktiziert haben, ein Rechtshänder im Alter zwischen 25 und 55 Jahren sind und keinerlei Medikamente nehmen, dann sind Sie der ideale Kandidat für Britta Hölzels Studie am Massachusetts General Hospital. Hölzel würde Sie relativ früh im Verlauf der Studie im MRT untersuchen. Anschließend würden Sie an einem achtwöchigen MBSR-Kurs teilnehmen, um sich dann ein weiteres Mal in den Hirnscanner zu legen.

Das wesentliche und sehr ermutigende Ergebnis vorab: Bereits nach diesen wenigen Wochen Achtsamkeit würden Hölzel und ihre Kollegen in Ihrem Gehirn sehr wahrscheinlich signifikante Veränderungen feststellen. Die andere – achtsame – Art des Denkens hätte einige Bereiche

Ihres Gehirns neu vernetzt und andere Bereiche entweder größer oder kleiner werden lassen.

»Wir konnten in dieser und in anderen Studien erkennen, dass eine regelmäßige Achtsamkeitspraxis beispielsweise zu einer Zunahme der grauen Masse im Hippocampus führte«, erzählt Britta Hölzel. »Eine Abnahme der grauen Masse in einzelnen Bereichen der Amygdala geht zudem mit der Reduktion des persönlichen Stresserlebens der Teilnehmer einher.«

> **Die Erkenntnis:** Regelmäßige Achtsamkeitspraxis verändert die Struktur des menschlichen Gehirns.

Der Hippocampus übernimmt im Gehirn mehrere wichtige Funktionen. Zum einen ist er eine Art Bibliothekar: Er »weiß«, in welchen neuronalen Strukturen er Informationen ablegt und wo er gespeicherte Informationen abrufen kann. Er übernimmt also eine zentrale Rolle bei Lern- und Erinnerungsprozessen. Zudem ist der Hippocampus die Nervenzellfabrik im Kopf: Er produziert neue Hirnzellen. Wenn wir ein hohes persönliches Stressempfinden haben, ist der Hippocampus eine der ersten neuronalen Strukturen, die in Mitleidenschaft gezogen werden. Bei zu viel Stress sterben einzelne Zellstrukturen des Hippocampus ab. Sukzessive zieht er seine Verbindungen zu den anderen Hirnteilen zurück. Lernen und Erinnern fällt dann zunehmend schwer. Zudem reduziert er auch die Neuproduktion von Hirnzellen, die sogenannte Neurogenese. Wenn das Gehirn plötzlich weniger neue Nervenzellen nachproduziert, muss man kein Wissenschaftler sein, um zu verstehen: Das ist nicht besonders gut. Menschen mit depressiven oder Burnout-Symptomen erhalten oftmals sogenannte selektive Serotoninwiederaufnahmehemmer. Diese Medikamente wirken auf den Hippocampus ähnlich wie regelmäßige Achtsamkeitsübungen: Er wächst wieder.

Die Amygdala übernimmt die Rolle des »Gefahrenriechers«. Wann immer sie eine echte Gefahr (ein heranrasendes Auto) oder eine vermeintliche Gefahr (ein Gerücht im Unternehmen über eine bevorstehende Reorganisation) wahrnimmt, schlägt sie Alarm. Bei den meisten Menschen in westlichen Ländern wird die Amygdala eher durch vermeintliche als durch reale Gefahren aktiviert: Wir machen uns den Stress selbst. Eine durch Achtsamkeitspraxis verkleinerte Amygdala geht mit weniger selbstgemachten Sorgen einher. »Bei meinen Probanden hatte sich das Stresserleben signifikant reduziert«, erzählt mir Britta Hölzel.

Klosterfrau in Achtsamkeit

»Ab einem gewissen Alter ist es halt normal, dass man körperliche Wehwehchen hat – so wie ich hohen Blutdruck und häufigen Kopfschmerz«, erzählt Horst Inden. »Das zumindest habe ich geglaubt, bis ich eines Tages in einer Buchhandlung vor einem Buch von Jon Kabat-Zinn stand. Es handelte von Gesundheit und Meditation.« Inden ist Personal- und Ausbildungsleiter bei der Klosterfrau Vertriebsgesellschaft, einem Teil der Klosterfraugruppe, die durch den gleichnamigen Melissengeist bekannt wurde. Das mittelständische Unternehmen ist Marktführer in der Branche der verschreibungsfreien Medikamente wie beispielsweise Neoangin und Taxofit. Es vertreibt unter anderem Markennamen auch den Mückenschutz Autan und die bekannten Schweizer Kräuterbonbons Ricola.

»Damals, als junger Erwachsener, habe ich einige Jahre Kampfsport trainiert. Zu Beginn und am Ende des Trainings haben wir immer einige Minuten meditiert, um uns zu fokussieren. Durch die Erinnerung daran kam mir das Meditationsbuch von Kabat-Zinn vertraut vor, und ich habe es mir geschnappt«, erzählt Inden. Es war sein erster Kontakt zu MBSR, der von Jon Kabat-Zinn entwickelten Achtsamkeitsmethode.

Inspiriert von dem Buch begann Inden mit einer regelmäßigen Achtsamkeitspraxis. »Ich lag falsch mit der Annahme, dass Schmerzen und Bluthochdruck einfach dazugehören«, weiß er heute. »Nach einiger Zeit verbesserten sich meine Symptome. Auch meine Freunde und Kollegen teilten mir mit, dass ich in Gesprächen fokussierter sei und besser beobachtete.« Nachdem Inden am eigenen Leib und am eigenen Geist die Wirkung von Achtsamkeit erlebt hatte, wollte er die Methode und die Geisteshaltung auch in sein Unternehmen tragen. »Ich hatte anfangs eine Menge Bedenken, wie dort auf das Thema reagiert würde«, erzählt der 52-Jährige. »Ich vermutete jedoch viel mehr Vorbehalte, als es tatsächlich gab.« Inden begann im Jahr 2006 während eines Organisationsentwicklungsprozesses einzelne Elemente von Achtsamkeit einfließen zu lassen: Zunächst führte er einzelne Umgangsformen der Führungskultur ein, die an die Methode der Achtsamkeit angelehnt waren. »Wir haben uns beispielsweise auf Regeln wie ›Der Umgang miteinander ist von gegenseitigem Respekt, Vertrauen, Fairness, Teamgeist, Professionalität und Offenheit geprägt‹ geeinigt, ohne explizit dazuzusagen, dass dies etwas mit Achtsamkeit zu tun hat.« Später führte das Unternehmen sogenannte achtsame Projektworkshops ein, bei denen die Teilnehmer mehrfach im Laufe eines Workshop-Tages einige Minuten in Stille verbrachten. »Ich erinnere mich, dass es besonders meinem Chef schwergefallen ist, so zu verharren. Das hatte ja schon fast etwas Monotones. Aber am Ende des Projektmeetings kam er zu mir und war angetan von den Ergebnissen. Und das obwohl diese Erfahrung für ihn zunächst einfach ungewohnt war«, erzählt Inden. »Er konnte mit den Übungen nur bedingt etwas anfangen, aber seiner Meinung nach war der Tag zu dem damaligen Projektthema ein Durchbruch.«

Nachdem die Klosterfrau-Belegschaft eine gewisse Offenheit für das Thema Achtsamkeit gezeigt hatte, ging Inden noch einen Schritt weiter: Im Jahr 2009 stellte er einen MBSR-Lehrer ein, um im Haus Kurse anzubieten. »Ich habe damals einen externen Psychologen dazugeholt, der für die Teilnehmer Fragebögen entwickelt hat«, erzählt er. »Im ersten Jahr haben wir die Teilnehmer diese Fragebögen brav ausfüllen lassen. Ich hatte das Gefühl, dass ich diese Maßnahmen irgendwie rechtfertigen und ihre Wirksamkeit belegen muss.« Die Antworten in den Fragebögen wurden mit denen einer Kontrollgruppe verglichen. Das Ergebnis war sehr ermutigend: Die Teilnehmer berichteten von einer besseren morgendlichen Befindlichkeit, waren energiegeladener, mental wacher und weniger niedergeschlagen als zuvor. Auch die standardisiert abgefragten Depressivitäts- und Burnout-Werte waren signifikant gesunken.

Die Akzeptanz für die Achtsamkeitskurse war über die Fragebögen hinaus ziemlich schnell zu spüren. »Dass wir in unserer Gesellschaft und damit auch in unserem Unternehmen ein Stressproblem haben, ist vielen Menschen in entscheidenden Führungspositionen klar. Auch dass Achtsamkeit ein gutes Mittel ist, damit umzugehen, haben diese schnell verstanden.«

Inden erinnert sich an eine Schlüsselsituation, zu der es vor einigen Jahren kam. Damals stellte eine bekannte Beratungsgesellschaft, die das Sparen bereits im Namen trägt, in dem Unternehmen zahlreiche externe

Kostenposten auf den Prüfstand. Dass Achtsamkeitsübungen der Belegschaft helfen, stellten selbst die Berater nicht infrage. Das Management stand ohnehin hinter der Thematik. »Wir haben festgestellt, dass es sehr viele Übereinstimmungen gibt zwischen der Achtsamkeitspraxis und dem, was uns hier im Umgang miteinander wichtig ist«, erzählt der Personalchef. Die Kosten für die Achtsamkeitskurse laufen seitdem unter »Gesundheitsvorsorge« und sind sogar tariflich abgesichert.

»Wie fast alle Unternehmen haben auch wir damit zu kämpfen, dass Mitarbeiter aufgrund psychischer Erkrankungen ausfallen. Wir liegen zwar mit unserer Krankenrate 15 Prozent unter dem Branchendurchschnitt, doch leider lassen sich manche Dinge nicht ganz vermeiden«, sagt Inden. »Bemerkenswert finde ich die Beobachtung, dass nicht ein einziger Teilnehmer, der die MBSR-Kurse konsequent besucht hat, bisher aufgrund einer psychischen Erkrankung ausgefallen ist.«

Inzwischen hat ungefähr die Hälfte der Innendienstmitarbeiter der Kölner Vertriebsgesellschaft Erfahrungen mit Achtsamkeitsaktivitäten gesammelt. »Ich glaube, wir sind dadurch auf einem guten Weg, als Belegschaft und als Unternehmen unsere innere Haltung zu ändern«, erzählt Inden. »Die letzte Mitarbeiterumfrage zeigte uns, dass unsere Mitarbeiter eine überdurchschnittliche Bindung zum Unternehmen spüren.«

Schnelle Einsicht – langsames Denken

Ein kurzes Rätsel zu Beginn: Dr. Kuche aus Berlin hat einen Bruder in München, der Notar ist. Dieser Notar sagt jedoch: »Ich habe keinen Bruder in Berlin, der einen Doktortitel trägt.« Wie kann das sein?

Manchen Menschen erschließt sich die Lösung sofort. Andere denken einen kurzen Moment nach, glauben keine Antwort zu finden, fühlen sich innerlich blockiert ... bis dann das Aha-Erlebnis kommt. Dritte wiederum denken immer noch ...

Wenn Sie zu den ersten beiden Gruppen gehörten, hatten Sie eine Einsicht – Sie haben erlebt, dass die Lösung sich Ihnen plötzlich erschloss, einfach da war. Sie haben vielleicht noch einen Moment nachgedacht, doch Sie brauchten nicht jeden einzelnen Schritt kognitiv zu durchdringen.

Ähnlich ergeht es vielen Menschen beim Duschen, beim Joggen oder in anderen Momenten geistiger Entspannung. In diesen Augenblicken des mentalen Loslassens kommen uns bisweilen Gedanken oder Ideen, die sich im stressigen Alltag nicht so oft zeigen. Eine Einsicht ist ein Gedanke, der durch eine kognitive Herleitung viel länger gedauert hätte, oder kognitiv überhaupt nicht herleitbar wäre, weil er durch mentale Konstrukte blockiert ist. So ein blockierendes mentales Konstrukt ist, dass ein »Dr.« männlich sein muss. Es versperrt die Einsicht, dass Dr. Kuche aus Berlin die Schwester und nicht der Bruder des Notars Kuche aus München ist.

Einsichten lassen sich inzwischen im Gehirn messen. Die beiden Forscher Mark Beeman und John Kounios sind seit über einem Jahrzehnt die Spezialisten dafür. Was sie so besonders macht: Beeman bevorzugt die Arbeit mit einem funktionellen Magnetresonanztomografen (fMRT), Kounios arbeitet lieber mit dem EEG. Beeman kann mit seinem fMRT genau verfolgen, wo sich im Gehirn etwas verändert. Allerdings ist seine Methode einige Sekunden zu langsam, um die schnelle Einsichtsreaktion eines Probanden zu erfassen. Kounios kann mit dem EEG zwar ungenau, dafür zeitlich unmittelbar eine Veränderung der Hirnfrequenz messen. Wenn beide ihre Ergebnisse miteinander verbinden, kommen sie zu erstaunlichen Erkenntnissen über den Ort und den zeitlichen Verlauf einer Einsicht.

Als ich mit Kounios Kontakt aufnehme, um mehr von seiner Arbeit zu erfahren, erzählt er mir von dem überraschenden Untersuchungsergebnis mit einem Zen-Meditierenden, der in wissenschaftlichen Tests ganz außergewöhnliche Einsichtsergebnisse erreichte. Kounios Erzählungen erinnern mich an Gespräche mit einigen der Führungskräfte, die sich in Achtsamkeitspraxis übten. Heribert Gathof, der ehemalige Geschäftsführer von Eckes-Granini Deutschland, ist einer davon. Nach vier Jahren, in denen er sich regelmäßig in Achtsamkeitsmeditation übte, kann er berichten: »Es klingt paradox, doch durch die Ruhe, die Stille, das Nicht-denken-Wollen, entstehen Ideen, die ich zuvor nicht oder nicht in dieser Klarheit hatte.« Durch die regelmäßige Achtsamkeitspraxis hat Gathof die notwendigen neuronalen Verknüpfungen geschaffen, durch die ihm im Alltag Einsichtsprozesse immer leichter fallen.

Neuronal betrachtet findet ein Einsichtsprozess in zwei Phasen statt: In der vorbereitenden Phase werden die Exekutivfunktionen unseres präfrontalen Cortex (PFC) aktiv. Sie fokussieren sich auf das Problem und reduzieren die Aktivität anderer kortikaler Hirnbereiche. Als Sie das Rätsel zu Dr. Kuche gelesen haben, hat Ihr PFC ganz automatisch dafür gesorgt, dass manche Hirnregionen, die nicht zur Lösung des Problems beitragen, vorübergehend ruhiger wurden. »Sich zu fokussieren heißt, Dinge auszublenden«, erzählt Mark Beeman. In dieser vorbereitenden Phase des Einsichtsprozesses werden insbesondere diejenigen Bereiche des Cortex beruhigt, die für die Verarbeitung unserer Sinne verantwortlich sind. »Der Cortex macht das aus dem gleichen Grund, weshalb wir unsere Augen schließen, wenn wir an etwas denken«, ergänzt Beeman.

Im Anschluss folgt die »suchende Phase« des Einsichtsprozesses. Das Gehirn scannt verschiedene Netzwerke, um eine Antwort zu finden. In dieser Phase konnten Beeman und Kounios eine hohe Aktivität in den neuronalen Netzwerken feststellen, die für das Sprechen und die Sprachverarbeitung zuständig sind. In dieser bis zu einigen Sekunden andauernden Phase spürt ein Mensch manchmal eine Blockade: »Ich komme nicht drauf, aber ich habe es gleich!« Er bemerkt, dass die Lösung im Grunde schon da ist. Das ist typisch für einen Einsichtsprozess. Erinnern Sie sich noch an die zehn Atemzüge, auf die Sie sich konzentrieren sollten, und daran, wie schnell Ihnen dabei andere Gedanken in den Sinn kamen? Für diejenigen, die in der Achtsamkeitspraxis bereits trainiert haben, diese Gedankenimpulse zu kontrollieren, zahlt sich dies in dieser Phase eines Einsichtsprozesses aus. Je besser Sie das Fokussieren gelernt haben, umso einfacher kann der PFC nun weiter suchen.

Kounios kann in diesen Momenten mit seinem EEG bereits eine hohe Intensität von Alphawellen messen – ein Zustand, den das Gehirn aus der meditativen Praxis achtsamkeitsgeübter Menschen bereits kennt. Im Augenblick der Einsicht verändert sich das EEG-Bild jedoch dramatisch: Die Alphawellen sinken rasant ab und werden durch stark steigende Gammawellen ersetzt. Das ist ein eindeutiges Zeichen, dass sich plötzlich eine Vielzahl von Hirnzellen aus den entlegensten Bereichen des Cortex zu einem neuen, nie da gewesenen Netzwerk verbinden. Die neue Idee ist da. Sie hat sich neuronal manifestiert!

Vielleicht erinnern Sie sich noch: Richard Davidson hatte Gammawellen in sehr hoher Intensität bei den meditierenden Mönchen nachgewiesen. Kounios machte eine ähnlich erinnerungswürdige Erfahrung mit einem

Menschen, der seinen Geist besonders geschult hatte. »Im Jahr 2007 kam ein geübter Zen-Meditierender in mein Labor«, erzählt er mir. »Der etwa 40-Jährige wollte seine Hirnströme messen lassen und wissen, welche Spuren all die Jahre der Meditation in seinem Kopf hinterlassen hatten. Kounios beschreibt die Begegnung sehr detailliert in seinem Buch *The Eureka Factor*. Er untersuchte das Gehirn des Meditierenden mit seinem EEG und stellte fest, »dass es wirklich besonders war«. Es blieb im Anschluss an diesen einfachen Test noch etwas Zeit. Der Zen-Meditierende erkundigte sich, was Kounios sonst noch in seinem Labor erforschte. Kounios bot ihm an, an einigen der Einsichtstests teilzunehmen. Er stellte ihm dieselben Aufgaben, die zuvor bereits Dutzende Probanden gelöst hatten. Es sind Aufgaben, die entweder kognitiv (man denkt darüber nach) oder durch eine Einsicht (die Antwort erscheint plötzlich) gelöst werden können.

Schauen Sie doch mal, wie Sie eine solche Aufgabe lösen würden. Sie erhalten drei Wörter und müssen ein viertes finden, das diese drei Wörter miteinander verbindet: Humor, Pech, Nacht.

Die richtige Antwort wäre: Schwarz. Haben Sie kognitiv abgeglichen, oder kam Ihnen die Antwort »wie von selbst«? Noch eine Runde: Hase, Wolke, Farbe.

Die Aufgaben stammen übrigens aus dem bereits 1968 von dem Psychologen Sarnoff Mednick entwickelten Remote-Associates-Test. Die richtige Antwort wäre »Weiß« gewesen.

Der Achtsamkeitsgeübte in Kounios Labor schaffte es zu Beginn überhaupt nicht, einsichtige Antworten zu finden. Sein Geist war stark geschult, Gedanken zu unterdrücken. Als er jedoch verstanden hatte, dass er für eine Einsicht nur das logische Denken loslassen muss, löste er plötzliche Dutzende von Aufgaben durch Einsichten. »Jemanden, der so schnell so viele Aufgaben löst, haben wir vorher noch nie gesehen«, schreibt Kounios über den in Achtsamkeit geschulten Mann.

Upstalsboom | Jahre der Achtsamkeit

Fragt man Lienhard Valentin, den Gründer des auf Achtsamkeitsliteratur spezialisierten Freiburger Arbor Verlags, nach der Bedeutung des Begriffs

Achtsamkeit, erhält man eine äußerst präzise Formulierung. Wie präzise, das habe ich selbst erlebt: Obwohl ich mich bereits seit einigen Jahren mit Achtsamkeit auseinandersetze, hat Valentin verschiedene Begriffe in der Passage dieses Kapitels kommentiert, das ich ihm zur Freigabe seiner Zitate zugesendet hatte. Zwei Männer, die sich seit Jahren mit dem Thema beschäftigen, haben trotzdem ein sprachlich unterschiedliches Verständnis von Achtsamkeit.

Stellen Sie sich vor, was in vielen Unternehmen geschieht, deren Mitarbeiter sich nicht aus professionellen Gründen mit Achtsamkeit auseinandersetzen. In Dutzenden von Workshops habe ich miterlebt, wie »Achtsamkeit« Bestandteil von Verhaltensregeln, Leitlinien, Unternehmenswerten oder anderen orientierungsgebenden Konstrukten geworden ist. Wenn ich die Teilnehmer dann frage, was sie genau unter Achtsamkeit verstehen, bekomme ich Antworten, die zwar nicht präzise die tatsächliche Bedeutung des Begriffs wiedergeben, oftmals jedoch in die gleiche Richtung zeigen. »Mehr im Moment sein«, »im Kontakt mit dem anderen sein«, »Entschleunigung«, »menschlicher Umgang« oder auch »zugewandt sein« sind einige der Interpretationen. Viele Mitarbeiter haben ihre eigene Vorstellung davon, was Achtsamkeit sein könnte. Zugleich erlebe ich, wie leicht sich in einem Unternehmen ein Konsens über die Bedeutung erzielen lässt. Ist dieser erst einmal erreicht, sind die Mitarbeiter zumeist gerne bereit, ihr eigenes Handeln daran auszurichten.

Auch bei der Hotelgruppe Upstalsboom kam bei einem Leitbild-Workshop der Begriff Achtsamkeit auf. »Meine Mitarbeiter haben mir dazu ein Bild gemalt«, erzählt Geschäftsführer Bodo Janssen. »In dem Bild war ich der Lokführer eines ICE. Hinter dem ICE fuhr ein D-Zug mit meinen (übrigen) Mitarbeitern.« Janssen ist dafür bekannt, dass er oft neue Ideen in sein Unternehmen trägt. »Herr Janssen kann in seinem Kopf Dinge schnell durchdenken«, erzählt Personalleiter Bernd Gaukler. »Ich kenne viele Geschäftsführer, die ähnlich schnell ticken, die jedoch die Auswirkung auf die Belegschaft manchmal unterschätzen. Auch bei uns haben einige Mitarbeiter darunter gelitten, dass ständig neue Projekte initiiert wurden.« Durch den neuen Wind, der bei Upstalsboom seit der Ausrichtung auf »glückliche Menschen« herrscht, trauen sich die Mitarbeiter, ihrem Chef so etwas zunehmend offen zurückzumelden. »Wir können nicht ständig Zeit in der Zukunft verbringen, Herr Janssen«, erinnert sich der Geschäftsführer an die Aussagen seiner Mitarbeiter. »Wir wollen auch mal im Hier und Jetzt sein und stolz auf das Erreichte sein dürfen!« Die 70 Teilnehmer des Workshops wählten daher Achtsamkeit zu einem der zwölf Unternehmenswerte von Upstalsboom. Wie für alle anderen Werte auch, gab es einen passenden Achtsamkeits-Slogan: »Wir leben den Moment und gestalten die Zukunft!« Bernd Gaukler ergänzt: »Zusätzlich zu dem ›Im-Moment-Sein‹ haben viele Kollegen den Wert Achtsamkeit auch mit ›Umgang miteinander‹ in Verbindung gebracht. Das Thema lag vielen Upstalsboom-Mitarbeitern so sehr am Herzen, dass in einem späteren Workshop 80 von ihnen entschieden, Achtsamkeit zum wichtigsten Unternehmenswert für das Jahr 2013 zu machen.«

»Schauen Sie sich das Upstalsboom-›Landhotel Friesland‹ in Varel mal an«, empfiehlt mir Gaukler. »In diesem Hotel wurde der Wert Achtsamkeit sehr gut umgesetzt.« Die Bahnfahrt von Oldenburg nach Varel dauert nur zwanzig Minuten. Die Taxifahrt vom Bahnhof zum Hotel weitere zehn. Das »Landhotel Friesland« ist an einem kleinen abgelegenen See erbaut, der sich in einer halben Stunde umrunden lässt. Ruhe pur eben.

»Hoteldirektor Marc Stickdorn hat dort nach der Übernahme des Hotels auf mehreren Ebenen desaströse Zustände vorgefunden«, hatte mir Gaukler berichtet. »Doch mit seiner achtsamen, menschenzugewandten Art hat er es geschafft, dass sich die vormals stark verunsicherten Mitarbeiter jetzt wieder gut aufgehoben fühlen.«

So hatte beispielsweise der frühere Eigentümer, kurz bevor er das Haus in die Insolvenz führte, in großen Mengen Wellness-Gutscheine verkauft. Nach der Wiedereröffnung durch Upstalsboom standen die Gutscheinbesitzer in Scharen vor der Tür, um die gekauften Leistungen zu erhalten. »Wir reden hier von einer hohen sechsstelligen Summe, die der Vorbesitzer uns verschwiegen hatte, und die nun von den Kunden eingefordert wurde«, erzählt mir Marc Stickdorn an einem späten Sonntagabend.

Die ersten Monate nach der Wiedereröffnung hatte der Bereichsleiter (von dem Sie bereits in Kapitel 5 gelesen haben und den Bodo Janssen später entlassen hat) das Haus geführt. Dann wechselte Stickdorn von einer anderen Hotelkette zu Upstalsboom und übernahm das Hotel in Varel. »Ich habe zwei Dinge vorgefunden«, erzählt der Endvierziger. »Eine heterogene Mannschaft, die nicht wirklich gut zusammenarbeitete, sowie eine geplante Umsatzentwicklung, die meiner Meinung nach nicht zu erreichen war.« Stickdorn prüfte die Zahlen intensiv und korrigierte den zu erwartenden Gewinn schließlich um 500 000 Euro nach unten. »Ich erinnere mich noch ganz genau: Ich habe nach dem Versenden der Mail keine zwei Minuten warten müssen, bis ich den Chef-Controller unserer Unternehmensgruppe am Telefon hatte. Er dachte, ich hätte in irgendeiner Formel einen Fehler gemacht. Doch ich musste ihm leider klarmachen, dass die Formel richtig war, das Gewinnversprechen meines Vorgängers jedoch falsch.«

Es folgten 18 harte Monate. Sowohl das laufende als auch das darauffolgende Geschäftsjahr schloss der Hoteldirektor mit einem negativen Ergebnis ab.

Aufseiten der Belegschaft wartete eine weitere große Herausforderung: der Umgang miteinander. »Wir hatten drei Gruppen von Mitarbeitern: Erstens die Menschen, die das Hotel noch aus der Zeit des Vorbesitzers kannten, zweitens die neutralen Neuen, und drittens die persönlich protegierten Seilschaftsmitarbeiter meines Vorgängers, der das Hotel einige Monate geführt hatte«, erzählt Stickdorn.

Seine persönliche Einschätzung einer schlecht motivierten und fragmentierten Mannschaft bestätigte sich, als er kurz nach Amtsantritt die Ergebnisse der ersten Mitarbeiterumfrage des Hauses erhielt. Die Zufriedenheit lag bei mageren 40 Prozent. In den qualitativen Rückmeldungen der Mitarbeiter las er Sätze wie: »Hier fehlt Fairness«, »Wir spüren keine Loyalität« oder »Wir sind kein Team«. Bärbel Schramm, eine langjährige kaufmännische Mitarbeiterin erinnert sich: »Das Schlimmste an den ›neuen‹ Kollegen von Upstalsboom war, dass sie uns Altgedienten das Gefühl gaben, dass wir nichts richtig machen und eine Mitschuld an der Insolvenz tragen. Es herrschte ein sehr rauer Umgangston, der auch oft persönlich wurde. Entweder man gehörte dazu und hat ohne Rückfragen Anweisungen ausgeführt oder man wurde fertiggemacht und mit Kündigung bedroht. Macht, Druck und Anordnungen waren an der Tagesordnung!«

Marc Stickdorn bat Bernd Gaukler zu Hilfe, um in den kommenden Monaten die alten Seilschaften seines Vorgängers aufzulösen und die Belegschaft wieder in einen handlungsfähigen Zustand zu führen. »Ich kannte die Arbeitsrichterin schon mit Vornamen«, erinnert er sich an diese anstrengende Zeit.

»Wie hat denn der Rest der Belegschaft reagiert, als Sie damals die vielen Entlassungen ausgesprochen haben? Kam es zu noch mehr Verunsicherungen?«, will ich von Stickdorn wissen.

»Im Gegenteil«, antwortet er. »Viele haben das als Befreiung und Erleichterung wahrgenommen.« Bärbel Schramm erzählt mir später: »Wir waren erleichtert, da der Umgang miteinander schlagartig angenehmer wurde. Es wurde wieder menschlicher und wir hatten sofort das Gefühl, dass unsere Arbeit und wir selbst etwas wert sind. Auch das Außenbild des Hotels wurde besser, da wir uns wieder auf unsere Arbeit konzentrieren konnten.«

Stickdorn hätte damals mit Leichtigkeit schnelles Geld ins Haus holen können. Mit Billiganbietern wie Aldi oder Lidl als Vertriebspartner lassen sich in der Branche leere Zimmer gut füllen. »Meiner Meinung nach hätten wir unsere Mitarbeiter damit aber verbrannt«, erzählt er. Obwohl – oder gerade weil – der Hoteldirektor sich mitten in einem Orkan befand, bremste er die Geschwindigkeit der Umstellung. Gemeinsam mit Bodo Janssen beschloss er, auf langfristige Gewinne und hohe Qualität zu setzen und dafür kurzfristige Verluste in Kauf zu nehmen.

»Wir brauchen hier eine andere Form des Miteinanders, um langfristig gute Arbeit leisten und profitabel sein zu können«, war Stickdorns damaliges Credo. »Die Mitarbeiter waren noch verunsichert, es gab kaum ein Teamgefühl, viele machten nur ihren Job«, erzählt er. »Bereits das Wort ›Abteilung‹ drückte das Problem aus: Die Menschen hatten sich voneinander abgeteilt. Ich habe daher vorgeschlagen, stattdessen von ›Arbeitsbereichen‹ zu sprechen.«

Stickdorn setzte den achtsamen Umgang miteinander ganz oben auf seine Agenda. Er begann mit einfachen, aber wirkungsvollen Veränderungen, die den Arbeitsalltag bis heute bestimmen. Beispielsweise treffen sich täglich alle »Bereichs«-Leiter für fünf Minuten, um den Kontakt zwischen den Arbeitsbereichen zu verbessern. Kerstin Zingler, die das Frontoffice leitet, erzählt mir: «Bei diesen täglichen Kurzmeetings können wir alle gemeinsam den Tag besprechen und auf besondere Anforderungen und Stimmungslagen achten.«

»Wir werden von Herrn Stickdorn inzwischen mit viel Würde behandelt«, erzählt Wellness-Leiterin Kerstin Lehmann. Stickdorn ist selbst regelmäßig zu Gast in den jeweiligen Bereichsmeetings. So hat jeder seiner 70 Mitarbeiter die Möglichkeit, mit ihm formlos in Kontakt zu treten. Einmal im Monat gibt es im Restaurant des Hauses ein gemeinsames Kaffeetrinken mit Stickdorn, zu dem er alle Geburtstagskinder des vergangenen Monats einlädt. »Meine Mitarbeiter wissen inzwischen, wie wichtig es mir ist, dass wir miteinander einen guten Umgang pflegen und darauf achten, wie es dem anderen geht«, erzählt der Hoteldirektor. »Kürzlich hatten wir vorübergehend eine Mitarbeiterin aus einem anderen Upstalsboom-Haus bei uns. Als sie nach zehn Wochen zurückging, hatten ihre Kollegen für sie ein gemeinsames Frühstück in unserem Haus ausgerichtet. Sie war ganz gerührt und erzählte, dass sie so was bisher noch nicht erlebt hatte – und das nach nur zehn Wochen!«

Die Mitarbeiter des Landhotels in Varel sehen sich heute selbst als Quelle der Achtsamkeitsbewegung bei Upstalsboom. 80 Teilnehmer anderer Häuser und der Zentrale hatten sich in Stickdorns Hotel getroffen, um in einem gemeinsamen Workshop Achtsamkeit zum wichtigsten Firmenwert für das Jahr 2013 zu wählen. »Ich glaube, dass durch die Gespräche, die damals von den Teilnehmern auch außerhalb des Workshops geführt wurden, eine Menge herübergeschwappt ist«, sinniert Stickdorn. »Auch die anderen Mitarbeiter haben dadurch viele Impulse erhalten.«

Die Auswirkungen auf die Belegschaft sind inzwischen schwarz auf weiß messbar. Die Zahl der Krankentage und die Fluktuationsrate gehören in Varel zu den niedrigsten der Upstalsboom-Gruppe. »Die Mitarbeiter gehen für mich sichtbar anders miteinander um«, freut sich Stickdorn. »Kürzlich kam eine Mitarbeiterin aus dem Frontoffice zu mir. Sie und ihre Kollegen aus der Rezeption hatten sich über Bonuszahlungen Gedanken gemacht.« Während das Frontoffice bereits zwei Bonuszahlungen erhalten hatte und eine weitere anstand, war für die Kollegen aus dem Zimmerservice noch nicht einmal die erste geplant. Reservierungsleiterin Annika Warring erzählt mir: »Wir sind ein Team und wir ziehen an einem Strang. Wenn die Zimmer nicht gereinigt werden, können wir sie nicht verkaufen. Somit müssen aus meiner Sicht alle beteiligt werden.« Warring und ihre Kollegen aus der Rezeption boten an, auf 50 Prozent ihrer Bonuszahlung zu verzichten – damit die Zimmermädchen auch einen bekämen.

Der lange Weg hat sich nicht nur menschlich, sondern auch wirtschaftlich gelohnt: Die Zahlen in Varel sind längst wieder im schwarzen Bereich. Nach zwei verlustreichen Jahren war das Geschäftsjahr 2012 erstmals wieder profitabel. Von da an ging es steil bergauf: 2013 erreichte das Haus ein Betriebsergebnis von gut 410 000 Euro, 2014 sogar rund 630 000 Euro.

»Mich freut besonders, dass wir wieder viele Buchungen von den Menschen vor Ort bekommen«, erzählt Stickdorn. »Als ich die Leitung antrat, hatten wir ein wirklich schlechtes Image. Inzwischen richten wir wieder viele Hochzeiten und andere Familienfeiern aus der Region aus.« Die Weiterempfehlungsrate des Hotels hat sich von 78 Prozent auf über 95 Prozent erhöht; die durchschnittliche Belegungsquote liegt bei über 70 Prozent: ein überdurchschnittlich guter Wert für die Branche.

»Marc Stickdorn hat ein sehr besonderes Händchen für Menschen«, so beendet Gaukler unser Gespräch. »Er hat aus meiner Sicht in Varel genau das vorgelebt, was wir bei Upstalsboom unter Achtsamkeit verstehen.«

Upstalsboom | Wenn der Direktor achtsam wird

So schweigsam haben die fünfzehn Mitarbeiter ihren redegewandten Hoteldirektor noch nie erlebt. Mirco Hitzigrath bewegt sich wortlos, langsam und bedächtig durch den Konferenzraum, ab und an bleibt er stehen. Er leitet die Anwesenden durch eine Gehmeditation – eine der klassischen Achtsamkeitsübungen, wie auch Psychologin Britta Hölzel sie in Thailand erlernt hatte.

Die Idee zu der gemeinsamen Meditation im Upstalsboom-Hotel »Meersinn« auf Rügen war irgendwann im Sommer des Jahres 2014 beim Frühstück aufgekommen. Wie in allen Hotels der Upstalsboom-Gruppe werden einmal pro Monat in jedem Haus sechs Plätze verlost, die den Mitarbeitern die Gelegenheit geben, mit dem Direktor 60 Minuten lang in Ruhe essen und plaudern zu können. »Eines dieser Mitarbeiterfrühstücke landete bei dem Thema Meditation«, erinnert sich der 34-Jährige Hitzigrath. »Ich erzählte, dass ich seit einigen Jahren Achtsamkeitsmeditation praktiziere. Eine der Mitarbeiterinnen fragte, ob ich ihr nicht zeigen könne, wie das geht.« Noch während des Frühstücks entstand bei allen Anwesenden der Wunsch, mehr darüber zu erfahren. »Als wir damals den Meditationskurs besprochen haben, da war mein erster Gedanke: mehr Verbundenheit zwischen Mitarbeitern und Führungskräften«, erinnert sich Servicemitarbeiterin Sarah Becker an das gemeinsame Frühstück. »Zudem ist für mich Meditation etwas Einzigartiges, das mir hilft, in Stresssituationen einen kühlen Kopf zu bewahren.«

Der Chef stimmte nach kurzer Bedenkzeit zu und ließ einen Testballon steigen. »Alle 70 Mitarbeiter erfuhren von mir von unserer Frühstücksdiskussion«, sagt er. »Ich habe zu einer 30-minütigen Mitarbeitermeditation eingeladen und gebeten, dass Interessenten sich doch melden mögen. Kurz darauf musste ich eine Mail hinterhersenden, denn es gab deutlich mehr Rückmeldungen, als ich erwartet hatte. Fünfzehn Interessenten konnten teilnehmen, den Rest der Belegschaft musste ich vorerst vertrösten.«

Das Thema Achtsamkeit stieß auf große Resonanz im Meersinn-Hotel. Obwohl es erst seit zwei Jahren zur Upstalsboom-Gruppe gehört, hat die Mannschaft das Unternehmensleitbild und damit auch den Wert »Achtsamkeit« schnell aufgesogen. »Wir haben seit der Zugehörigkeit zu Upstalsboom ein deutlich höheres Bewusstsein, was ein Leitbild überhaupt ist«, erzählt Hitzigrath. »Ich nehme durch diese aktive Auseinandersetzung mit Wertefragen, die ja zu Upstalsboom gehören, eine deutlich höhere Verbundenheit zwischen den verschiedenen Bereichen im Haus wahr.«

»Ein Hoteldirektor als Meditationslehrer für die Mitarbeiter – hat sich das anfangs nicht etwas seltsam angefühlt?«, frage ich ihn. Er überlegt kurz. »Ich glaube, es gibt kein wirklich einheitliches Bild, wie ein Hoteldirektor zu sein hat. Wenn ich die Möglichkeit habe, meine Belegschaft in irgendeiner Form zu entwickeln, dann tue ich das gerne – auch wenn es bedeutet, dass ich ihnen Meditation vermittle.«

Es gab auch mal einen anderen Hitzigrath, als den, den ich 2015 in Binz auf Rügen erlebte. »Ich hatte schon immer einen hohen Leistungsanspruch an mich«, erzählt der gebürtige Hannoveraner. »In der Hotelfachschule war ich derjenige mit dem besten Abschluss. Ich wollte immer die bestmöglichen Ergebnisse erreichen.« Seine Ehefrau hat schon früh geahnt, dass er mit seinen 70-Stunden-Wochen seine Grenzen nicht kennt. Auch seine Schwester warnte: »Du musst besser auf dich achtgeben!« Hitzigrath erinnert sich: »Rückblickend betrachtet, habe ich tatsächlich immer mal wieder die kleinen Alarmsignale meines Körpers gespürt.« Doch sein beruflicher Erfolg und sein gutes Gehalt bedeuteten ihm damals mehr.

»Als Hoteldirektor trägt man gegenüber den Eigentümern, der Geschäftsleitung und den Mitarbeitern Verantwortung. Das war früher wie ein Lebenselixier für mich«, reflektiert er selbstkritisch. Sogar als ein wichtiger Mentor einen Herzinfarkt erlitt, war das für Hitzigrath kein Grund, das Tempo zu reduzieren. Erst als mit Anfang 30 neben dem beruflichen Druck das Privatleben durcheinandergeriet, kam er aus der Balance. Seine berufliche Überholspur führte ihn in eine Krise. »Mein Vater war so schwer erkrankt, dass meine Verlobte und ich unsere geplante Hochzeit verschieben mussten«, erinnert sich der Hoteldirektor. »Damit ist etwas in meinem Leben ins Wanken geraten, das bis dahin immer stabil gewesen war.«

Die Auswirkungen auf Hitzigrath ließen nicht lange auf sich warten: Der hohe berufliche Druck zwang den nun privat ins Schlingern geratenen Perfektionisten in die Knie. Wie aus dem Nichts wurde er von intensiven Panikattacken ereilt. »Diese Erfahrung wünscht man niemandem«, erinnert er sich. »Als es losging, habe ich zwei Tage ununterbrochen in diesem Zustand verbracht.« Er zog sich aus dem Tagesgeschäft zurück. Drei Wochen lang erhielt er ein Intensivcoaching. »In dieser Zeit habe ich nicht nur mein Verhalten, sondern auch meine Werte verändert«, erinnert er sich. Hitzigrath begann mit den offensichtlichen Ursachen wie dem Zeitmanagement. Früher hatte er sich oft getrieben gefühlt. Inzwischen weiß er: »Die Zeit ist da, man muss sie sich nur nehmen.« Er zieht sich heute regelmäßig einige Minuten im Alltag an einen ruhigen Ort zurück, um innerlich still zu werden. Mit der Achtsamkeitsmeditation begann die Neuausrichtung seines Lebens.

»Anfangs habe ich sehr viel aus der Literatur über Achtsamkeit gelernt«, erzählt er. Doch auch Bodo Janssen mit seinen vielen Klosteraufenthalten wurde zu einer wichtigen Inspiration für den Hoteldirektor. Wie viele andere Upstalsboomer lud Janssen auch Hitzigrath dazu ein, einige Tage im Kloster zu verbringen. »Bodo hat mir eine Menge über seine Erfahrungen berichtet und ich konnte einiges von ihm lernen«, sagt Hitzigrath. Die Klostertage und die regelmäßigen Geh- und Zen-Meditationen vertieften sein Verständnis und sein Erleben von Achtsamkeit.

Es gelang ihm, mithilfe der Achtsamkeitspraxis nicht nur »wieder mehr Herr meines Lebens zu werden«, auch Prioritäten sortierten sich neu. »Im Grunde bin ich dankbar, dass mir das passiert ist«, resümiert Hitzigrath.

»Ich konnte den Kurs meines Lebens korrigieren. Sonst hätte ich in zehn Jahren vielleicht einen Herzinfarkt bekommen.«

»Du bist aufmerksamer geworden«, das fiel besonders seiner Frau auf. »Durch die Arbeit an mir selbst habe ich interessanterweise auch mehr Vertrauen in mein Umfeld und meine Mitarbeiter entwickelt«, erzählt Mirco Hitzigrath. »Dadurch kann ich meinen Berufsalltag besser loslassen und ich trage meinen Job nicht mehr so sehr nach Hause. Wenn ich nun Zeit mit meiner Familie verbringe, bin ich innerlich wirklich bei ihnen. 70 Stunden pro Woche zu arbeiten ist nicht nur für mich selbst ungesund – ich bin damit auch kein gutes Vorbild für meine Mitarbeiter.« In Mirco Hitzigraths eigenem Leben haben Vorbilder und Unterstützer immer eine wichtige Rolle gespielt. Sie haben seine beruflichen Werte und sein Verhalten stark beeinflusst. »Doch keiner meiner Förderer hat mir damals gesagt, dass ich auch auf mich selbst achten muss«, erinnert er sich. Heute ist Hitzigrath selbst in der Position, in der er als Rollenvorbild dient. »Ich glaube, dass wir in einer Zeit leben, in der es für Führungskräfte unerlässlich ist, sich mit Achtsamkeit auseinanderzusetzen. Ich versuche, das als Vorbild zu leben und an meine Mitarbeiter weiterzugeben.«

Der Testballon ist gut geflogen. Das erste Meditationstreffen hat die Mitarbeiter begeistert. »Eine ungewöhnliche, dennoch vertraute Situation«, erzählt Servicemitarbeiterin Sandra Naujokat. »Herr Hitzigrath machte es durch seine ruhige Art und seine Erfahrung für mich möglich, dass ich mich sehr tief entspannen konnte.« Aus den monatlichen wurden wöchentliche Treffen. »Das geschah auf Wunsch der Teilnehmer«, erzählt der Hoteldirektor. »Was mir richtig gefällt: Einige Mitarbeiter haben mir erzählt, dass sie inzwischen auch zu Hause meditieren.« Im nächsten Schritt wollen viele von ihnen für einige Tage ins Kloster. »Auch hier ist die Liste der Interessenten schon proppenvoll«, erzählt Hitzigrath.

»Das Klosterseminar wird für mich bedeuten, innerem Frieden näherzukommen«, erzählt Servicemitarbeiterin Sarah Becker. »Es ist seit einiger Zeit mein tiefster Wunsch, mehr darüber zu erfahren. Ich hoffe, dass ich dort ganz viele positive Eindrücke gewinne, die ich dann an andere Menschen in meinem Umfeld weitergeben kann.«

Essenz für Eilige
Achtsamkeit – Menschen finden zu sich zurück

- Menschen können durch eine andere Art des Denkens das eigene Gehirn neu strukturieren und mehr Zugriff auf die eigenen Potenziale erlangen. Achtsamkeit ist ein leicht zu erlernender Weg dorthin.
- Eine Langzeitstudie unter weltweit 5 000 Menschen zeigte: In 47 Prozent unserer wachen Zeit schweifen wir in Gedanken ab. Je mehr aber die Teilnehmer mit ihren Gedanken bei der Sache waren, desto glücklicher fühlten sie sich. In regelmäßigen Achtsamkeitsübungen kann diese Fähigkeit trainiert werden.
- Bereits nach acht Wochen regelmäßigen Achtsamkeitstrainings lässt sich eine höhere Aktivität des linken präfrontalen Cortex messen – der Teil des menschlichen Gehirns, der mit dem Glückserleben in Zusammenhang gebracht wird. Zugleich wächst auch der Hippocampus, die Nervenzellfabrik in unserem Gehirn.
- Das amerikanische Versicherungsunternehmen Aetna konnte bei 13 000 seiner 48 000 Mitarbeiter einen Produktivitätsgewinn von 3 000 Dollar pro Person (pro Jahr) erkennen. Dieser Teil der Belegschaft hatte an einem zwölfwöchigen Achtsamkeitskurs teilgenommen.
- Horst Inden, Personalchef der Klosterfrau-Vertriebsgesellschaft stellte fest: »Kein einziger Teilnehmer, der konsequent unsere internen Achtsamkeitskurse besucht hat, ist aufgrund einer psychischen Erkrankung ausgefallen.
- Achtsamkeitsgeübte Menschen haben messbar öfter eine »Einsicht« und finden daher schneller Lösungen für Probleme. Heribert Gathof, Geschäftsführer von Eckes-Granini Deutschland berichtet: »Es entstehen Ideen, die ich zuvor in dieser Klarheit nicht hatte.«

Ein Nachwort in Stichpunkten – Was Sie nun tun könnten

- Suchen Sie Menschen Ihres Arbeitsumfeldes, mit denen Sie gemeinsame innere Bilder davon erschaffen können, wohin Sie sich gemeinsam entwickeln möchten. Aus Kapitel 1 wissen Sie: »Führungskräfte, die erfolgreich eine menschenzugewandte und wirtschaftlich blühende Kultur erschaffen haben, hatten zuvor starke innere Bilder über den künftigen Zustand in ihrem Unternehmen entwickelt.«
- Konzentrieren Sie sich für den Anfang auf die Umsetzung der Inhalte von zwei bis maximal drei Kapiteln. »Weniger ist mehr« ist eine alte Binsenweisheit, die sich jedoch in vielen Unternehmen immer wieder bewahrheitet. Sie haben vermutlich ohnehin viele andere Projekte um die Ohren.
- Holen Sie sich zuvor unbedingt Feedback ein. Wenn Sie der Meinung sind, dass beispielsweise »Zugehörigkeit und Verbundenheit« bereits in hohem Maße in Ihrem Unternehmen gelebt wird, befragen Sie dazu Ihre Belegschaft. Gleiches gilt für die Hauptthemen der übrigen Kapitel. Zwei Drittel der Führungskräfte, mit denen ich gearbeitet habe, lagen mit ihrer Einschätzung, wie es ihren Mitarbeitern geht, anfangs falsch. Beginnen Sie keine Veränderung, die nur auf Ihren eigenen Mutmaßungen basiert! Wenn Sie ein Tool dafür benötigen, senden Sie eine Mail an feedback@fuehren-mit-hirn.de.
- Beziehen Sie Ihre Mitarbeiter und Ihre Organisation in die Veränderung ein. Erinnern Sie sich an Kapitel 3: Mitarbeiter wollen mitgestalten, dann messen sie dem Ergebnis der eigenen Arbeit eine deutlich höhere Bedeutung bei. Wenn Sie etwas verändern wollen, dann tun Sie so, als wäre Ihr Umfeld eine Ikea-Box: Lassen Sie die Menschen die Box selbstständig zusammenbauen!

- Verschenken Sie dieses Buch an die Menschen, mit denen Sie eng zusammenarbeiten. Natürlich nur, wenn Sie in Ihrem Arbeitsumfeld etwas verändern möchten. Gelungener Wandel wird leichter möglich, wenn er zusammen initiiert wird.

Wenn Sie weitere Fragen haben, schreiben Sie eine Mail an: feedback@ fuehren-mit-hirn.de

Dank

Es ist mir ein Anliegen, an dieser Stelle einigen Menschen Dank auszusprechen, die – manche, ohne dass sie es wissen – einen wichtigen Anteil an der Entstehung dieses Buches haben.

Zuallererst möchte ich meinem Sohn Paul danken, der zwei Monate vor Fertigstellung des Manuskripts auf die Welt kam. Ich hatte Bedenken, ob ich genügend Kraft und Ruhe fände, das Buch zeitgerecht an meinen Verlag zu senden. Doch Paul liebt es, viele Stunden am Stück zu schlafen – wahlweise in seinem Bett oder auf den Armen seiner Eltern. Meine Befürchtungen verflüchtigten sich schnell, ich musste die Zeit des Schreibens einfach nur auf Tagesphasen verschieben, die mir zunächst ungewohnt waren. Nun bin ich froh, das Manuskript beendet zu haben und mehr Zeit mit ihm verbringen zu können. Er hat kürzlich mit dem sozialen Lächeln begonnen – damit wickelt er uns bereits jetzt problemlos um den Finger.

Einen wesentlichen Anteil an der tiefen Entspannung von Paul und daran, dass mir trotz allem in den vergangenen Monaten der Rücken für das Schreiben freigehalten war, hat meine Frau Ines, der ich von Herzen danke. »Ich habe heute Nacht von deinem Buch geträumt«, sagte sie eines Morgens. Das war der Moment, in dem ich bemerkte, wie raumeinnehmend dieses Projekt auch für sie war.

Einen ganz wichtigen Anteil daran, dass das Buch in dieser inhaltlichen Form erscheint, haben Jörg Achim Zoll und Andrea Rehmsmeier. Jörg Achim Zoll war es, der mir bei einem langen Waldspaziergang taktvoll vermittelte, dass ich meine ersten bereits verfassten Kapitel vollständig über den Haufen werfen möge, um das Buch auf eine ganz andere Art und Weise zu schreiben. Natürlich hat er es so galant verpackt, dass ich letztlich den Eindruck hatte, es wäre meine Entscheidung gewesen. Dafür danke ich ihm, denn ich sehe es nun schwarz auf weiß: Es ist so viel besser geworden! Andrea hat immer wieder den Versuch unternommen, mir grammatische Disziplin zu vermitteln. Nachdem ich mich in meinen Texten mit historischem Präsens, Plusquamperfekt und all den anderen Zeiten (die ich nicht einmal kannte) ausgetobt hatte, fegte sie den Scherbenhaufen immer wieder zusammen und versah meine Kapitel mit der nötigen grammatikalischen Konsistenz, »damit dir der Leser nicht aus der Kurve fliegt.« Danke, Andrea!

Jennifer Deventer war die Frau im Hintergrund, die viel Zeit damit verbrachte, mithilfe meiner bisweilen vagen Suchhinweise in der Art von »Da gab es mal diese eine Studie, von der ich irgendwann mal gelesen habe …, die ging in die Richtung von …,« trotzdem zielgenau das zu finden, was ich so händeringend suchte. Hab vielen Dank, Jenny!

Nils Cornelissen war es, der mir Jenny vorstellte. Doch nicht nur dafür, sondern mehr noch für seine Art des Denkens – diese besondere Mischung aus intellektueller Schärfe und einem wohlwollenden Wesen – bin ich ganz oft dankbar. Ihn als Sparringspartner (gerade als es um die finale Titelentscheidung des Buches ging) und Freund zu haben, ist eine große Bereicherung.

In einer ganz frühen Phase hat auch Sabine Jung eine wichtige Rolle bei der Entstehung dieses Buches gespielt und mir immer wieder brillante Titelvorschläge gesendet. Auch wenn es am Ende keiner davon wurde, habe ich nun ausreichend Titel für die nächsten fünf Bücher, liebe Sabine. Danke dafür.

Nicola Fritze möchte ich danken, denn sie hat die Richtung meiner beruflichen Entwicklung in den vergangenen Jahren durch die Art, wie sie mich sah, und aufgrund der Tatsache, dass sie mir ihre Sicht dann auch noch glaubhaft vermitteln konnte, in wichtigen Entscheidungsmomenten hilfreich beeinflusst.

Silvia Kaufhold war für mich eine wichtige Sparringspartnerin. An ihrer beruflichen Haltung habe ich mich in einer für mich wesentlichen Phase meines Lebens orientiert, und bin ihr dafür sehr dankbar.

Ich möchte auch dem Campus Verlag und besonders meiner Lektorin Stephanie Walter danken, die es mit mir als Autor manchmal sicherlich nicht leicht hatte, und zwischen mir und ihren Kollegen ab und an ganz schön vermitteln musste.

Ganz zum Schluss möchte ich einem wichtigen Weggefährten danken, der mich durch unsere gemeinsamen Gespräche maßgeblich inspiriert hat, mich an dieses Buch zu setzen. Als guter Freund hat er mir – wenn ich mal wieder klagte, dass alles doch ganz schön viel Zeit koste – mit viel eigener Erfahrung Mut zugesprochen. Lieber Gerald, hab vielen Dank für das Vertrauen der letzten Jahre, und dafür, dass ich durch dich lernen konnte, manches langsamer angehen zu lassen.

Kommentierte Quellenangaben

Für dieses Buch habe ich mich durch rund 450 Artikel und Studien gearbeitet. Manche von ihnen waren nur deshalb hilfreich, um zu wissen: Das passt nicht. Andere wiederum enthielten einen entscheidenden Satz, der mich weiterbrachte. Und dann gab es ungefähr 120 Dokumente, die eine Menge hilfreicher Substanz enthielten und die ich in diesem Buch teilweise bereits benannt habe. Ich möchte Ihnen an dieser Stelle die Top Ten der Texte ans Herz legen, die aus meiner Sicht einen näheren Blick verdient hätten.

1. *Mitgefühl in Alltag und Forschung,* Tania Singer und Matthias Bolz, 2013, kostenloses E-Book auf www.compassion-training.org herunterladbar.
Wenn Ihnen das Thema Achtsamkeit und Meditation in Kapitel 7 gefallen hat und Sie noch tiefer in die Wissenschaft und Praxis vordringen wollen, finden Sie hier eine beeindruckende Zusammenfassung. Das Buch ist multimedial, umfasst 557 Seiten sowie die Perspektiven zwanzig namhafter Autoren wie beispielsweise Matthieu Ricard, dem »glücklichen Mönch«. Wenn Sie etwas Leichtes für nebenbei suchen, würde ich es nicht empfehlen. Suchen Sie jedoch eine ernsthafte und differenzierte Auseinandersetzung mit der Thematik, sollten Sie es sich als spezielle iPad-Version oder normale PDF-Datei herunterladen.

2. »Plasticity in the Frequency Representation of Primary Auditory Cortex following Discrimination Training in Adult Owl Monkeys«, G. H. Recanzone, C. E. Schreiner, and M. M. Merzenich, *The Journal of Neuroscience,* January 1993.

Erinnern Sie sich an das Experiment aus Kapitel 1, in dem ich Sie bat, sich vorzustellen, sich einen Kopfhörer aufzusetzen, über den Sie eine Abfolge merkwürdiger Töne hören? Zugleich bat ich Sie, sich vorzustellen, ich würde mit einem Stift auf Ihre Hand klopfen. Je nachdem worauf Sie sich fokussierten, würde man entweder eine Veränderung Ihrer Großhirnrinde, die für die Verarbeitung der auditiven Impulse zuständig ist, beziehungsweise in dem Teil Ihres Gehirns, der für die Verarbeitung der Empfindungen Ihrer Hand verantwortlich ist, erkennen können. Die zentrale Erkenntnis: Unsere Aufmerksamkeit bestimmt, ob und wo Neuroplastizität stattfindet. Wenn Sie noch weitere Studien zu diesem Themenbereich lesen möchten, sind diese zu empfehlen: »Functional Reorganization of Primary Somatosensory Cortex in Adult Owl Monkeys After Behaviorally Controlled Tactile Stimulation«, William M. Jenkins, Michael M. Merzenich, Marlene T. Ochs, Terry Allard and Eliana Guk-Robles, *Journal of Neurophysiology,* Volume 63, January 1990 und auch »Cortical plasticity and memory«, Michael M. Merzenich and Koichi Sameshima, *Current Opinion in Neurobiology,* 1993, 3:187–196.

3. »Effects of Social Exclusion on Cognitive Processes: Anticipated Aloneness Reduces Intelligent Thought«, Roy F. Baumeister, Jean M. Twenge, Christopher K. Nuss, *Journal of Personality and Social Psychology,* Volume 83, 2002.

Hoffentlich ist es mir gelungen, Ihnen zu vermitteln, wie wichtig Verbundenheit und Zugehörigkeit für Menschen ist. Roy Baumeister war der Mann, der im Rahmen einer Studie Menschen glauben ließ, dass sie eine Zukunft ohne Freunde und mit zwangsläufig endenden Beziehungen hätten. Die so manipulierten Versuchspersonen erreichten im Anschluss an Intelligenztests ein um durchschnittlich 27 Prozent schlechteres Ergebnis als die Vergleichsgruppen.

Baumeisters Studie gefällt mir sehr gut, weil sie eingängig und leicht verständlich ist. Die Vorstellung, eine einsame Zukunft zu erleben, hat bei vielen meiner Seminarteilnehmer unmittelbar zu einem unguten Gefühl geführt. Übrigens ist das Erinnerungsvermögen von der Angst vor sozialer Isolation nicht beeinflusst ... aber lesen Sie das am besten selbst bei Baumeister nach.

4. »Job Control, Personal Characteristics, and Heart Disease«, Hans Bosma, Stephen A. Stansfeld, and Michael G. Marmot, *Journal of Occupational Health Psychology,* Volume 3, 1998.

Zu den spannendsten Langzeitstudien des vergangenen Jahrhunderts gehören Whitehall 1 und Whitehall 2, in denen 18 000 beziehungsweise 10 000 Staatsbedienstete untersucht wurden. Das Rohmaterial dieser Studien ist sehr umfangreich und für wissenschaftliche Zwecke öffentlich zugänglich. Es gibt zahlreiche Auswertungen der Rohdaten. Besonders gut gefiel mir die von Hans Bosma, in der er in der Essenz herausarbeitet: Mehr Selbstwirksamkeit führt zu einem geringeren Risiko einer Herzkrankheit.

5. »Can Personality Be Changed?, The Role of Beliefs in Personality and Change«, Carol S. Dweck, *Current Directions in Psychological Science,* Volume 17, 2008.

Ich habe Carol Dweck leider – der Stringenz wegen – nicht in das Buch aufnehmen können. Manchmal ist weniger mehr. Nichtsdestotrotz gefällt mir ihr Artikel sehr gut, da er den Einfluss der inneren Bilder (Beliefs) auf die Leistungen von Versuchspersonen nachvollziehbar macht. Dweck hat einen weiteren wunderbaren, inhaltlich verwandten Artikel veröffentlicht, der herausarbeitet, auf welche Art und Weise Kinder gelobt werden sollten, damit sie sich optimal weiterentwickeln: »Praise for Intelligence Can Undermine Children's Motivation and Performance«, Claudia M. Mueller and Carol S. Dweck, *Journal of Personality and Social Psychology,* Volume 75, 1998.

6. »Experience-Induced Neurogenesis in the Senescent Dentate Gyrus«, Gerd Kempermann, H. Georg Kuhn, and Fred H. Gage, *The Journal of Neuroscience,* May 1, 1998.

Fred Gage war einer der Neurowissenschaftler, der zu den jährlichen Treffen des Dalai Lama in Dharamsala eingeladen war. Er ist auch ein Urahn von Phineas Gage, dem 1948 eine Eisenstange bei einem Unfall durch den präfrontalen Cortex schoss. Fred Gage war federführend bei der Erforschung der Neurogenese, der Neubildung von Hirnzellen. Im Grunde sagt seine Studie Folgendes aus: Je mehr Erfahrungen wir machen, desto schneller wächst unser Gehirn. Wenn Sie das etwas differenzierter kennen lernen möchten, besorgen Sie sich diese Studie. Inhaltlich passend dazu sollten Sie sich auch diese Studie ansehen, selbst wenn sie sicherlich schon unzählige Male zitiert wurde: »Navigation-related structural change in the hippocampi of taxi drivers«, Eleanor A. Maguire, David G. Gadian, Ingrid S. Johnsrude, Catriona D. Good, John Ashburner, Richard S. J. Frackowiak, and Christopher D. Frith, *Proceedings of the National Academy of Sciences,* Volume 97, 2000. Es handelt sich um die berühmte Taxifahrer-Studie aus London, die die Hippocampi dieser Berufsgruppe untersuchte: Taxifahrer in Englands Hauptstadt müssen sich Tausende von Straßen und Dutzende von Sehenswürdigkeiten merken. Durch diese außergewöhnliche Anforderung kommt es zu einer neuroplastischen Veränderung. Die Studie ist sehr eingänglich und lesenswert.

7. »Seasonal Recruitment of Hippocampal Neurons in Adult Free-ranging Black-capped Chickadees«, Anat Barnea and Fernando Nottebohm, Proc. Natl. Acad. Sci. USA, Vol 91, pp. 11217–11221, November 1994, Neurobiology.

Ich überlegte, von einer Studie zu berichten, die mein Freund Gerald Hüther oft erwähnt. Sie handelt von südamerikanischen Haus- und Wildeseln, die genetisch identisch, jedoch neuronal unterschiedlich sind. Die Wildesel haben einen dickeren Neocortex, da sie durch die herausfordernden Erfahrungen in der Wildnis mehr neuronale Netzwerke bilden. Jedoch gab es eine bessere Studie mit Schwarzkopfmeisen, die etwas Ähnliches aufzeigt: Domestizierte Meisen zeigen eine geringere neuroplastische Veränderung ihres Gehirns als ihre freilebenden Artgenossen, da Letztere komplexere Herausforderungen zu meistern haben. Diese nette Untersuchung beweist: Unsere Erfahrungen prägen die neuronalen Strukturen in unserem Kopf.

8. »Relationship of Parental Bonding Styles with Gray Matter Volume of Dorsolateral Prefrontal Cortex in Young Adults«, Kosuke Narita, Yuichi Takei, Masashi Suda, Yoshiyuki Aoyama, Toru Uehara, Hirotaka Kosaka, Makoto Amanuma, Masato Fukuda, Masahiko Mikuni, *Progress in Neuro-Psychopharmacology and Biological Psychiatry,* Volume 34, Issue 4.

In dieser Studie hat das Team um Kosuke Narita die neuroplastische Auswirkung von Unter- und Überbehütung genauer untersucht. Bei 50

Japanern in ihren 20ern wurden Hirnscans durchgeführt. Zudem wurden alle Teilnehmer der Studie detailliert befragt, wie sie ihre Erziehung erlebt haben. Sowohl die Gruppe der Menschen, denen die Erfahrungen fehlten, weil sich niemand um sie kümmerte, als auch die Gruppe derer, die gluckenhaft »vor allen Gefahren« beschützt wurden, zeigten Veränderungen im Gehirn. Es gab eine messbare Verringerung wichtiger Bereiche des präfrontalen Cortex.

9. »Man's search for meaning: The case of Legos«, Dan Ariely, Emir Kamenica, Drazen Prelec, *Journal of Economic Behavior & Organization* 67 (2008) 671–677.

Arielys Experiment ist bereits namentlich eine Besonderheit, den es lehnt sich an Viktor Frankls Buch *Der Mensch auf der Suche nach Sinn* an, eines der Bücher, das sich ohnehin zu lesen lohnt, wenn man sich mit der Sinnfrage beschäftigt. Frankl ist Begründer der Logotherapie, der sinnzentrierten Psychotherapie.

Ariely ist einer der bemerkenswertesten Wissenschaftler, die mir je über den Weg gelaufen sind. Falls Sie bereits ein Video von ihm gesehen haben und sich fragen, weshalb sein Gesicht etwas merkwürdig aussieht: Er hatte einen schweren Unfall, bei dem ein Großteil der Haut seines Körpers verbrannte. Ariely erzählt die gesamte Geschichte und den sehr schmerzhaften Heilungsprozess hier: http://people.duke.edu/~dandan/webfiles/mypain.pdf. Zurück zu seinem Experiment, das ich in Kapitel 6 umfänglich beschrieben habe. Es arbeitet wunderbar heraus, wie wichtig die Beachtung und Wertschätzung von Arbeitsergebnissen ist. Ich erlebe in vielen Organisationen, dass genau das von Mitarbeitern immer wieder vermisst wird, denn es ist einer der am häufigsten genannten Punkte in Mitarbeiterumfragen.

Ich bin gerade von einem mehrtägigen Workshop zurückgekehrt, bei dem die Teilnehmer ihren Chefs genau das bestätigten: »Uns fehlt es an Wertschätzung!« Arielys kleines, wunderbares Experiment zeigt uns, was geschieht, wenn Mitarbeiter Wertschätzung erleben: Die Leistungsbereitschaft steigt um den Faktor drei!

10. »Fluid Intelligence and Brain Functional Organization in Aging Yoga and Meditation Practitioners«, Tim Gard, Maxime Taquet, Rohan Dixit,

Britta K. Hölzel, Yves-Alexandre de Montjoye, Narayan Brach, David H. Salat, Bradford C. Dickerson, Jeremy R. Gray and Sara W. Lazar, *Frontiers in Aging Neuroscience*, April 2014, Volume 6, Article 76.

Sara Lazar und Britta Hölzel, die beide an der Studie teilnahmen, gehören zu den Wissenschaftlern der Harvard Medical School in Boston, die schon in den Jahren zuvor mehrere Studien veröffentlichten, die mithilfe von Hirnscans Veränderungen von Funktion und Struktur des Gehirns durch Meditation dokumentierten. Dieser Artikel forscht in eine Richtung, die letztlich zeigen könnte, dass Meditation auch einen positiven Einfluss auf die altersbedingte Verringerung kognitiver Funktionen hat. Zwar stehen die Wissenschaftler dabei noch ganz am Anfang, doch die ersten Ergebnisse stimmen durchaus ermutigend. Die »fluide Intelligenz« – also die Fähigkeit, logisch zu denken und Probleme zu lösen – sinkt im Laufe des Alters. In dieser Studie verglichen die Wissenschaftler die kognitiven Fähigkeiten von 47 Menschen. Ein besonderer Fokus lag auf der Fähigkeit, Aufmerksamkeit zu halten. Einige der Probanden praktizierten seit langer Zeit Yoga und Meditation. Die Ergebnisse zeigen: Die fluide Intelligenz war bei älteren Teilnehmern generell geringer als bei jüngeren. Dennoch zeigte sich ein signifikanter Unterschied innerhalb der älteren Gruppe: Hatten sich die fluide Intelligenz und somit die kognitiven Funktionen bei der Kontrollgruppe im Alter von 40 bis 70 Jahren nahezu halbiert, sank sie bei den Yogis und den Meditierenden gerade mal um 20 Prozent.